浓香密码：耕层重构及全耕层立体保育技术探索与实践

黎　娟　刘勇军　彭曙光　主编

中国农业出版社

北　京

图书在版编目（CIP）数据

浓香密码：耕层重构及全耕层立体保育技术探索与
实践 / 黎娟，刘勇军，彭曙光主编. -- 北京：中国农
业出版社，2025.7. -- ISBN 978-7-109-32483-1

Ⅰ. S572.06

中国国家版本馆 CIP 数据核字第 2024VZ2243 号

浓香密码：耕层重构及全耕层立体保育技术探索与实践

NONGXIANG MIMA：GENGCENG CHONGGOU JI QUANGENGCENG

LITI BAOYU JISHU TANSUO YU SHIJIAN

中国农业出版社出版

地址：北京市朝阳区麦子店街 18 号楼

邮编：100125

责任编辑：吴洪钟

版式设计：杨 婧　　责任校对：吴丽婷

印刷：中农印务有限公司

版次：2025 年 7 月第 1 版

印次：2025 年 7 月北京第 1 次印刷

发行：新华书店北京发行所

开本：700mm×1000mm　1/16

印张：20.75

字数：400 千字

定价：78.00 元

编委会名单

主　　编： 黎　娟　　刘勇军　　彭曙光

副 主 编： 杨　坤　　胡瑞文　　胡逸超　　朱　益　　符昌武　　王　灿

　　　　　　 杨　磊　　陈　焘　　易　克　　苏　赞　　彭光爵　　曹志辉

　　　　　　 杨红武　　黄松青　　刘正玲　　何鑫玺　　刘智炫　　彭　宇

　　　　　　 肖志鹏　　唐　韵　　马云明　　李军辉　　方　明　　周清明

参编人员： 向鹏华　　曹明锋　　帅开峰　　邹青云　　周世民　　黎　鹏

　　　　　　 户正荣　　肖孟宇　　翟争光　　成志军　　荆永锋　　巢　进

　　　　　　 刘晓明　　杨贤海　　胡心雨　　钟越枫　　龙大彬　　贺　仪

　　　　　　 肖艳淞　　邹宜东　　穰中文　　李　文　　黄雅洁　　田美洁

　　　　　　 胡　桐　　龚　嘉　　周启运　　田丽君　　郑卜凡　　陈　甜

　　　　　　 谭　格　　黄弘毅　　姚　旺　　詹攸国　　王　东　　向　东

　　　　　　 田祥坤　　龚嘉蕾　　范　欢　　张志华　　陈　明　　朱崇文

　　　　　　 孔午圆　　祝　利　　刘佳琪　　韩慕迁　　梁靖淞　　熊坤龙

　　　　　　 陈伟浩　　邹湘香　　秦　天　　马婷婷　　张梦帆　　谢娜芬

　　　　　　 古质鸣　　周　捷　　周　乐　　雷　佳　　易　荧　　王誉雯

　　　　　　 付钦淋　　徐建雪　　熊梓沁　　邓雅琴　　冯兴鹏　　田云鹤

　　　　　　 陈欣宇　　曾　鑫　　马　琦　　易小根　　王建林　　李俊霖

　　　　　　 刘丽娜　　柳　立　　屠小菊　　陈　琦　　唐滔滔　　王浩然

　　　　　　 邢炜赫　　胡艳芳　　朱　谋　　张　毅　　杨佳宜　　陈夏晔

　　　　　　 黄群秀　　罗　刚　　岑章斌　　许文伟　　李艳兰　　李　强

　　　　　　 张子康　　余紫茹　　赵悦含　　杨　苗　　刘　涛　　段金康

目 录

第一章　湖南烟区烤烟生产概况 ………………………………………… 1

　第一节　湖南浓香型烟叶生产概况 ……………………………………… 1

　第二节　湖南浓香型特色优质烟叶风格特征及环境生态因子 ………… 48

第二章　湖南浓香型烟区土壤耕层现状与评价 ………………………… 74

　第一节　湖南烟稻复种区土壤耕层现况 ……………………………… 74

　第二节　湖南烟稻复种区土壤合理耕层指标筛选和评价 …………… 94

第三章　湖南浓香型烟区土壤耕层有机质时空变化与适宜评价 … 102

　第一节　湖南土壤耕层有机质时空变化特征 ………………………… 102

　第二节　湖南土壤耕层有机质时空变化的影响因素 ………………… 106

　第三节　湖南土壤耕层活性有机质与土壤养分的相关性 …………… 112

　第四节　湖南土壤耕层有机质适宜评价 ……………………………… 119

第四章　湖南浓香型烟区土壤耕层重构技术研究 …………………… 134

　第一节　不同耕作方式对湖南烤烟产量及品质的影响 ……………… 134

　第二节　垂直深耕深度对湖南土壤质量及浓香型烟叶品质的影响 …… 140

　第三节　垂直深耕后水肥管理对湖南土壤质量及浓香型烟叶品质的影响 … 149

　第四节　垂直深耕下湖南浓香型烟叶生产的年际稳定性研究 ……… 153

第五章　湖南浓香型烟区土壤耕层有机质提升技术研究 ………… 161

　第一节　不同有机物料对湖南土壤耕层有机质及养分含量的影响 …… 161

　第二节　不同有机物料对湖南烤烟根际微生物功能多样性和酶活性的

　　　　　影响 ………………………………………………………… 188

第三节　不同有机物料对湖南浓香型烤烟产量及内在品质的影响 ········ 195

第四节　饼肥用量对湖南浓香型烤烟内在品质的影响 ············· 208

第五节　稻草不同还田量对湖南浓香型烤烟品质的影响 ··········· 220

第六节　绿肥不同还田量对湖南浓香型烤烟产量和质量的影响 ·········· 231

第六章　湖南浓香型烟区全耕层土壤快速培肥研究 ············· 236

第一节　垂直深耕结合有机碳材料对湖南浓香型烟叶质量的影响 ····· 236

第二节　垂直深耕结合腐殖酸对湖南植烟土壤理化性状及浓香型
烤烟产量和质量的影响 ············· 242

第三节　垂直深耕结合腐熟有机物料对湖南浓香型烤烟产量和质
量的影响 ············· 263

第四节　垂直深耕结合绿肥翻压对湖南浓香型烤烟产量和质量的
影响 ············· 276

第五节　垂直深耕结合稻草深埋对湖南浓香型烤烟产量和质量的
影响 ············· 283

第七章　湖南浓香型烟区全耕层土壤立体保育技术示范推广 ······ 287

第一节　土壤养分调控技术规程 ············· 287

第二节　土壤耕层调控技术规程 ············· 290

第三节　示范推广 ············· 298

参考文献 ············· 312

附录　研发期间制定的地方标准 ············· 317

01

第一章

湖南烟区烤烟生产概况

第一节　湖南浓香型烟叶生产概况

一、湖南浓香型烟叶生产环境

（一）湖南浓香型烟叶主产区地理环境与气候

　　湖南位于中国中南部，地理位置特殊，它连接着云贵高原与江南丘陵，以及南岭山脉与江汉平原。省界东部、南部和西部被山脉环绕，中部地区是起伏的丘岗地形，而北部则是广阔的湖盆平原，拥有肥沃的土地，整体地形呈现出一个朝东北开口的不对称马蹄形。独特的地理条件也为湖南浓香型烟叶生产创造了独特的气候条件。

　　1. 雨热同季的宜烟气候特征

　　湖南属于亚热带季风湿润气候，具有"热量充足，雨水集中，雨热同季，无霜期短"的气候特点。烟叶大田生长期内热量充足，雨水充沛，光照较多。据资料统计，大田期≥10℃活动积温为 2 400～3 200℃，占年积温的 45％～60％。降水量为 650～850mm，占年降水量的 50％～65％。日照时数，湘西烟区在 600h 以上，长沙、邵阳、衡阳南部及郴州、永州大部分地区为 550h，占年日照时数的 35％～45％。光温水资源是一年中烟叶生长期内相当丰富的时段，为烟叶生长提供了有利的外部环境。

　　2. 独特的成熟期气候特征

　　湖南烟叶成熟期温度较高，其中湘中南烟区为 28～29℃，湘西北烟区为25～27℃；降水量较少，湘南烟区仅为 200～300mm，湘西北烟区约为350mm；日照时间长，湘中南烟区为 300～350h，湘西北烟区为 350～400h；昼夜温差小，湘中、湘南烟区烤烟成熟期间，日均气温在 25～28℃的天数约为整个时期的 90％左右，加之 6 月至 7 月中旬受副热带高压的控制，以晴热天气为主，昼夜温差仅 7.5℃。独特的烤烟成熟期气候条件，增强了烟叶生理代谢活力，促进了致香成分的形成和积累，形成了浓郁饱满的香气特征。独特的成熟期气候特征是湖南浓香型烟叶风格特征形成的关键因子。

（二）湖南浓香型烟叶主产区土壤类型

2014 年 12 月开始，在全省 10 个市（州）、43 个县开展第二次植烟土壤养分调查，共采集土壤样品 4 866 个。从土壤类型看，湖南省植烟土壤类型为：水稻土、红壤、石灰土、紫色土、黄壤。全省土壤质地比较黏重，以黏土类的壤质黏土和粉质黏土为主，黏土类占 66.6%。全省大部分植烟土壤肥力处于适宜水平和较高水平，其中 32.7% 的土壤处于适宜水平，45.4% 的土壤处于较高水平。

1. 湘南第四纪微碱红壤

湘南烟区土壤以红壤为主，石灰土、紫色土、水稻土、黄壤次之。据资料统计，湘南烟区土壤偏碱，pH 平均值为 7.1，在 5.5～7.0 的土壤占 29.1%，大于 7.5 的占 54.8%。该区土壤肥力较高，Ⅰ级最适宜的土壤占 46.0%，Ⅱ级适宜的土壤占 37.9%，Ⅲ级次适宜的土壤占 13.3%，Ⅳ级不适宜的土壤占 2.7%，烤烟种植以烟稻轮作为主。

2. 湘中富钾红黄土

红壤、黄壤、水稻土是湘中烟区的主要土壤类型。该区土壤肥力水平中等，土壤 pH 较适宜，平均为 6.1，土壤有机质、氮、钙、锌含量较丰富，其中全钾含量较丰富，平均值为 12.5g/kg，含量小于 10g/kg 的土壤仅为 25.3%。土壤适宜性评价结果表明，该区植烟土壤能满足生产优质烟叶的需要，Ⅰ级最适宜的土壤占 75.6%；Ⅱ级适宜的土壤占 19.9%；Ⅲ级次适宜的土壤只占 4.5%；Ⅳ级不适宜的土壤没有。烤烟种植在丘陵区以烟稻轮作为主，在低海拔山区以烤烟玉米轮作为主。

3. 湘西高钾山地黄壤

湘西土壤以黄壤为主，其次为红壤，非地带性土壤以石灰土及紫色土面积最大。水稻土为本区主要的耕地土壤，主要分布在河流谷地及山冲低地。该区土壤肥力水平较好，土壤 pH 较适宜，平均为 6.2，土壤有机质、钾、钙、镁含量较丰富，其中全钾含量最高，平均值为 17.9g/kg，含量小于 10g/kg 的土壤只有 5.5%，大于 15.0g/kg 的土壤占 62.2%。土壤适宜性评价结果表明，Ⅰ级最适宜的土壤占比达到 66.6%，Ⅱ级适宜的土壤占 28.4%，Ⅲ级次适宜和Ⅳ级不适宜的土壤分别只占 4.2% 和 0.8%。

（三）湖南浓香型烟叶主产区种植规模与布局

1. 各主产区烟叶种植情况

湖南省是国内烟叶主产区之一，烟叶生产规模位居全国第三，同时也是全国最大的浓香型烟叶产区。湖南烟叶因其独特的香气特征和在中式卷烟配方中的重要地位而备受重视，尤其在追求"减害降焦"的现代烟草工业发展趋势下，其市场需求持续增长。其中郴州桂阳地区尤为著名，其烟叶不仅品质优良、颜色橘黄、油分充足，且香气浓郁、柔和、纯净，特色显著，浓香型烟叶产量在全国范围内位居前列，并且已获得国家地理标志证明商标的认可，烟叶产业的规模化与品牌化程度已处于较高水平。湖南永州宁远、江华，衡阳衡南、耒阳，也是重要的烟叶种植地，同样以产出高质量的浓香型烟叶著称，同时这些地区的烟叶种植业也已具备相当规模。

湖南南岭浓香烟叶走廊位于北纬 26°，在全国烟叶种植区划中被列为烟叶种植优势区，是全国规模最大的浓香型烟叶产区。主要产区有郴州市、永州市和衡阳市，所产烤烟颜色金黄至深黄，特征突出，光泽强、色度浓、结构疏松、油分较足；糖碱适中，钾含量较高，成分协调性好；烟叶香气浓郁、焦甜感强、质好量足，爆发力强、透发性好，醇厚丰满，劲头适中，余味舒适。该区常年种植烤烟 90 万亩[①]，年产烟叶 220 万担[②]以上，是"白沙""双喜""中华""黄山""泰山""长白山""南京""贵烟"等知名品牌的主料烟叶基地。

湘中岗地优质烟叶生态区位于湖南省中东部，主要包括长沙市、邵阳市和株洲市的三个产区，其中邵阳市被全国烟叶种植区划列为烟叶生产潜力区。该区是湖南历史上最早种植晒烟地区之一，长沙市宁乡县早在清朝嘉庆年间就开始了晒黄烟的种植，经过长期不断筛选和自然选择，"寸三皮"成为该县最优良的地方品种。该区目前常年烤烟种植面积 20 万亩左右，年产烤烟 50 万担左右，所产烟叶外观质量较好，化学成分较协调，感官品质整体较高，具有浓香型风格特征，有一定焦甜感。

湘西北山原山地烟叶带位于湖南省西部，属云贵高原向东延伸的部分，具有魅力无限、神奇的原生态山水美景，民风淳朴。该区烤烟生产始于 20 世纪 60 年代初，因其优良的原生态自然条件和冬暖夏凉、四季分明的气候特征，烟叶品质较高，山地烟叶特色鲜明。目前常年种植烤烟 33 万亩左右，年产烤烟 80 万担左右，被全国烟叶种植区划列为烟叶种植优势区，所产烟叶色度浓、光泽强、香气细腻、透发性好，具有较明显的回甜感，质好量足，浓度中等，劲头适中，余味舒适，整体呈现浓偏中香型特征。

2. 各产区烤烟生产基本情况及分布

从表 1-1 可以看出，郴州、永州、长沙、衡阳、常德 5 个湖南烟叶主产区烤烟移栽面积、种烟县数、种烟乡数、种烟村数、种烟农户数的具体情况。

---

① 亩为非法定计量单位，1 亩等于 1/15hm²。——编者注

② 担为非法定计量单位，1 担等于 50kg。——编者注

5 个烟叶主产区合计移栽面积达 109.51 万亩，种烟县数 24 个、种烟乡数 276 个、种烟村数 2 772 个、种烟农户数达 28 549 户。其中郴州地区田烟、山地烟移栽面积最大，分别为 46 万亩和 4.65 万亩，移栽面积共计 50.65 万亩；种烟县数、种烟乡数、种烟村数和种烟农户数分别为 7 个、105 个、982 个及 14 826 户，在湖南省烤烟种植区域范围内属最大产区。

表 1-1　2023 年烤烟生产基本情况

地区	实际移栽面积/万亩			种烟县数 /个	种烟乡数 /个	种烟村数 /个	种烟农户数 /户
	田烟	山地烟	合计				
郴州市	46.00	4.65	50.65	7	105	982	14 826
永州市	30.77	—	30.77	7	79	1 090	7 768
长沙市	11.20	—	11.20	2	28	176	2 393
衡阳市	9.50	—	9.50	5	44	376	1 852
常德市	5.22	2.17	7.39	3	20	148	1 710
合计	102.69	6.82	109.51	24	276	2 772	28 549

由表 1-2 可知郴州、永州、长沙、衡阳、常德地区 2023 年烟草品种种植规划。主栽品种为云烟 87，种植面积达 70.82 万亩，收购量为 172.09 万担。云烟 301 品种种植面积最小，仅为 0.08 万亩，收购量 0.19 万担。5 个植烟区其余烤烟品种种植面积从大到小依次为湘烟 7 号、湘烟 6 号、湘烟 5 号、G80、云烟 116、K326、云烟 99、湘烟 3 号，种植面积分别为 22.78 万亩、5.62 万亩、1.93 万亩、1.15 万亩、0.92 万亩、0.39 万亩、0.36 万亩、0.35 万亩，收购量分别为 57.00 万担、15.36 万担、4.48 万担、2.66 万担、2.22 万担、0.95 万担、0.87 万担、0.83 万担；种植面积及收购量总计 104.40 万亩和 256.65 万担。

表 1-2　2023 年不同烟草品种生产情况

烤烟品种名称	种植面积/万亩	收购量/万担
云烟 87	70.82	172.09
湘烟 7 号	22.78	57.00
湘烟 6 号	5.62	15.36
湘烟 5 号	1.93	4.48
G80	1.15	2.66
云烟 116	0.92	2.22
K326	0.39	0.95
云烟 99	0.36	0.87

（续）

烤烟品种名称	种植面积/万亩	收购量/万担
湘烟 3 号	0.35	0.83
云烟 301	0.08	0.19
合计	104.40	256.65

由表 1-3 可知湖南主要浓香型烟叶产区烤烟集中连片种植情况。郴州市3 000 亩及以上的烤烟集中连片种植片数 10 个，2 000～3 000 亩种植片数 15 个，1 000～2 000 亩种植片数 86 个，500～1 000 亩种植片数 188 个，300～500 亩种植片数 232 个，100～300 亩种植片数 342 个，50～100 亩种植片数 81 个；永州市 3 000 亩及以上的烤烟集中连片种植片数 11 个，2 000～3 000 亩种植片数 14 个，1 000～2 000 亩种植片数 33 个，500～1 000 亩种植片数 53 个，300～500 亩种植片数 79 个，100～300 亩种植片数 207 个，50～100 亩种植片数 295 个；长沙市 2 000～3 000 亩种植片数 2 个，1 000～2 000 亩种植片数 9 个，500～1 000 亩种植片数 16 个，300～500 亩种植片数 36 个，100～300 亩种植片数 116 个，50～100 亩种植片数 273 个；衡阳市 1 000～2 000 亩种植片数 6 个，500～1 000 亩种植片数 30 个，300～500 亩种植片数 80 个，100～300 亩种植片数 255 个，50～100 亩种植片数 5 个；常德市 3 000 亩及以上的烤烟集中连片种植片数 2 个，2 000～3 000 亩种植片数 2 个，1 000～2 000 亩种植片数 13 个，500～1 000 亩种植片数 36 个，300～500 亩种植片数 30 个，100～300 亩种植片数 33 个，50～100 亩种植片数 76 个。综合来看，郴州烟区以大面积连片种植为主，而其他烟区则以 50～500 亩的种植面积为主。

表 1-3　2023 年烤烟集中连片种植情况

地区	片数/个						
	3 000 亩及以上	2 000 (含)～3 000 亩	1 000 (含)～2 000 亩	500 (含)～1 000 亩	300 (含)～500 亩	100 (含)～300 亩	50 (含)～100 亩
郴州市	10	15	86	188	232	342	81
永州市	11	14	33	53	79	207	295
长沙市	—	2	9	16	36	116	273
衡阳市	—	—	6	30	80	255	5
常德市	2	2	13	36	30	33	76

（四）湖南浓香型烟叶主产区生产技术与质量管理

1. 浓香型烟叶技术保障体系

湖南浓香型烟叶产区主要集中在湘南、湘中烟稻复种区和丘陵旱地轮作区。针对湖南特色生态环境和烟叶种植生产资源现状，湖南浓香型烟叶技术保障体系主要由三大模块 9 个环节组成（图 1-1）。首先，全面推广漂浮育苗技术重点推广稻草覆盖或地膜覆盖栽培模式，针对烤烟移栽到团棵期的气温较低、降雨较多的不利气候，湘南、湘中烟稻轮作区全面推广地膜覆盖和稻草覆盖两种保护性栽培方式，以提高土壤温度，保持土壤水分，促进早生快发，改善烟叶品质。其次，使用优质火土灰、稻草还田改良土壤是湘南、湘中烟稻轮作区，在烟叶生产中普遍采取的重要土壤改良技术措施，能提高植烟土壤钾等元素含量，有效改善植烟土壤理化性状，利于提高烟叶品质和可用性。再次，自 2004 年以来，全省全面推广烟草活性有机无机专用肥加专用追肥的施肥模式，采用饼肥平铺堆沤发酵工艺与无机肥混配，生产烟草活性有机无机专用肥，注重平衡施肥、控氮降碱和水肥耦合，推广活性有机无机用基肥＋KNO_3追肥模式，培育个体发育正常、群体结构合理的筒型烟株长势，显著提高了土壤生物活性和养分的均衡供应能力，明显改进了烟叶香气质量。最后，在烤烟采收及烘烤工艺方面，以提高烟叶成熟度、彰显浓香型特征为核心，注重成熟期烟田水分调控管理，提高鲜叶耐熟性。准确把握烟叶成熟采收标准，重点抓好上部烟叶充分成熟 4～6 片叶的一次性采收，提高中部烟叶品质和上部烟叶可用性。研发湘密系列非金属密集烤房，非金属加热设备，应用新型复合材料，不断提高其导热性与耐腐蚀性。同时推广应用推烟车及烟夹、叠层装烟、余热共享技术，提高了密集烤房装烟密度和烟叶烘烤质量。在原有三段式烘烤工艺的基础上，进一步优化密集烤房烘烤工艺，全面推行"两拖一低"烘烤技术，即在凋萎期（干球温度 42～44℃、湿球温度 37～38℃）拖延 8～12h，使高温层烟叶钩尖卷边，低温层烟叶达到青筋黄片；在干叶期（干球温度 51～53℃、湿球温度 40～41℃）拖延烘烤 24～36h，促使烟叶香气物质形成。控制干筋期温度，实现在 65℃前干筋，减少烟叶油分和香气物质挥发损失。

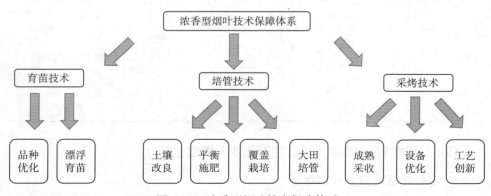

图 1-1　浓香型烟叶技术保障体系

2. 浓香型烟叶品种的引进与培育

主栽品种 K326 是美国诺斯朴·金种子公司（Northup King Seed Company）用 McNa22 品种（McNa30 品种×NC95 品种）杂交选育而成，我国于 1985 年从美国引进，1989 年全国烟草品种审定委员会审定为全国推广良种。近 5 年湖南省推广种植面积达 15 355 万亩。

主栽品种云烟 87 是由云南省烟草科学研究所、中国烟草育种研究（南方）中心以云烟 2 号为母本，K326 为父本杂交选育而成。2000 年 12 月通过国家品种审定委员会审定。近 5 年在湖南省推广种植面积达 30 225 万亩。

长沙特色品种 G80 是美国斯佩特种子公司用 G-45 和 G-28 杂交选育而成。1984 年引入我国。近 5 年来，在湖南长沙烟区累积种植 24.73 万亩，收购烟叶 69 万余担，已成为支撑湖南中烟"白沙"品牌风格的主要品种之一。

自育品种湘烟 3 号是中国烟草中南农业试验站和湖南省烟草公司永州市公司以自育品系 MSYZ206-9 为母本，82-11-7 为父本培育的雄性不育一代杂交种。2010 年 6 月通过全国烟草农业评审，2010 年 11 月通过全国烟草品种审定委员会审定。近 3 年在湖南烟区示范推广面积达 5.27 万亩。该品种耐肥性较好，适宜在中等以上肥力地块种植，湘南烟区亩施纯氮 9～10kg，氮、磷、钾的比例为 1∶1∶（2.5～3）。烟叶易烤性好，烤后烟叶颜色多为金黄或深黄，结构疏松，身份适中，色度较浓，油分较多。化学成分比较协调。在浓香型烟区种植该品种，烟叶感官品质好，有一定焦甜感，能较好彰显浓香特征。

自育品种湘烟 4 号为湖南中烟工业有限责任公司、中国烟草中南农业试验站通过（中烟 90×云烟 315）×G80 杂交选育而成的烤烟品种，2010 年 6 月通过全国烟草农业评审，2010 年 11 月通过全国烟草品种审定委员会审定，近年来在湖南烟区逐渐示范种植。

湘烟 7 号是继湘烟 3 号、湘烟 4 号、湘烟 5 号品种后，针对湖南地区气候及土壤条件特别培育的烤烟品种。该品种是以自育新品系 YZ206-MO-10 为母本，K326 为轮回父本，回交 2 次，经系谱法选育而成。2020 年通过全国烟草品种审定委员审定。该品种遗传性状稳定，田间长势强，抗旱花易烘烤，抗黑胫病、抗青枯病，耐肥性、耐低温能力强，其优质的烟叶品质、适宜的成熟特性及较高的生产潜力，是湖南烟区烟叶种植的特色品种，适宜在华中烟区、华南烟区和东南烟区种植。

3. 浓香型烟叶生产现代化

（1）基本烟田规划建设与保护。2004 年 2 月，湖南省在全国率先提出基本烟田建设与保护理念，湖南省政府按照烟叶可持续发展的要求，坚持用地与养地相结合，制定了《关于基本烟田规划建设与保护实施意见》，拉开了烟田配套设施全面建设序幕，按照国家烟草专卖局"科学规划、系统设计、因地制宜、网络布局"的要求，制定了基本烟田建设总体规划，明确了基本烟田保护的具体措施，围绕基本烟田，开展烟田水利、烟区道路、密集烤房、烟草农机、育苗工场、烘烤工场、收购设施和防灾减灾体系配套建设，逐步形成了"政府引导、烟草主导、部门配合、烟农参与"的建设机制。2005—2023年，湖南省投入烟叶生产基础设施建设资金133.78亿元，共完成建设项目48.14万个，其中烟水配套项目5.91万个，烟田机耕道路9 973条8 180km，烟田土地整理144处，烟用机械7.12万台（套），烟叶调制设施25.58万个（含新建密集式烤房14.20万座，烟夹4.30万套等），育苗设施1 659处，惠及全省10个市（州）41个县744个乡镇2 933个村组，受益农户76.54万户。

（2）"两场一社"生产服务体系的设立。依托育苗工场和烘烤工场，组建烟农综合服务合作社，以"生产在户、服务在社"的运作模式，解决了传统农业向现代农业转型过程中政府包不了、一家一户办不了的重大生产问题，提高了烟叶生产的规模化和集约化水平，体现了"统分结合、双层经营，专业合作"的现代农业发展方向。截至2023年，湖南共成立综合性服务合作社101个，专业化服务队505个，队员30 343个，覆盖服务面积140余万亩，服务覆盖率达100%。其中尤为突出的是宁乡金醇合作社，其在建设程序、运行管理、定价机制、盈余分配、设施综合利用等方面为烤烟专业化服务提供了新途径。专业化服务及综合利用相关生产效益见表1-4和表1-5。

表1-4 专业化服务相关生产效益

项目	专业化服务						
	育苗	翻耕起垄	稻田平整	植保	烘烤	分级	小计
服务面积或销售数量	8 050亩	6 480亩	536亩	5 270亩	496 000kg	223 673kg	—
价格/（元/亩）	40	75	见说明	见说明	见说明	见说明	—
销售收入/万元	32.20	48.60	3.75	5.27	57.08	18.70	165.60
成本/万元	24.83	32.40	2.68	4.74	58.08	18.70	141.43
盈余/万元	7.37	16.20	1.07	0.53	−1.00	0.00	24.17

表 1-5 综合利用相关生产效益

项目	综合利用						小计
	藤用蕹菜	礼品西瓜	意大利生菜	泰国香菜	食用菌	玉米深加工	
服务面积或销售数量	7 662（亩）	18 682（亩）	2 193（亩）	1 681（亩）	80 000（亩）	43 000（棒）	—
价格	6.55（元/千克）	5.77（元/千克）	7.6（元/千克）	9.3（元/千克）	0.2（元/千克）	2.8（元/棒）	—
销售收入/万元	5.02	10.78	1.67	1.56	1.60	12.04	32.67
成本/万元	3.00	2.77	0.86	0.90	0.00	10.32	17.86
盈余/万元	2.02	8.01	0.80	0.67	1.60	1.72	14.81

说明：稻田翻耕起垄价格：社内为 70 元/亩，社外为 90 元/亩；植保价格：烟田服务为 10 元/亩，社内稻田服务为 11 元/亩，社外稻田服务为 12 元/亩；烘烤价格：统包式（包煤、电、工费）为 1.8 元/kg（只包电、工费，煤费自理）干烟，半包式为 1 元/kg 干烟；分级价格，上中部烟叶为 0.8 元/kg，下部烟叶为 1 元/kg。

（3）专业化分级散叶收购。专业化分级散叶收购是国家烟草专卖局推进现代烟草农业建设的一项重要举措。围绕"减工降本、提质增效"目标，以烘烤工场（烤房群）为依托，执行"烤烟下坑→回潮→专业人员分级（精选）→收购评定等级→烟农确认→过磅→成包→工商共同评价→件烟（成品）调运"流程，实现"专业化分级，市场化运作，流程化管理"。2010 年全省 6 个基地单元散叶收购试点 14.2 万担，其中浏阳市公司与湖南中烟工商联动探索了烟叶工场精选、收购、调拨农工商一体化和专业化分级、烟草站集中收购调拨两种模式，建立了一套较成熟完善的专业化分级、散叶收购工作流程，完成了散叶收购 10.74 万担。相关专业化分级散叶收购效益见表 1-6。

表 1-6 专业化分级散叶收购效益

	收购费用/（元/担）	收购均价/（元/担）	烟农亩产值/（元/亩）	烟叶分级效率/[担/（人·天）]	收购人数/（人/线）	收购等级合格率/%	专业化分级覆盖率/%
散烟	14	770.31	2 443.82	1.4	8	83	100
把烟	20	767.23	2 366.05	0.8	13.5	87	30
对比提高	—6	3.08	77.77	0.6	5.5	—4	70

说明：1. 收购费用减少 6 元/担，其中人员工资减少 1 元/担，烟站至中心库短途运输费用减少 2.7 元/担，装卸费用减少 1 元/担，中心仓库翻包管理减少 1.3 元/担。2. 专业化分级覆盖率是指接受专业化分级烟农覆盖比例。

（4）烟叶质量管理体系的建立和实施。2005 年，湖南在全国烟草商业系统率先建立和实施烟叶质量管理体系，提出了全员参与、全面管理、全过程控制的烟叶质量管理理念，为烟叶质量及工作水平的提升提供了制度保障。制定烤烟综合标准体系，抓好宣传贯彻和实施，推行全过程、全方位、全覆盖的规范化操作和标准化生产，建立质量追踪和缺陷溯源机制，持续开展烟叶质量跟踪评价，不断优化业务流程，实现烟叶质量持续改进。根据生产方案要求及体系内审、管理评审结果，查找存在的不足及需要纠正和改进的地方，合理配置人、财、物资源。近5年来，郴州市、永州市、衡阳市、湘西土家族苗族自治州等8个市（州）的烟叶质量管理体系已分别通过第三方认证，全省每年开展10个产区、35个产烟县、230个取样点的质量跟踪，标准化生产覆盖率达到90%以上，烟叶收购等级合格率在75%以上，工商交接等级合格率在70%以上。

4. 浓香型烟叶生产品牌导向型基地建设

自1989年始，湖南长沙烟厂在郴州永兴等地联办烟叶基地，先后经历了松散型、紧密型、品牌导向型基地单元建设三个阶段，历经20余载，基地建设实现了从稳定烟叶供需渠道、建立购销体系到建设品牌导向型基地的历史性转变。特别是近几年来，围绕卷烟骨干品牌的原料需求，加强与对口卷烟工业企业的协调沟通和全面协作，烟草工业相关部门及商业相关部门共同制定基地单元建设方案和生产技术方案，共同设计烟叶生产收购、"工商交接"、烟叶调运、配方打叶等业务流程，共同建立质量评价和追踪反馈机制，共同完成烘烤工场内专业化分级、农工商一体化散烟收购，努力打造"基地共建、生产共抓、资源共享、品牌共创、发展共赢"的工商合作新机制，提升了烟叶品质特色化、原料供应基地化水平。2023共有21家卷烟工业企业在湖南建立基地，基地烟叶调拨量占全省国内烟叶销售总量的66.7%。各烟叶产区基地单元建设及对口工业企业情况具体如表1-7。

表1-7　2023年烟叶产区基地单元建设表（烤烟）

湖南省烟草公司所属市（州）公司	基地单元名称	对口工业企业
郴州市公司	和平、樟木	安徽中烟工业有限责任公司
张家界市公司	江垭	
永州市公司	祥霖铺	甘肃烟草工业有限责任公司
常德市公司	盘太	
衡阳市公司	宝盖	
郴州市公司	樟市	广东中烟工业有限责任公司
永州市公司	仁和	
湘西州公司	松柏	

（续）

湖南省烟草公司所属市（州）公司	基地单元名称	对口工业企业
郴州市公司	欧阳海	广西中烟工业有限责任公司
郴州市公司	广发、普满	贵州中烟工业有限责任公司
永州市公司	早禾	河北中烟工业有限责任公司
衡阳市公司	洪市	
郴州市公司	洋市	河南中烟工业有限责任公司
永州市公司	大路铺	
永州市公司	沱江	湖北中烟工业有限责任公司
郴州市公司	团结	
长沙市公司	沙市、流沙河、永安	湖南中烟工业有限责任公司
张家界市公司	白石、高峰、永定	
永州市公司	白芒营、夏层铺	
湘西州公司	芙蓉、茨岩、排碧、石堤	
常德市公司	壶瓶山	
永州市公司	土市	江苏中烟工业有限责任公司
郴州市公司	城郊、流丰	
郴州市公司	方元、浩塘	江西中烟工业有限责任公司
永州市公司	田家、北屏	山东中烟工业有限责任公司
郴州市公司	春陵江	
永州市公司	舜陵	上海烟草集团有限责任公司
郴州市公司	仁义	
永州市公司	新圩	深圳烟草工业有限责任公司
长沙市公司	横市	浙江中烟工业有限责任公司
邵阳市公司	雨山	
郴州市公司	敖泉、安平	
永州市公司	涛圩	
衡阳市公司	盐湖	
郴州市公司	正和	吉林烟草工业有限责任公司
郴州市公司	银河	内蒙古昆明卷烟有限责任公司
永州市公司	九嶷山	福建中烟工业有限责任公司
郴州市公司	十字	
郴州市公司	燕塘	重庆中烟工业有限责任公司
郴州市公司	四里、赤石	云南中烟工业有限责任公司
长沙市公司	淳口	
永州市公司	水市	
长沙市公司	官渡	四川中烟工业有限责任公司
共计		21

（五）湖南浓香型烟叶各产区近年收购均价及上等烟比例

1. 湖南浓香型烟叶各主产区收购均价

如图1-2所示，2019—2023年，各主产烟区烟叶均价变动趋势平稳且稳步上升，长沙烟区烟叶均价从2019年的1 413.67元/担上升到2023年的1 718.29元/担，增幅达21.55%，其中2020年、2021年和2022年收购均价分别为1 422.41元/担、1 511.75元/担和1 575.15元/担，整体上升趋势平稳；衡阳烟区烟叶均价从2019年的1 409.58元/担上升到2023年的1 695.79元/担，增幅达20.30%，其中2020年、2021年和2022年收购均价分别为1 374.6元/担、1 477.58元/担和1 583.06元/担，但整体上升趋势平稳；郴州烟区烟叶均价从2019年的1 480.98元/担上升到2023年的1 788.55元/担，增幅达20.77%，其中2020年、2021年和2022年收购均价分别为1 446.13元/担、1 566.71元/担和1 715.14元/担，整体上升趋势平稳；永州烟区烟叶均价从2019年的1 430.05元/担上升到2023年的1 766.19元/担，增幅达23.51%，其中2020年、2021年和2022年收购均价分别为1 430.27元/担、1 511.1元/担和1 581元/担，整体上升趋势平稳；常德烟区烟叶均价从2019年的1 360.25元/担上升到2023年的1 683.63元/担，增幅达23.77%，其中2020年、2021年和2022年收购均价分别为1 232.38元/担、1 416.06元/担和1 518.59元/担，整体上升趋势平稳。各烟区2020年因天气灾害原因，导致整体均价有所下降。其中各年均价以郴州烟区较高，常德较低，而上升幅度以常德较高，衡阳稍低。

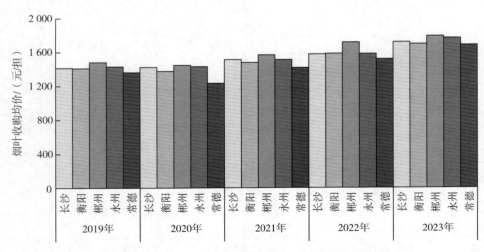

图1-2　2019—2023年湖南各产区烟叶收购均价

2. 湖南浓香型烟叶各主产区上等烟比例

如图 1-3 所示，2019—2023 年，各主产烟区烟叶上等烟占比稳步上升，长沙烟区烟叶上等烟比例从 2019 年的 70.83% 上升到 2023 年的 73.61%，较 2019 年提升 2.78 个百分点，其中 2020 年、2021 年和 2022 年上等烟比例分别为 71.67%、73.06% 和 69.88%，2022 年有少许下降趋势；衡阳烟区烟叶上等烟比例从 2019 年的 69.85% 上升到 2023 年的 74.12%，较 2019 年提升 4.27 个百分点，其中 2020 年、2021 年和 2022 年上等烟比例分别为 66.57%、71.75% 和 74.66%，2022 年有少许下降趋势，2021 年上升幅度较高；郴州烟区烟叶上等烟比例从 2019 年的 75.12% 上升到 2023 年的 78.69%，较 2019 年提升 3.57 个百分点，其中 2020 年、2021 年和 2022 年上等烟比例分别为 71.47%、75.95% 和 78.06%，2020 年有少许下降趋势；永州烟区烟叶上等烟比例从 2019 年的 70.52% 上升到 2023 年的 72.97%，较 2019 年提升 2.45 个百分点，其中 2020 年、2021 年和 2022 年上等烟比例分别为 71.26%、71.93% 和 71.2%，2022 年有少许下降趋势；常德烟区烟叶上等烟比例从 2019 年的 68.94% 上升到 2023 年的 75.57%，较 2019 年提升 6.6 个百分点，其中 2020 年、2021 年和 2022 年上等烟比例分别为 58.87%、65.11% 和 70.47%，整体上升趋势平稳。各烟区 2020 年因天气灾害原因，导致整体上等烟比例有所下降。其中各年以郴州烟区较高，而上升幅度以常德烟区较高，衡阳烟区稍低。

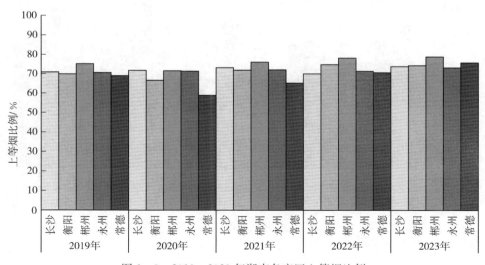

图 1-3　2019—2023 年湖南各产区上等烟比例

3. 湖南浓香型烟叶各主产区中部叶上等烟比例

如图 1-4 所示，2019—2023 年，各主产烟区中部叶上等烟占比稳步上升，长沙烟区中部叶上等烟比例从 2019 年的 48.37％上升到 2023 年的 50.12％，较 2019 年提升 1.75 个百分点，其中 2020 年、2021 年和 2022 年上等烟比例分别为 49.4％、51.33％和 48.85％，2022 年有少许下降趋势；衡阳烟区中部叶上等烟比例从 2019 年的 42.57％上升到 2023 年的 52.27％，较 2019 年提升 9.7 个百分点，其中 2020 年、2021 年和 2022 年上等烟比例分别为 39.34％、43.84％和 53.62％，2021 年上升幅度较高；郴州烟区中部叶上等烟比例从 2019 年的 54.14％上升到 2023 年的 60.06％，较 2019 年提升 5.92 个百分点，其中 2020 年、2021 年和 2022 年上等烟比例分别为 48.31％、55.52％和 64.63％，2020 年有少许下降趋势，而 2022 年上升幅度较高；永州烟区中部叶上等烟比例从 2019 年的 48.23％上升到 2023 年的 53.72％，较 2019 年提升 5.49 个百分点，其中 2020 年、2021 年和 2022 年上等烟比例分别为 46.73％、47.66％和 53.14％，2020 年、2021 年有少许下降趋势；常德烟区中部叶上等烟比例从 2019 年的 40.2％上升到 2023 年的 48.83％，较 2019 年提升 8.63 个百分点，其中 2020 年、2021 年和 2022 年上等烟比例分别为 33.25％、41.58％和 45.11％，整体上升趋势平稳。各烟区 2020 年因天气灾害原因，导致中部叶上等烟比例整体有下降趋势。其中各年中部叶上等烟比例整体以郴州烟区较高，而上升幅度以衡阳烟区较高，长沙烟区稍低。

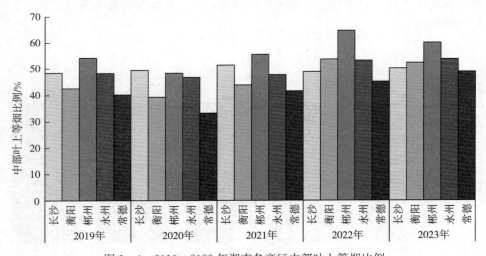

图 1-4　2019—2023 年湖南各产区中部叶上等烟比例

二、湖南浓香型烤烟品质特征感官评价

湖南是中国重要的烟叶产区之一，并以其生产的浓香型烟叶而闻名，在烟

草行业内具有独特的香韵和品质特点。湖南浓香型烟叶以干草香、焦甜香和焦香为主要香韵特征，其中焦甜香与焦香尤为显著。这种独特的香韵结构赋予了湖南烟叶浓厚且复杂的香气特点。在质量上则表现为浓香型风格较为显著至较显著，香气状态沉稳而丰富，烟气浓度较大，劲头适中偏大，体现出较强的满足感；而烟叶燃烧产生的烟气细腻至较细腻，柔和至较柔和，刺激性较小，干燥感控制得当，余味净爽舒适；不同地区生产的浓香型烟叶在浓香型和焦甜香等方面存在显著差异，如郴州市和永州市烟叶感官质量指数相对较高，整体呈现出一定的空间分布规律，各典型烟区特点相较不一，但因其整体优异的品质及鲜明的风格特色，在烟草产业中备受推崇，是中国烟草工业原料的重要组成部分。

（一）材料与方法

1. 烟叶样品采集与卷烟制备

在湖南省浓香型烟叶主产区的长沙市、邵阳市、衡阳市、永州市、郴州市的 21 个主产烟县（市）（表 1-8）于 2011 年、2012 年分别采集 C3F（中橘三）等级烟叶样品 46 个。烟叶样品由各产烟县（市）的烟草公司负责质检的专家按照《烤烟》（GB/T 2635—92）分级标准严格挑选。为保证研究烟叶样品的代表性，在烤烟大田移栽后定点选取 5 户可代表当地海拔和栽培模式的典型烟草种植户，并采用单独烘烤，分开放置。烟草品种为各县（市）种植面积最大的主栽品种（云烟 87、K326）。初烤烟叶抽梗后对烟叶进行水分平衡，将烟叶水分调节至满足切丝要求。烟叶切丝宽度为 1.0mm±0.1mm。对切后叶丝进行松散、低温干燥，保证叶丝无粘连并达到符合卷制要求的叶丝含水率。按照《卷烟第 3 部分：包装、卷制技术要求及贮运》（GB 5606.3—2005）要求，使用 50～60 $[cm^3/(min \cdot cm^2)]$ 的非快燃卷烟纸进行卷制。用塑料袋密封卷制好的样品，在 -6～0℃ 的低温环境中保存备用。

表 1-8 烟叶样品信息

地区	县（市）	数量/个	品种	数量/个	品种
	江华瑶族自治县	1	云烟 87	1	云烟 87
	宁远县	1	云烟 87	1	云烟 87
	蓝山县	1	云烟 87	1	云烟 87
永州市	江永县	1	云烟 97	1	云烟 87
	新田县	1	云烟 87	1	云烟 87
	道县	1	云烟 87	1	云烟 87

（续）

地区	县（市）	数量/个	品种	数量/个	品种
	邵阳县	1	云烟87	1	云烟87
邵阳市	隆回县	1	云烟87	1	云烟87
	新宁县	1	K326	1	K326
	衡南县	1	云烟87	2	云烟87、K326
	常宁市	1	云烟87	3	云烟87
衡阳市	耒阳市	1	云烟87	1	云烟87
	祁东县	1	云烟87	1	云烟87
	衡阳县	1	云烟87	1	云烟87
长沙市	浏阳市	1	云烟87	1	K326
	宁乡市	1	云烟87	1	云烟97
	桂阳县	1	云烟87	2	云烟87
	嘉禾县	1	云烟87	1	云烟87
郴州市	安仁县	1	云烟87	1	云烟87
	永兴县	1	云烟87	1	云烟87
	宜章县	1	云烟87	1	K326

2. 烟叶品质特征感官评价方法

由湖南省烟草公司组织来自烟草研究单位和主要卷烟企业评吸专家按照《烟叶质量风格特色感官评价方法（试用表）》进行感官评吸。参考相关文献，采用0～5等距标度评分法对烟叶香气特性、烟气特性、口感特性进行量化评价（表1-9）。烟叶香气特性评价指标包括香气质、香气量、透发性、杂气；其中，杂气评价指标包括青杂气、生杂气、枯焦气、木质气、土腥气、松脂气、花粉气、药草气、金属气。烟叶烟气特性评价指标包括细腻程度、柔和程度、圆润感。烟叶口感特性评价指标包括刺激性、干燥感、余味。

表1-9　烟叶品质特征感官评价指标及评分标度

品质特征	评价指标	标度值		
		0～1等	2～3等	4～5等
香气特性	香气质	差至较差	稍好至尚好	较好至好
	香气量	少至微有	稍有至尚足	较充足至充足
	透发性	沉闷至较沉闷	稍透发至尚透发	较透发至透发
	杂气	无至微有	稍有至有	较重至重
烟气特性	细腻程度	粗糙至较粗糙	稍细腻至尚细腻	较细腻至细腻
	柔和程度	生硬至较生硬	稍柔和至尚柔和	较柔和至柔和
	圆润感	毛糙至较毛糙	稍圆润至尚圆润	较圆润至圆润

（续）

品质特征	评价指标	标度值		
		0～1 等	2～3 等	4～5 等
烟气特性	刺激性	无至微有	稍有至有	较大至大
口感特性	干燥感 余味	无至弱 不净不舒适至 欠净欠舒适	稍有至有 稍净稍舒适至 尚净尚舒适	较强至强 较净较舒适至 纯净舒适
烟气浓度	小至较小	中等至稍大	较大至大	小至较小
劲头	小至较小	中等至稍大	较大至大	小至较小

3. 感官质量指数计算

采用感官质量指数（Smoking Quality Indexes）表征烟叶品质特征的优劣。在计算感官质量指数时，主要统计烟气浓度、劲头、香气特性、烟气特性、口感特性 5 个方面指标的分值，共计 12 个指标，即烟气浓度、劲头、香气质、香气量、透发性、杂气、细腻程度、柔和程度、圆润感、刺激性、干燥感、余味，各指标依据专家评吸打分值作为量化评价分值。杂气评价共有 9 个指标，在实际评价湖南浓香型烟叶产区烟叶杂气时，大部分样品为 3 个杂气指标打分值，最多只有 4 个杂气指标。将所有杂气指标分值相加，再进行标准化处理。

品质特征评价指标的分值意义各不相同，有些指标分值越大越好，有些指标分值越小越好，有些指标分值以适中值为好，直接将各指标分值相加进行分析与实际结果差异大，因而对品质特征评价指标的数据采用灰色局势决策中的效果测度方法进行标准化。

根据浓香型烟叶风格特点，对烟气浓度、香气质、香气量、透发性、细腻程度、柔和程度、圆润感、余味等指标采用上限效果测度（模型为 $r_{ij} = u_{ij} / \max u_{ij}$，$u_{ij}$ 为局势的实际效果，$\max u_{ij}$ 为所有局势效果的最大值），杂气、刺激性、干燥感等指标采用下限效果测度（模型为 $r_{ij} = \min u_{ij} / u_{ij}$，$\min u_{ij}$ 为所有局势效果的最小值），劲头指标采用适中效果测度［模型为 $r_{ij} = u_{i0j0} / (u_{i0j0} + | u_{ij} - u_{i0j0} |)$，$u_{i0j0}$ 为局势效果指定的适中值，本例里为 2.5］。

借鉴其他项目经验，采用专家咨询法确定品质特征各评价指标的权重，烟气浓度、劲头、香气质、香气量、透发性、杂气、细腻程度、柔和程度、圆润感、刺激性、干燥感、余味等指标的权重分别为：0.05、0.10、0.15、0.15、0.10、0.10、0.05、0.05、0.05、0.05、0.05、0.10。依据下式计算烟叶样本的感观质量指数 SQI_i：

$$SQI_i = \sum_{j=1}^{12} \beta_j \times r_{ij} \times 100$$

式中，β_j 为感观质量评价指标的权重，r_{ij} 为感观质量评价指标标准化后的数值。

4. 统计分析方法

数据处理采用 Excel 2003 和 SPSS 12.0 统计分析软件进行。品质特征的区域特征采用雷达图表示。

（二）结果与分析

1. 湖南浓香型烟叶主产区烟叶品质特征评价指标的基本统计特征

（1）香气特性评价指标的基本统计特征。表 1-10 为湖南浓香型烟叶主产区烤烟香气特性评价指标的基本统计值。湖南浓香型烟叶主产区烤烟香气质标度值为 2.63~4.00 分，平均值为 3.26 分，为"尚好至较好"；其变异系数为 9.93%，属弱变异。香气量标度值为 2.46~3.82 分，平均值为 3.20 分，为"尚足至较充足"；其变异系数为 6.98%，属弱变异。透发性标度值为 2.46~3.67 分，平均值为 3.04 分，为"尚透发至较透发"；其变异系数为 7.27%，属弱变异。在评价的 9 种杂气类型中，所有样品均具有枯焦气和木质气，表现为"微有"；部分样品具有青杂气和生青气，表现为"微有"。个别样品具有土腥气和松脂气，表现为"微有"。所有样品均不具有花粉气、药草气和金属气，表现为"无"。

表 1-10 烤烟香气特性指标标度值基本统计特征

评价指标	最小值/分	最大值/分	标准差/分	均值/分	变异系数/%
香气质	2.63	4.00	0.32	3.26	9.93
香气量	2.46	3.82	0.22	3.20	6.98
透发性	2.46	3.67	0.22	3.04	7.27
青杂气	1.50	1.00	0.29	1.25	23.09
生青气	1.78	1.00	0.24	1.30	18.70
枯焦气	2.20	1.00	0.29	1.41	20.47
木质气	1.44	1.00	0.13	1.14	11.43
杂气、土腥气	1.38	1.38	0.00	1.38	0.00
松脂气	1.00	1.00	1.00	1.00	0.00
花粉气	0.00	0.00	0.00	0.00	0.00
药草气	0.00	0.00	0.00	0.00	0.00
金属气	0.00	0.00	0.00	0.00	0.00

（2）烟气特性评价指标的基本统计特征。表 1-11 为湖南浓香型烟叶主产区烤烟烟气特性评价指标的基本统计值。从表中可以看出，湖南浓香型烟叶主产区烤烟烟气细腻程度标度值为 2.44～3.67 分，平均值为 3.10 分，为"尚细腻至较细腻"；其变异系数为 8.12%，属弱变异。柔和程度标度值为 2.36～3.38 分，平均值为 2.97 分，为"尚柔和"；其变异系数为 7.84%，属弱变异。圆润感标度值为 2.22～3.11 分，平均值为 2.83 分，为"尚圆润"；其变异系数为 7.45%，属弱变异。

表 1-11 烤烟烟气特性评价指标标度值基本统计特征

评价指标	最小值/分	最大值/分	标准差/分	平均值/分	变异系数/%
细腻程度	2.44	3.67	0.25	3.10	8.12
柔和程度	2.36	3.38	0.23	2.97	7.84
圆润感	2.22	3.11	0.21	2.83	7.45

（3）口感特性评价指标的基本统计特征。表 1-12 为湖南浓香型烟叶主产区烤烟口感特性评价指标的基本统计值。从表中可以看出，湖南浓香型烟叶主产区烤烟刺激性标度值为 1.73～2.56 分，平均值为 2.18 分，为"稍有"；其变异系数为 8.89%，属弱变异。干燥感标度值为 1.64～2.56 分，平均值为 2.04 分，为"稍有"；其变异系数为 11.93%，属中等强度变异。余味标度值为 2.00～3.44 分，平均值为 3.01 分，为"尚净尚舒适"；其变异系数为 8.48%，属弱变异。

表 1-12 烤烟口感特性评价指标标度值基本统计特征

评价指标	最小值/分	最大值/分	标准差/分	平均值/分	变异系数/%
刺激性	1.73	2.56	0.19	2.18	8.89
干燥感	1.64	2.56	0.24	2.04	11.93
余味	2.00	3.44	0.25	3.01	8.48

2. 湖南浓香型烟叶品质特征评价指标地区间差异

（1）香气特性评价指标地区间差异。表 1-13 为湖南浓香型烟叶主产区烟叶香气特性评价指标的标度值。烟叶杂气种类虽然包括 9 个指标，但由于青杂气、土腥气、松脂气只是个别地区有，也不是浓香型烟叶的特征杂气，而花粉气、药草气、金属气等在浓香型产区的所有样品都没有，在选择评价杂气种类时，只分析枯焦气、木质气和生青气，而忽略了其他杂气。

不同地区烟叶香气质平均标度值为 2.93～3.46 分，按从低到高依次为：邵阳市＜衡阳市＜长沙市＜永州市＜郴州市；方差分析结果表明，不同地区之间差异极显著；Duncan 多重比较（以下同）结果，邵阳市烟叶香气质显著低于郴州市和永州市。不同地区烟叶香气量平均标度值为 3.16～3.24 分，按从低到高依次为：邵阳市＜衡阳市＜长沙市＜永州市＜郴州市；方差分析结果表明，不同地区之间差异不显著。不同地区烟叶透发性平均标度值为 2.95～3.29 分，按从低到高依次为：邵阳市＜永州市＜郴州市＜衡阳市＜长沙市；方差分析结果表明，不同地区之间差异不显著。不同地区烟叶枯焦气平均标度值为 1.34～1.54 分，按从低到高依次为：郴州市＜衡阳市＜邵阳市＜永州市＜长沙市；方差分析结果表明，不同地区之间差异不显著。不同地区烟叶木质气平均标度值为 1.11～1.21 分，按从低到高依次为：衡阳市＜郴州市＜邵阳市＜永州市＜长沙市；方差分析结果表明，不同地区之间差异不显著。不同地区烟叶生青气平均标度值为 1.08～1.53 分，按从低到高依次为：长沙市＜郴州市＜邵阳市＜衡阳市＜永州市；方差分析结果表明，不同地区之间差异不显著。

表 1-13 不同地区烟叶香气特性评价指标比较

单位：分

地区	香气质	香气量	透发性	枯焦气	木质气	生青气
邵阳市	2.93±0.22	3.16±0.21	2.95±0.15	1.43±0.19	1.15±0.14	1.32±0.26
长沙市	3.25±0.35	3.21±0.10	3.29±0.31	1.54±0.38	1.21±0.06	1.08±0.12
衡阳市	3.22±0.31	3.16±0.15	3.08±0.17	1.38±0.38	1.11±0.14	1.33±0.24
永州市	3.29±0.22	3.23±0.17	2.98±0.19	1.43±0.24	1.16±0.15	1.53±0.35
郴州市	3.46±0.36	3.24±0.36	3.03±0.25	1.34±0.26	1.12±0.12	1.18±0.02
F 值	3.259	0.287	2.048	0.365	0.530	0.984
$Sig.$ 值	0.021	0.884	0.106	0.832	0.714	0.456

注：表中数据为平均值±标准差。

（2）烟气特性评价指标地区间差异。表 1-14 为湖南浓香型烟叶主产区烟叶烟气特性评价指标的标度值。不同地区烟叶的烟气细腻程度平均标度值为 2.82～3.21 分，按从低到高依次为：邵阳市＜衡阳市＝长沙市＜永州市＜郴州市；方差分析结果表明，不同地区之间差异显著；多重比较结果：邵阳市烟叶的细腻程度分值显著低于郴州市、永州市、长沙市和衡阳市。不同地区烟叶的烟气柔和程度平均标度值为 2.68～3.04 分，按从低到高依次为：邵阳市＜长沙市＜衡阳市＜永州市＜郴州市；方差分析结果表明，不同地区之间差异显著；多重比较结果：邵阳市烟叶的柔和程度分值显著低于郴州市、永州市、长沙市和衡阳市。不同地区烟叶的烟气圆润感平均标度值为 2.68～2.92 分，按从低到高依次为：邵阳市＜郴州市＜永州市＝衡阳市＜长沙市；方差分析结果表明，不同地区之间差异不显著。

表 1-14 不同地区烟叶烟气特性评价指标比较

单位：分

地区	细腻程度	柔和程度	圆润感
长沙市	3.11±0.30	2.95±0.23	2.92±0.17
郴州市	3.21±0.23	3.04±0.28	2.82±0.25
衡阳市	3.11±0.30	3.00±0.18	2.86±0.15
邵阳市	2.82±0.23	2.68±0.22	2.68±0.26
永州市	3.14±0.10	3.03±0.15	2.86±0.20
F 值	2.911	3.451	1.029
$Sig.$ 值	0.034	0.017	0.404

（3）口感特性评价指标地区间差异。表 1-15 为湖南浓香型烟叶主产区烟叶口感特性评价指标的标度值。不同地区烟叶的刺激性平均标度值为 2.10～2.27 分，按从低到高依次为：永州市＜郴州市＜衡阳市＜长沙市＜邵阳市；5 个地区烟叶的刺激性均为"稍有"，方差分析结果表明，不同地区之间差异不显著。不同地区烟叶的干燥感平均标度值为 1.92～2.15 分，按从低到高依次为：郴州市＜永州市＜长沙市＜衡阳市＜邵阳市；5 个地区烟叶的干燥感均为"稍有"，方差分析结果表明，不同地区之间差异不显著。不同地区烟叶的余味平均标度值为 2.77～3.12 分，按从低到高依次为：邵阳市＜衡阳市＜长沙市＜永州市＜郴州市；5 个地区烟叶的余味均为"尚净尚舒适"，方差分析结果表明，不同地区之间差异不显著。

表 1-15 不同地区烟叶口感特性评价指标比较

单位：分

地区	刺激性	干燥感	余味
长沙市	2.23±0.32	2.10±0.33	3.01±0.26
郴州市	2.14±0.21	1.92±0.25	3.12±0.27
衡阳市	2.22±0.17	2.14±0.18	2.97±0.17
邵阳市	2.27±0.20	2.15±0.27	2.77±0.42
永州市	2.10±0.14	1.98±0.22	3.05±0.12
F 值	1.164	1.890	2.213
$Sig.$ 值	0.342	0.132	0.085

3. 湖南浓香型烟叶品质特征评价指标年度间差异

（1）香气特性评价指标年度间差异。图 1-5 为湖南浓香型烟叶主产区烟叶香气特性评价指标标度值 2011 年和 2012 年的平均值。湖南浓香型烟叶主产区烟叶香气质标度值 2011 年为 3.18 分，2012 年为 3.34 分，2012 年烟叶香气质好于 2011 年，但差异不显著。湖南浓香型烟叶主产区烟叶香气量标度值 2011 年为 3.26 分，2012 年为 3.17 分，2011 年烟叶香气量好于 2012 年，但差异不显著。湖南浓香型烟叶主产区烟叶透发性标度值 2011 年为 2.98 分，2012 年为 3.09 分，2012 年烟叶透发性好于 2011 年，但差异不显著。湖南浓香型烟叶主产区烟叶生青气标度值 2011 年为 1.38 分，2012 年为 1.33 分，2012 年烟叶生青气小于 2011 年，但差异不显著。湖南浓香型烟叶主产区烟叶枯焦气标度值 2011 年为 1.60 分，2012 年为 1.27 分，2012 年烟叶枯焦气极显著低于 2011 年。湖南浓香型烟叶主产区烟叶木质气标度值 2011 年为 1.24 分，2012 年为 1.07 分，2012 年烟叶木质气极显著低于 2011 年。以上分析表明，湖南浓香型烟叶主产区烟叶香气质、香气量、透发性等香气特性评价指标年度间较稳定，杂气在减少。

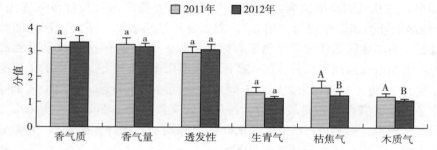

图 1-5　烟叶香气特性评价指标标度值年度比较

注：英文小写字母表示 5%差异显著水平，英文大写字母表示 1%差异显著水平，下同。

（2）烟气特性评价指标年度间差异。图 1-6 为湖南浓香型烟叶主产区烟叶烟气特性评价指标标度值 2011 年和 2012 年的平均值。湖南浓香型烟叶主产区烟叶细腻程度标度值 2011 年为 3.03 分，2012 年为 3.16 分，2012 年烟叶细腻程度高于 2011 年，但差异不显著。湖南浓香型烟叶主产区烟叶柔和程度标度值 2011 年为 2.91 分，2012 年为 3.02 分，2012 年烟叶柔和程度高于 2011 年，但差异不显著。湖南浓香型烟叶主产区烟叶圆润感标度值 2011 年为 2.78 分，2012 年为 2.86 分，2012 年烟叶圆润感高于 2011 年，但差异不显著。以上分析表明，湖南浓香型烟叶主产区的烤烟烟气特性评价指标年度间差异不大，但烟气特性分值有逐年升高的趋势。也就是说，烟气变得更加细腻、柔和、圆润。

（3）口感特性评价指标年度间差异。图 1-7 为湖南浓香型烟叶主产区烟叶口感特性评价指标标度值 2011 年和 2012 年的平均值。湖南浓香型烟叶主产

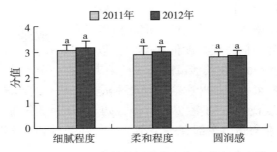

图 1-6　烟叶烟气特性评价指标标度值年度比较

区烟叶刺激性标度值 2011 年为 2.05 分，2012 年为 2.27 分，2012 年烟叶刺激性标度值极显著高于 2011 年。湖南浓香型烟叶主产区烟叶干燥感标度值 2011 年为 1.87 分，2012 年为 2.17 分，2012 年烟叶干燥感标度值极显著高于 2011 年。湖南浓香型烟叶主产区烟叶余味标度值 2011 年为 2.94 分，2012 年为 3.06 分，2012 年烟叶余味标度值高于 2011 年，但差异不显著。以上分析表明，湖南浓香型烟叶主产区烟叶的口感特性评价指标年度间稳定性差，2012 年烟叶口感特性要差于 2011 年。

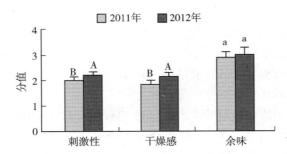

图 1-7　烟叶口感特性评价指标标度值年度比较

4. 湖南浓香型烟叶品质特征评价指标空间分布特征

（1）香气特性评价指标空间分布特征。

香气质：湖南浓香型烟叶主产区烟叶香气质有从东南部向西北部递减的分布趋势。香气质标度值在空间上以 3.1～3.2 分为主要分布，其次为 3.3～3.4 分的分布。在郴州市南部有一个高值区。

香气量：湖南浓香型烟叶主产区烟叶香气量有从南部向北部递减的分布趋势。香气量标度值在空间上以 3.1～3.2 分为主要分布，其次为 3.2～3.3 分的分布。在郴州市北部有一个低值区，其南部有一个高值区。

透发性：湖南浓香型烟叶主产区烟叶透发性有从东北部向西南部递减的分布趋势。透发性标度值在空间上以 2.9～3.0 分为主要分布，其次为 3.0～3.2

分的分布。在长沙市东部（浏阳市）有一个高值区。

枯焦气：湖南浓香型烟叶主产区烟叶枯焦气有从东北部、西南部分别向中部递减的分布趋势。枯焦气标度值在空间上以 1.3～1.4 分为主要分布，其次为 1.4～1.6 分的分布。在长沙市东部（浏阳市）有一个高值区。

木质气：湖南浓香型烟叶主产区烟叶木质气有从东北部向南部递减的分布趋势。木质气标度值在空间上以 1.07～1.14 分为主要分布，其次为 1.14～1.20 分的分布，在永州市东部有一个高值区，在长沙市东部（浏阳市）也有一个高值区。

（2）烟气特性评价指标空间分布特征。

细腻程度：湖南浓香型烟叶主产区烟叶烟气细腻程度标度值有从南部向西北部递减的分布趋势。烟气细腻程度标度值在空间上以 3.1～3.2 分为主要分布，其次为 2.9～3.0 分的分布。在郴州市西南部和长沙市北部各有一个高值区。

柔和程度：湖南浓香型烟叶主产区烟叶烟气柔和程度标度值有从南部向西北部递减的分布趋势。烟气柔和程度标度值在空间上以 2.9～3.1 分为主要分布，其次为 2.8～2.9 分的分布。在郴州市西南部和长沙市北部各有一个高值区。

圆润感：湖南浓香型烟叶主产区烟叶烟气圆润感标度值呈斑块状分布。烟气圆润感标度值在空间上以 2.7～2.9 分为主要分布，其次为 2.9～3.0 分的分布。在郴州市西南部和长沙市北部各有一个高值区。

（3）口感特性评价指标空间分布特征。

刺激性：湖南浓香型烟叶主产区烟叶刺激性有从北向南递减的分布趋势。刺激性标度值在空间上以 2.1～2.2 分为主要分布，其次为 2.2～2.3 分的分布。在邵阳市有一个高值区。

干燥感：湖南浓香型烟叶主产区烟叶干燥感有从北向南递减的分布趋势。干燥感标度值在空间上以 2.1～2.2 分为主要分布，其次为 1.9～2.0 分的分布。在邵阳市和衡阳市各有一个高值区。

余味：湖南浓香型烟叶主产区烟叶余味有从南向北递减的分布趋势。余味标度值在空间上以 3.0～3.1 分为主要分布，其次为 2.9～3.0 分的分布。在郴州市和永州市交界处有一个高值区，在邵阳市和衡阳市各有一个低值区。

5. 湖南浓香型烟叶品质特征评价指标县域特征

（1）香气特性评价指标县域特征。表 1-16 为湖南浓香型烟叶主产区不同县（市）烟叶香气特性评价指标的标度值。

不同县（市）烟叶香气质平均标度值为 2.86～3.68 分；以邵阳县分值最低，宜章县分值最高；宜章县、嘉禾县和桂阳县烟叶香气质为"好"，其余各县（市）烟叶香气质为"尚好"。不同县（市）烟叶香气量平均标度值为2.82～3.43分；以安仁县分值最低，永兴县分值最高；各县（市）烟叶香气量为"尚足"。不同县（市）烟叶透发性平均标度值为2.76～3.47分；以安仁县分值最低，浏阳市分值最高；各县（市）烟叶透发性为"尚透发"。不同县（市）烟叶生青气平均标度值为0～1.78分，道县的烟叶生青气为"稍有"，江华瑶族自治县、嘉禾县、常宁市、新宁县、耒阳市、邵阳县、桂阳县、宁乡市、衡南县、隆回县和浏阳市烟叶生青气为"微有"，其他各县（市）烟叶生青气为"无"。不同县烟叶枯焦气平均标度值为1.11～1.83分；以祁东县分值最低，浏阳市分值最高；浏阳市、衡南县、江华瑶族自治县、宁远县等县（市）的烟叶枯焦气为"稍有"，其他各县（市）烟叶枯焦气为"微有"。不同县（市）烟叶木质气平均标度值为1.00～1.34分；各县（市）烟叶木质气都为"微有"。邵阳县烟叶微有土腥气和松脂气。

表1-16 不同县（市）烟叶香气特性评价指标标度值及特征

县（市）	香气质		香气量		透发性		生青气		枯焦气		木质气	
	分值	特征	分值	特征	分值	特征	分值	特征	分值	特征	分值	特征
安仁县	3.25	尚好	2.82	尚足	2.76	尚透发	0.00	无	1.50	微有	1.21	微有
桂阳县	3.56	好	3.42	尚足	3.19	尚透发	1.20	微有	1.41	微有	1.17	微有
嘉禾县	3.63	好	3.09	尚足	2.90	尚透发	1.17	微有	1.14	微有	1.05	微有
宜章县	3.68	好	3.37	尚足	3.17	尚透发	0.00	无	1.24	微有	1.10	微有
永兴县	3.15	尚好	3.43	尚足	3.05	尚透发	0.00	无	1.40	微有	1.06	微有
江华县	3.38	尚好	3.27	尚足	3.18	尚透发	1.29	微有	1.58	稍有	1.00	微有
江永县	3.41	尚好	3.21	尚足	3.01	尚透发	0.00	无	1.47	微有	1.17	微有
蓝山县	3.17	尚好	3.26	尚足	3.01	尚透发	0.00	无	1.26	微有	1.11	微有
道县	3.09	尚好	3.33	尚足	2.85	尚透发	1.78	稍有	1.35	微有	1.12	微有
新田县	3.33	尚好	3.13	尚足	2.83	尚透发	0.00	无	1.28	微有	1.34	微有
宁远县	3.34	尚好	3.20	尚足	3.01	尚透发	0.00	无	1.60	稍有	1.22	微有
常宁市	3.29	尚好	3.15	尚足	3.21	尚透发	1.43	微有	1.25	微有	1.08	微有
衡南县	3.14	尚好	3.25	尚足	3.07	尚透发	1.38	微有	1.66	稍有	1.19	微有
衡阳县	3.22	尚好	3.00	尚足	2.78	尚透发	0.00	无	1.13	微有	1.00	微有
祁东县	3.33	尚好	3.22	尚足	3.11	尚透发	0.00	无	1.11	微有	1.11	微有
耒阳市	3.17	尚好	3.09	尚足	2.94	尚透发	1.13	微有	1.50	微有	1.11	微有
隆回县	2.91	尚好	3.04	尚足	2.84	尚透发	1.36	微有	1.41	微有	1.23	微有
邵阳县	2.86	尚好	3.18	尚足	2.94	尚透发	1.25	微有	1.38	微有	1.13	微有
新宁县	3.02	尚好	3.27	尚足	3.07	尚透发	1.35	微有	1.48	微有	1.10	微有
浏阳市	3.22	尚好	3.21	尚足	3.47	尚透发	1.00	微有	1.83	稍有	1.25	微有
宁乡市	3.28	尚好	3.20	尚足	3.12	尚透发	1.17	微有	1.25	微有	1.17	微有

（2）烟气特性评价指标县域特征。表 1-17 为湖南浓香型烟叶主产区不同县（市）烟叶烟气特性评价指标的标度值。不同县（市）烟叶烟气细腻程度平均标度值为 2.63～3.51 分；以邵阳县烟叶烟气细腻程度标度值最低，嘉禾县烟叶烟气细腻程度标度值最高；除嘉禾县烟叶烟气细腻程度为"较细腻"外，其他各县（市）烟叶烟气细腻程度为"尚细腻"。

不同县（市）烟叶烟气柔和程度平均标度值为 2.60～3.35 分；以邵阳县烟叶烟气柔和程度标度值最低，嘉禾县烟叶烟气柔和程度标度值最高；各县（市）烟叶烟气柔和程度均为"尚柔和"。

不同县烟叶烟气圆润感平均标度值为 2.47～3.10 分；以邵阳县烟叶烟气圆润感标度值最低，嘉禾县烟叶烟气圆润感标度值最高；邵阳县烟叶烟气圆润感为"稍圆润"，其他各县（市）烟叶烟气圆润感为"尚圆润"。

表 1-17　不同县（市）烟叶烟气特性评价指标标度值及特征

县（市）	细腻程度		柔和程度		圆润感	
	分值	特征	分值	特征	分值	特征
安仁县	3.16±0.02	尚细腻	3.07±0.15	尚柔和	2.68±0.32	尚圆润
嘉禾县	3.51±0.07	较细腻	3.35±0.02	尚柔和	3.10±0.01	尚圆润
桂阳县	3.17±0.39	尚细腻	2.79±0.38	尚柔和	2.77±0.23	尚圆润
宜章县	3.16±0.04	尚细腻	3.07±0.16	尚柔和	2.67±0.30	尚圆润
永兴县	3.09±0.13	尚细腻	3.04±0.21	尚柔和	2.88±0.30	尚圆润
耒阳市	3.06±0.09	尚细腻	3.05±0.07	尚柔和	2.95±0.06	尚圆润
衡南县	3.06±0.54	尚细腻	2.88±0.24	尚柔和	2.77±0.20	尚圆润
衡阳县	3.00±0.00	尚细腻	3.00±0.00	尚柔和	2.78±0.24	尚圆润
常宁市	3.23±0.28	尚细腻	3.07±0.21	尚柔和	2.89±0.16	尚圆润
祁东县	3.00±0.00	尚细腻	3.00±0.00	尚柔和	2.89±0.00	尚圆润
江华县	3.15±0.05	尚细腻	3.15±0.05	尚柔和	2.78±0.46	尚圆润
江永县	3.21±0.17	尚细腻	3.06±0.08	尚柔和	2.94±0.08	尚圆润
蓝山县	3.15±0.05	尚细腻	3.06±0.08	尚柔和	2.67±0.31	尚圆润
宁远县	3.09±0.00	尚细腻	2.99±0.02	尚柔和	2.94±0.08	尚圆润
新田县	3.11±0.16	尚细腻	3.11±0.16	尚柔和	2.94±0.08	尚圆润
道县	3.11±0.16	尚细腻	2.82±0.26	尚柔和	2.85±0.05	尚圆润
宁乡市	3.29±0.10	尚细腻	3.11±0.16	尚柔和	3.00±0.00	尚圆润
浏阳市	2.92±0.36	尚细腻	2.79±0.17	尚柔和	2.83±0.24	尚圆润
隆回县	2.92±0.27	尚细腻	2.72±0.24	尚柔和	2.75±0.04	尚圆润
邵阳县	2.63±0.26	尚细腻	2.60±0.06	尚柔和	2.47±0.36	稍圆润
新宁县	2.91±0.13	尚细腻	2.73±0.39	尚柔和	2.82±0.26	尚圆润

（3）口感特性评价指标县域特征。表1-18为湖南浓香型烟叶主产区不同县（市）烟叶口感特性评价指标的标度值。不同县（市）烟叶刺激性平均标度值为1.92～2.44分；以祁东县烟叶刺激性标度值最高，嘉禾县烟叶刺激性标度值最小；各县（市）烟叶的刺激性均为"稍有"。不同县（市）烟叶干燥感平均标度值为1.76～2.26分；以道县烟叶干燥感标度值最高，新田县烟叶干燥感标度值最小；各县（市）烟叶的干燥感均为"稍有"。不同县（市）烟叶的余味平均标度值为2.86～3.40分；以来阳市烟叶余味标度值最低，嘉禾县烟叶余味标度值最高；其他各县（市）烟叶的余味均为"尚净尚舒适"。

表1-18　不同县（市）烟叶口感特性评价指标标度值及特征

县（市）	刺激性		干燥感		余味	
	分值	特征	分值	特征	分值	特征
安仁县	2.15±0.21	稍有	1.85±0.30	稍有	2.98±0.23	尚净尚舒适
桂阳县	2.26±0.18	稍有	1.99±0.11	稍有	3.14±0.44	尚净尚舒适
嘉禾县	1.92±0.27	稍有	1.87±0.34	稍有	3.40±0.06	尚净尚舒适
宜章县	2.15±0.21	稍有	1.86±0.32	稍有	2.98±0.23	尚净尚舒适
永兴县	2.17±0.24	稍有	1.98±0.49	稍有	3.10±0.01	尚净尚舒适
常宁市	2.19±0.26	稍有	2.06±0.26	稍有	3.09±0.19	尚净尚舒适
衡南县	2.17±0.06	稍有	2.25±0.08	稍有	2.93±0.17	尚净尚舒适
衡阳县	2.33±0.00	稍有	2.22±0.00	稍有	2.89±0.19	尚净尚舒适
耒阳市	2.20±0.03	稍有	2.11±0.16	稍有	2.86±0.19	尚净尚舒适
祁东县	2.44±0.00	稍有	2.11±0.00	稍有	2.89±0.14	尚净尚舒适
道县	2.06±0.08	稍有	2.26±0.05	稍有	2.95±0.06	尚净尚舒适
江华县	2.11±0.16	稍有	1.87±0.34	稍有	2.96±0.21	尚净尚舒适
江永县	2.01±0.14	稍有	1.96±0.21	稍有	3.06±0.08	尚净尚舒适
蓝山县	2.26±0.05	稍有	2.05±0.06	稍有	3.15±0.05	尚净尚舒适
宁远县	2.11±0.28	稍有	1.96±0.20	稍有	3.06±0.08	尚净尚舒适
新田县	2.06±0.08	稍有	1.76±0.18	稍有	3.14±0.19	尚净尚舒适
浏阳市	2.23±0.46	稍有	2.13±0.44	稍有	2.93±0.22	尚净尚舒适

6. 湖南浓香型烟叶感官质量指数特征

（1）感官质量指数基本统计特征。2011年湖南浓香型烟叶感官质量指数平均为82.06分，最小值为75.20分，最大值为90.72分，标准差为4.35分，变异系数为5.30%，属弱变异；2012年湖南浓香型烟叶感官质量指数平均为84.45分，最小值为68.68分，最大值为90.59分，标准差为4.45分，变异系数为 5.27%，属弱变异。

（2）感官质量指数市域差异。从图 1-8 看，2011 年湖南浓香型烟叶主产区烟叶感官质量指数平均分值为 78.01～85.46 分，按从低到高依次为：衡阳＜邵阳＜长沙＜永州＜郴州，不同地区之间差异显著，主要为衡阳烟叶感官质量指数显著低于郴州；2012 年湖南浓香型烟叶主产区烟叶感官质量指数平均分值为 76.40～86.42 分，按从低到高依次为：邵阳＜长沙＜衡阳＜永州＜郴州，不同地区之间差异极显著，主要为邵阳烟叶感官质量指数极显著低于其他地区。

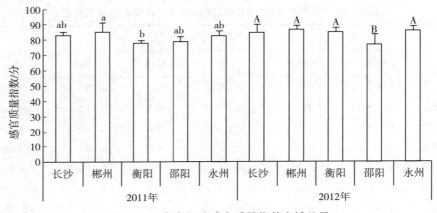

图 1-8　湖南烟叶感官质量指数市域差异

（3）感官质量指数县域差异。由图 1-9 可知，湖南浓香型烟叶主产区不同县（市）烤烟感官质量指数为 75.50～88.62 分，平均为 83.42 分。感官质量指数按从大到小排序为：嘉禾＞宜章＞江永＞永兴＞桂阳＞新田＞常宁＞祁东＞宁乡＞江华＞宁远＞蓝山＞衡阳＞浏阳＞安仁＞耒阳＞道县＞衡南＞新宁＞隆回＞邵阳。其中，感官质量指数在 85 分以上的县（市）有：嘉禾、宜章、江永、永兴、桂阳、新田、常宁；感官质量指数在 80～85 分以上的县（市）有：祁东、宁乡、江华、宁远、蓝山、衡阳、浏阳、安仁、耒阳、道县、衡南、新宁。与整个浓香型烟叶主产区烟叶感官质量指数的平均值比较，高于平均值的县（市）有嘉禾、宜章、江永、永兴、桂阳、新田、常宁、祁东、宁乡、江华、宁远、蓝山。

（4）感官质量指数空间分布。湖南浓香型烟叶感官质量指数的空间分布有从东南向西北递减的分布趋势。2011 年郴州和永州各有一个高值区，邵阳有一个低值区；2012 年郴州、永州、衡阳各有一个高值区，邵阳有一个低值区。

7. 湖南浓香型烟叶品质特征

（1）香气特性。依据各地区 2011 年和 2012 年烤烟感官评吸的品质特征评

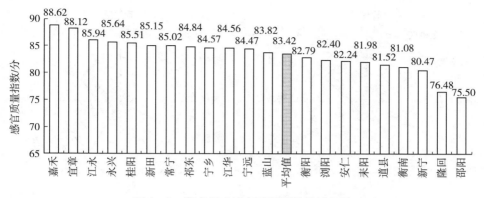

图 1-9 湖南烟叶感官质量指数县域差异

价指标标度值的平均值表征各地区烤烟的品质特征，同时表征湖南浓香型烟叶主产区烤烟品质特征感官评吸打分结果。由图 1-10 可知，湖南浓香型烟叶主产区烟叶香气质尚好至较好，香气量尚足至较充足，尚透发至较透发，微有至稍有枯焦气、木质气，微有生青气、青杂气。

邵阳市香气特性：由图 1-11 可知，邵阳市烟叶香气质尚好，香气量尚足，尚透发；微有枯焦气和木质气，部分样品微有青杂气和生青气，个别样品微有土腥气和松脂气，无花粉气、药草气和金属气。

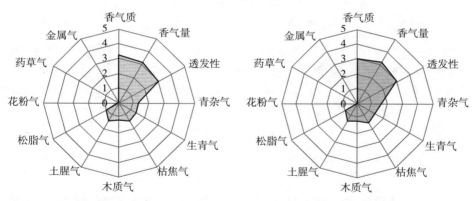

图 1-10 湖南浓香型烟叶香气特性雷达图　　　图 1-11 邵阳市烟叶香气特性雷达图

长沙市香气特性：由图 1-12 可知，长沙市烟叶香气质尚好至较好，香气量尚足，尚透发至较透发；微有枯焦气和木质气，部分样品微有青杂气和生青气，无土腥气、松脂气、花粉气、药草气和金属气。

衡阳市香气特性：由图 1-13 可知，衡阳市烟叶香气质尚好至较好，香气量尚足，尚透发；微有枯焦和木质气，部分样品微有青杂气和生青气，无土腥气、松脂气、花粉气、药草气和金属气。

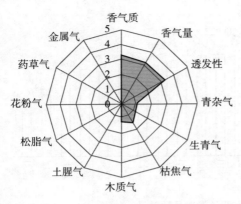

图 1-12　长沙市烟叶香气特性雷达图　　　图 1-13　衡阳市烟叶香气特性雷达图

永州市香气特性：由图 1-14 可知，永州市烟叶香气质尚好至较好，香气量尚足至较充足，尚透发；微有枯焦气和木质气，部分样品微有青杂气和生青气，无土腥气、松脂气、花粉气、药草气和金属气。

郴州市香气特性：由图 1-15 可知，郴州市烟叶香气质较好，香气量尚足至较充足，尚透发；微有枯焦气和木质气，部分样品微有生青气，无青杂气、土腥气、松脂气、花粉气、药草气和金属气。

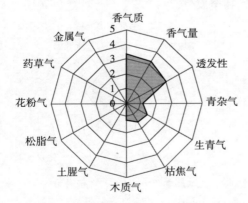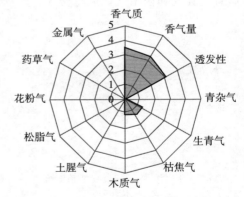

图 1-14　永州市烟叶香气特性雷达图　　　图 1-15　郴州市烟叶香气特性雷达图

（2）烟气特性。由图 1-16 可知，湖南浓香型烟叶主产区烟叶的烟气尚细腻至较细腻、尚柔和至较柔和、尚圆润至较圆润。

邵阳市烟气特性：由图 1-17 可知，邵阳市烟叶烟气细腻程度为尚细腻，烟气柔和程度为尚柔和，烟气圆润感为尚圆润。

长沙市烟气特性：由图 1-18 可知，长沙市烟叶烟气细腻程度为尚细腻，烟气柔和程度为尚柔和，烟气圆润感为尚圆润。

图 1-16 湖南浓香型烟叶烟气特性雷达图　　图 1-17 邵阳市烟叶烟气特性雷达图

衡阳市烟气特性：由图 1-19 可知，衡阳市烟叶烟气细腻程度为尚细腻，烟气柔和程度为尚柔和，烟气圆润感为尚圆润。

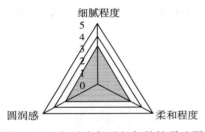

图 1-18　长沙市烟叶烟气特性雷达图　　图 1-19　衡阳市烟叶烟气特性雷达图

永州市烟气特性：由图 1-20 可知，永州市烟叶烟气细腻程度为尚细腻，烟气柔和程度为尚柔和，烟气圆润感为尚圆润。

郴州市烟气特性：由图 1-21 可知，郴州市烟叶烟气细腻程度为尚细腻，烟气柔和程度为尚柔和，烟气圆润感为尚圆润。

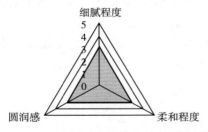

图 1-20　永州市烟叶烟气特性雷达图　　图 1-21　郴州市烟叶烟气特性雷达图

（3）口感特性。由图 1-22 可知，湖南浓香型烟叶主产区烟叶口感特征为刺激性稍有，干燥感弱至稍有，余味尚净尚舒适至较净较舒适。

邵阳市口感特性：由图 1-23 可知，邵阳市烟叶口感特征为刺激性稍有，干燥感稍有，余味尚净尚舒适。

长沙市口感特性：由图 1-24 可知，长沙市烟叶口感特征为刺激性稍有，

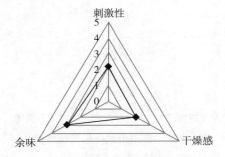

图 1-22　湖南浓香型烟叶口感特性雷达图　　图 1-23　邵阳市烟叶口感特性雷达图

干燥感稍有，余味尚净尚舒适至较净较舒适。

　　衡阳市口感特性：由图 1-25 可知，衡阳市烟叶口感特征为刺激性稍有，干燥感稍有，余味尚净尚舒适。

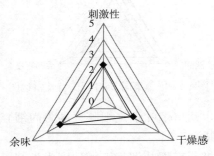
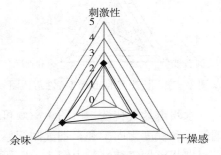

图 1-24　长沙市烟叶口感特性雷达图　　图 1-25　衡阳市烟叶口感特性雷达图

　　永州市口感特性：由图 1-26 可知，永州市烟叶口感特征为刺激性稍有，干燥感弱至稍有，余味尚净尚舒适至较净较舒适。

　　郴州市口感特性：由图 1-27 可知，郴州市烟叶口感特征为刺激性稍有，干燥感弱至稍有，余味尚净尚舒适至较净较舒适。

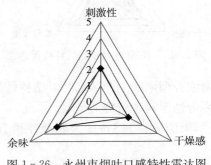
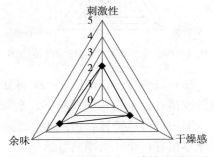

图 1-26　永州市烟叶口感特性雷达图　　图 1-27　郴州市烟叶口感特性雷达图

（三）小结

（1）湖南浓香型烟叶主产区烟叶香气特性感官评价结果表明：①湖南浓香型烟叶主产区烟叶香气质尚好至较好，香气量尚足至较足，香气尚透发至较透发，微有枯焦气和木质气。②不同地区之间香气质差异显著，香气量、透发性、枯焦气和木质气差异不显著。③香气质有从东南部向西北部递减的分布趋势，香气量有从南部向北部递减的分布趋势，透发性有从东北部西南部递减的分布趋势，枯焦气有从东北部、西南部分别向中部递减的分布趋势，木质气有从东北部向南部递减的分布趋势。④香气质、香气量和透发性年度变动较稳定，枯焦气和木质气呈降低趋势。

（2）湖南浓香型烟叶主产区烟叶烟气特性感官评价结果表明：①湖南浓香型烟叶主产区烟叶烟气细腻程度为尚细腻至较细腻，柔和程度为尚柔和，圆润感为尚圆润。②烟气细腻程度、柔和程度在空间分布上有从南部向西北部递减的分布趋势，圆润感在空间分布上呈斑块状分布态势。③邵阳市烟叶烟气细腻程度和柔和程度显著低于其他地区，不同地区烟叶烟气圆润感差异不显著。④烟气细腻程度、柔和程度和圆润感年度间差异不显著。

（3）湖南浓香型烟叶主产区烟叶口感特性感官评价结果表明：①湖南浓香型烟叶主产区烟叶刺激性和干燥感稍有，余味尚净尚舒适。②烟叶刺激性、干燥感和余味地区间差异不显著。③不同县（市）之间刺激性标度值以嘉禾县最低，祁东县最高；干燥感标度值以新田县最低，邵阳县最高；余味标度值以嘉禾县最高，邵阳县最低。④烟叶刺激性和干燥感标度值为 2012 年极显著高于2011 年；余味年度间差异不显著。⑤刺激性和干燥感标度值在空间上有从北向南递减的分布趋势，余味标度值在空间上有从南向北递减的分布趋势。

（4）湖南浓香型烟叶主产区烟叶感官质量指数研究结果表明：①2011 年、2012 年湖南浓香型烟叶感官质量指数平均值分别为 82.06 分、84.45 分。②不同地区之间感官质量指数差异显著或极显著，主要为郴州市和永州市的烟叶感官质量指数相对较高。③湖南浓香型烟叶主产区不同县（市）烟叶感官质量指数为 75.50～88.62 分，高于湖南浓香型烟叶主产区烟叶感官质量指数平均值的县（市）有嘉禾、宜章、江永、永兴、桂阳、新田、常宁、祁东、宁乡、江华、宁远、蓝山。④感官质量指数的空间分布有从东南向西北递减的分布趋势。

三、湖南浓香型烤烟风格特征感官评价

（一）材料与方法

1. 样品采集与制备

在湖南省浓香型烟叶主产区的郴州市、永州市、衡阳市、邵阳市、长沙市

的 21 个主产烟县（市）于 2011 年、2012 年连续 2 年共采集 C3F（中橘三）等级烟叶样品 44 个。

2. 香型香韵感官评价方法

由湖南省烟草公司组织来自各中烟企业和研究单位的 9 名专家按照《烟叶质量风格特色感官评价方法（试用稿）》进行感官评吸。采用 0～5 等距标度评分法对烟叶香型香韵进行量化评价（表 1-19）。香韵包括干草香、清甜香、正甜香、焦甜香、青香、木香、豆香、坚果香、焦香、辛香、果香、药草香、花香、树脂香、酒香。

表 1-19　烟叶风格特征感官评价指标及评分标度

评价指标	标度值		
	0～1 等	2～3 等	4～5 等
香型	无至微显	稍显著至尚显著	较显著至显著
香韵	无至微显	稍明显至尚明显	较明显至明显
香气状态（浓香型）	欠沉溢	较沉溢	沉溢
烟气浓度	小至较小	中等至稍大	较大至大
劲头	小至较小	中等至稍大	较大至大

3. 统计分析方法

以上各种数据处理借助于 Excel 2003 和 SPSS 12.0 统计分析软件进行。

（二）结果与分析

1. 湖南浓香型烟叶主产区烟叶风格特征评价指标的基本统计特征

由表 1-20 可知，所评价的 44 个样品全部为浓香型。浓香型标度值为 2.67～4.00 分，平均为 3.30 分，为尚显著至较显著；变异系数为 8.63%，属弱变异。湖南浓香型烟叶主产区烟叶具有干草香、正甜香、焦甜香、木香、坚果香、焦香、辛香等 7 种，按平均值由大到小排序为：干草香＞焦甜香＞焦香＞正甜香＞木香＞坚果香＞辛香。其中，干草香的标度值为 2.91～3.56 分，平均为 3.17 分，为尚明显至较明显；焦甜香的标度值为 2.13～3.22 分，平均为 2.77 分，为尚明显至较明显；焦香的标度值为 1.40～2.55 分，平均为 1.85 分，为稍明显至尚明显；干草香、焦甜香和焦香较稳定（变异系数在 15% 以下），为主要香韵；而其他香韵为微显至稍明显，为辅助香韵。湖南浓香型烟叶主产区烟叶香气状态沉溢值为 2.78～3.73 分，平均为 3.20 分，为尚显著至较显著；变异系数为 6.31%，属弱变异。湖南浓香型烟叶主产区烟叶烟气浓度标度值为 2.64～3.91 分，平均为 3.23 分，为稍大至较大；变异系数为

6.84%，属弱变异。湖南浓香型烟叶主产区烟叶劲头标度值为 2.64～3.82 分，平均为 3.03 分，为稍大至较大；变异系数为 7.23%，属弱变异。

表 1-20　湖南浓香型烟叶风格特征评价指标基本统计

评价指标	均值/分	标准差/分	极小值/分	极大值/分	变异系数/%
香型（浓香型）	3.30	0.29	2.67	4.00	8.63
干草香	3.17	0.15	2.91	3.56	4.85
清甜香	0.00	0.00	0.00	0.00	0.00
正甜香	1.54	0.32	1.00	2.13	20.63
焦甜香	2.77	0.27	2.13	3.22	9.72
青香	0.00	0.00	0.00	0.00	0.00
木香	1.52	0.18	1.13	2.00	12.06
豆香	0.00	0.00	0.00	0.00	0.00
坚果香	1.32	0.24	1.00	1.91	18.02
焦香	1.85	0.23	1.40	2.55	12.68
辛香	1.15	0.12	1.00	1.45	10.06
果香	0.00	0.00	0.00	0.00	0.00
药草香	0.00	0.00	0.00	0.00	0.00
花香	0.00	0.00	0.00	0.00	0.00
树脂香	0.00	0.00	0.00	0.00	0.00
酒香	0.00	0.00	0.00	0.00	0.00
香气状态（沉溢）	3.20	0.20	2.78	3.73	6.31
烟气浓度	3.23	0.22	2.64	3.91	6.84
劲头	3.03	0.22	2.64	3.82	7.23

2. 湖南浓香型烤烟风格特征评价指标的地区间差异

（1）香型香韵地区间差异。表 1-21 为不同地区烟叶香型香韵比较结果。

湖南浓香型烟叶主产区烟叶浓香型平均标度值为 3.04～3.52 分，按从低到高依次为：邵阳市＜长沙市＜衡阳市＜永州市＜郴州市；不同地区之间差异极显著。烟叶干草香香韵平均标度值为 3.12～3.30 分，按从低到高依次为：衡阳市＜郴州市＜长沙市＜永州市＜邵阳市；不同地区之间差异不显著。烟叶正甜香香韵平均标度值为 1.39～1.64 分，按从低到高依次为：长沙市＜衡阳市＜郴州市＜永州市＜邵阳市；不同地区之间差异不显著。烟叶焦甜香香韵平均标度值为 2.51～2.94 分，按从低到高依次为：长沙市＜邵阳市＜衡阳市＜永州市＜郴州市；不同地区之间差异显著。烟叶木香香韵平均标度值为 1.46～1.59 分，按从低到高依次为：衡阳市＜邵阳市＜永州市＜长沙市＜郴州市；

不同地区之间差异不显著。烟叶坚果香香韵平均标度值为 1.22～1.41 分，按从低到高依次为：衡阳市＜永州市＜郴州市＝长沙市＜邵阳市；不同地区之间差异不显著。烟叶焦香香韵平均标度值为 1.77～1.90 分，按从低到高依次为：长沙市＜邵阳市＜永州市＜衡阳市＜郴州市；不同地区之间差异不显著。烟叶辛香香韵平均标度值为 1.08～1.20 分，按从低到高依次为：邵阳市＜长沙市＜永州市＜衡阳市＜郴州市；不同地区之间差异不显著。

表 1－21　湖南浓香型烟叶主产区不同地区烟叶香型香韵标度值

单位：分

县	浓香型	干草香	正甜香	焦甜香	木香	坚果香	焦香	辛香
郴州市	3.52±0.31A	3.13±0.14a	1.51±0.34a	2.94±0.27a	1.59±0.21a	1.36±0.28a	1.90±0.30a	1.20±0.13a
永州市	3.32±0.28AB	3.18±0.16a	1.59±0.39a	2.80±0.24ab	1.50±0.19a	1.27±0.21a	1.83±0.25a	1.16±0.12a
衡阳市	3.24±0.17AB	3.12±0.10a	1.46±0.16a	2.75±0.10abc	1.46±0.16a	1.22±0.20a	1.87±0.21a	1.17±0.06a
长沙市	3.17±0.08AB	3.16±0.14a	1.39±0.12a	2.51±0.30c	1.56±0.17a	1.36±0.20a	1.77±0.21a	1.09±0.12a
邵阳市	3.04±0.15B	3.30±0.19a	1.64±0.33a	2.57±0.20bc	1.48±0.16a	1.41±0.28a	1.80±0.13a	1.08±0.10a
F 值	4.098	1.408	0.476	3.873	0.685	0.699	0.275	1.315
Sig. 值	0.008	0.252	0.753	0.011	0.607	0.598	0.892	0.284

注：表中英文大写字母表示 1%差异显著水平，小写字母表示 5%差异显著水平，以下同。

（2）其他评价指标地区间差异。由表 1－22 可知，烟叶香气状态的沉溢平均标度值为 3.09～3.30 分，按从低到高依次为：长沙市＜邵阳市＜衡阳市＜永州市＜郴州市。烟叶浓度平均标度值为 3.21～3.36 分，按从低到高依次为：永州市＜郴州市＝衡阳市＜邵阳市＜长沙市；不同地区之间差异不显著。烟叶劲头标度值为 2.99～3.10 分，按从低到高依次为：永州市＜郴州市＝长沙市＜邵阳市＝衡阳市，无显著差异。

表 1－22　湖南浓香型烟叶主产区不同地区烟叶风格特征其他评价指标的标度值

单位：分

评价指标	郴州市	永州市	衡阳市	长沙市	邵阳市	F 值	Sig. 值
沉溢	3.30±0.26a	3.19±0.21a	3.16±0.10a	3.09±0.13a	3.11±0.15a	1.427	0.246
浓度	3.22±0.31a	3.21±0.15a	3.22±0.17a	3.36±0.28a	3.24±0.20a	0.335	0.853
劲头	3.01±0.30a	2.99±0.12a	3.10±0.20a	3.01±0.37a	3.10±0.12a	0.378	0.823

3. 湖南浓香型烤烟风格特征评价指标的县域间差异

（1）香型香韵县域间差异。表 1-23 为不同县域烟叶香型和香韵平均值。湖南浓香型烟叶主产县（市）烟叶浓香型平均标度值为 2.94～3.79 分，不同县（市）之间有差异。干草香平均标度值为 2.95～3.41 分，不同县（市）之间差异不显著，除衡阳县、祁东县、嘉禾县烟叶干草香香韵尚明显外，其他各县（市）为较明显。正甜香平均标度值为 0.00～2.00 分，除祁东县烟叶正甜香香韵微显外，其他各县（市）为稍显。焦甜香平均标度值为 2.47～3.17 分，桂阳县、宜章县烟叶焦甜香较显著，隆回县、浏阳市烟叶为稍显著，其他各县（市）为尚显著。木香平均标度值为 1.22～1.78 分，宁乡市、安仁县、嘉禾县、蓝山县、常宁市、耒阳市、邵阳县、新田县、新宁县、衡南县、祁东县烟叶木香香韵为微显，其他各县（市）为稍显。坚果香平均标度值为 1.13～1.53 分，除宜章县、桂阳县、衡阳县烟叶坚果香香韵稍显外，其他各县（市）为微显。焦香平均标度值为 1.48～2.14 分，除嘉禾县烟叶焦香香韵为微显外，其他各县（市）为稍显。辛香平均标度值为 1.06～1.29 分，各县（市）烟叶辛香香韵均为微显，不同县（市）之间差异不显著。

表 1-23　湖南浓香型烟叶主产区不同县（市）烟叶香型香韵标度值

单位：分

县（市）	浓香型	干草香	正甜香	焦甜香	木香	坚果香	焦香	辛香
浏阳市	3.15±0.05	3.15±0.05	1.48±0.11	2.47±0.49	1.64±0.12	1.40±0.22	1.91±0.13	1.13±0.18
宁乡市	3.19±0.11	3.17±0.24	1.31±0.03	2.54±0.14	1.48±0.21	1.32±0.25	1.54±0.20	1.06±0.09
安仁县	3.19±0.39	3.08±0.01	1.46±0.30	2.61±0.35	1.48±0.03	1.18±0.06	1.85±0.17	1.15±0.04
桂阳县	3.79±0.22	3.18±0.13	1.35±0.46	3.17±0.06	1.78±0.19	1.51±0.29	2.14±0.38	1.29±0.16
嘉禾县	3.25±0.04	2.95±0.06	1.72±0.39	2.92±0.36	1.47±0.36	1.23±0.32	1.48±0.11	1.11±0.16
宜章县	3.65±0.23	3.18±0.14	1.51±0.38	3.01±0.24	1.58±0.14	1.53±0.53	1.93±0.05	1.15±0.04
永兴县	3.56±0.15	3.24±0.18	1.70±0.24	2.89±0.16	1.54±0.23	1.26±0.02	1.95±0.06	1.24±0.17
常宁市	2.99±0.08	3.21±0.18	1.51±0.13	2.52±0.13	1.46±0.25	1.17±0.26	1.63±0.19	1.13±0.12
衡南县	3.15±0.26	3.20±0.08	1.56±0.09	2.59±0.07	1.36±0.14	1.15±0.17	1.83±0.46	1.25±0.13
衡阳县	3.33±0.00	3.00±0.11	1.29±0.04	2.67±0.04	1.67±0.40	1.50±0.01	1.78±0.01	1.13±0.00
耒阳市	3.21±0.17	3.15±0.05	1.53±0.12	2.85±0.10	1.44±0.16	1.22±0.31	1.71±0.02	1.25±0.00
祁东县	3.22±0.01	3.00±0.01	0.00±0.00	2.78±0.01	1.22±0.00	1.13±0.01	1.89±0.01	1.14±0.00
隆回县	2.99±0.14	3.41±0.20	1.49±0.41	2.49±0.07	1.61±0.24	1.36±0.34	1.81±0.11	1.06±0.09
邵阳县	3.19±0.11	3.23±0.32	2.00±0.02	2.62±0.41	1.44±0.00	1.45±0.46	1.78±0.05	1.13±0.18
新宁县	2.94±0.08	3.25±0.04	1.62±0.31	2.60±0.06	1.37±0.12	1.40±0.22	1.82±0.26	1.06±0.09
道县	3.28±0.24	3.24±0.18	1.44±0.62	2.73±0.24	1.50±0.22	1.20±0.12	1.72±0.39	1.11±0.16
江华县	3.42±0.34	3.06±0.08	1.56±0.80	2.85±0.21	1.56±0.16	1.23±0.15	1.69±0.27	1.21±0.12

（续）

县（市）	浓香型	干草香	正甜香	焦甜香	木香	坚果香	焦香	辛香
江永县	3.44±0.15	3.26±0.11	1.58±0.42	2.99±0.14	1.52±0.26	1.30±0.42	2.04±0.21	1.17±0.24
蓝山县	3.16±0.09	3.18±0.26	1.55±0.07	2.68±0.07	1.47±0.13	1.33±0.16	1.83±0.24	1.17±0.04
宁远县	3.50±0.07	3.13±0.07	1.56±0.45	2.95±0.19	1.56±0.34	1.37±0.32	2.06±0.17	1.23±0.15
新田县	3.11±0.62	3.23±0.32	1.88±0.18	2.58±0.47	1.40±0.38	1.17±0.24	1.64±0.12	1.06±0.09
F 值	2.333	0.697	0.355	1.753	0.626	0.427	0.985	0.625
$Sig.$ 值	0.026	0.791	0.986	0.098	0.854	0.970	0.910	0.854

（2）其他指标县域间差异。由表 1－24 可知，沉溢平均标度值为 3.00～3.50 分，不同县（市）之间差异不显著，各县（市）烟叶香气状态为较沉溢。浓度平均标度值为 2.95～3.56 分，不同县（市）之间差异不显著，各县（市）烟叶浓度为稍大至较大。劲头平均标度值为 2.79～3.44 分，不同县（市）之间差异不显著，各县（市）烟叶劲头为稍大至较大，不同县（市）之间差异不显著。

表 1－24 湖南浓香型烟叶主产区不同县（市）烟叶其他风格评价指标标度值

单位：分

县（市）	沉溢	浓度	劲头
浏阳市	3.14±0.19a	3.49±0.41a	3.18±0.53a
宁乡市	3.05±0.06a	3.23±0.04a	2.84±0.05a
安仁县	3.07±0.23a	2.95±0.44a	2.79±0.21a
桂阳县	3.50±0.20a	3.45±0.41a	3.27±0.47a
嘉禾县	3.00±0.00a	3.00±0.00a	2.85±0.05a
宜章县	3.39±0.16a	3.27±0.00a	2.94±0.05a
永兴县	3.46±0.14a	3.30±0.04a	3.07±0.22a
常宁市	3.11±0.00a	3.11±0.00a	3.22±0.00a
衡南县	3.33±0.00a	3.56±0.00a	3.44±0.00a
衡阳县	3.11±0.00a	3.11±0.00a	3.00±0.00a
耒阳市	3.16±0.09a	3.20±0.03a	2.95±0.06a
祁东县	3.11±0.00a	3.11±0.00a	3.00±0.00a
隆回县	3.08±0.27a	3.21±0.13a	3.05±0.07a
邵阳县	3.20±0.03a	3.30±0.42a	3.17±0.04a
新宁县	3.06±0.08a	3.21±0.02a	3.07±0.22a
道县	3.09±0.13a	3.20±0.28a	3.00±0.00a

（续）

县（市）	沉溢	浓度	劲头
江华县	3.32±0.33a	3.19±0.27a	3.03±0.31a
江永县	3.24±0.18a	3.27±0.09a	3.00±0.00a
蓝山县	3.10±0.01a	3.26±0.11a	2.96±0.21a
宁远县	3.33±0.04a	3.24±0.05a	3.00±0.00a
新田县	3.07±0.41a	3.14±0.19a	2.94±0.09a
F 值	1.276	0.607	0.683
Sig. 值	0.304	0.860	0.796

4. 湖南浓香型烟叶主产区烟叶风格特征评价指标的空间分布特征

香型空间分布：湖南浓香型烟叶主产区烟叶浓香型标度值在空间上以3.33～3.52分为主要分布，有从南部向北部递减的分布趋势，在郴州市有一个高值区。

干草香空间分布：湖南浓香型烟叶主产区烟叶干草香标度值在空间上以3.13～3.18分为主要分布，有从西北部向南部递减的分布趋势，在邵阳市有一个高值区。

焦甜香空间分布：湖南浓香型烟叶主产区烟叶焦甜香标度值在空间上以2.78～2.95分为主要分布，有从南部向北部递减的分布趋势，在郴州市有一个高值区。

焦香空间分布：湖南浓香型烟叶主产区烟叶焦香标度值在空间上以1.79～1.84分为主要分布，有从南部向北部递减的分布趋势，在郴州市和永州市各有一个高值区。

正甜香空间分布：湖南浓香型烟叶主产区烟叶正甜香标度值在空间上以1.54～1.69分为主要分布，有从西部向东南部递减的分布趋势，在邵阳市和永州市各有一个高值区。

木香空间分布：湖南浓香型烟叶主产区烟叶木香标度值在空间上以1.52～1.60分为主要分布，呈斑块状分布，在郴州市、长沙市、衡阳市各有一个高值区。

坚果香空间分布：湖南浓香型烟叶主产区烟叶坚果香标度值在空间上以1.34～1.43分为主要分布，呈斑块状分布，在郴州市、长沙市、衡阳市、邵阳市各有一个高值区。

辛香空间分布：湖南浓香型烟叶主产区烟叶辛香标度值在空间上以1.17～1.22分为主要分布，有从南部向北部递减的分布趋势，在郴州市有一个高值区。

沉溢空间分布：湖南浓香型烟叶主产区烟叶沉溢标度值在空间上以3.2～3.3分为主要分布，有从南部向北部递减的分布趋势，在郴州市有一个高值区。

浓度空间分布：湖南浓香型烟叶主产区烟叶浓度标度值在空间上以 3.2～3.3 分为主要分布，有从北部向南部递减的分布趋势，在长沙市的浏阳市有一个高值区，在衡阳市也有一个高值区。

劲头空间分布：湖南浓香型烟叶主产区烟叶劲头标度值在空间上以 3.1～3.2 分为主要分布，有从北部向南部递减的分布趋势，在郴州市、衡阳市各有一个高值区。

5. 湖南浓香型烤烟风格的地区特色

（1）郴州市烤烟风格特色。由图 1－28 可知，郴州市烟叶浓香型较显著，香韵以干草香、焦甜香与焦香为主，干草香与焦甜香较明显，焦香稍明显，正甜香、木香稍明显，微显坚果香与辛香；香气状态为较沉溢，烟气浓度稍大，劲头稍大。

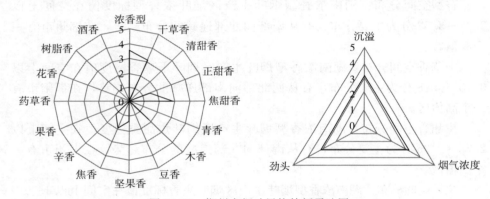

图 1－28　郴州市烟叶风格特征雷达图

（2）永州市烤烟风格特色。由图 1－29 可知，永州市烟叶浓香型较显著，香韵以干草香、焦甜香与焦香为主，干草香较明显，焦甜香尚明显，焦香稍明显，正甜香稍明显，微显木香、坚果香与辛香；香气状态为较沉溢，烟气浓度稍大，劲头稍大。

（3）衡阳市烤烟风格特色。由图 1－30 可知，衡阳市烟叶浓香型较显著，香韵以干草香、焦甜香与焦香为主，干草香较明显，焦甜香尚明显，焦香稍明显，微显正甜香、木香、坚果香与辛香；香气状态为较沉溢，烟气浓度稍大，劲头稍大。

（4）邵阳市烤烟风格特色。由图 1－31 可知，邵阳市烟叶浓香型尚显著，香韵以干草香、焦甜香与焦香为主，干草香较明显，焦甜香尚明显，焦香稍明显，微显正甜香、木香、坚果香与辛香。香气状态为较沉溢，烟气浓度稍大，劲头稍大。

（5）长沙市烤烟风格特色。由图 1－32 可知，长沙市烟叶浓香型尚显著，香韵以干草香、焦甜香与焦香为主，干草香较明显，焦甜香尚明显，焦香、木

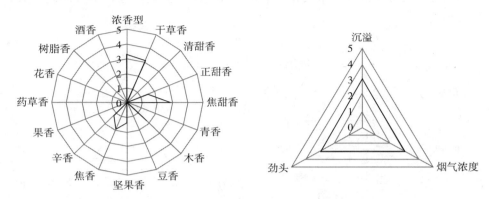

图 1-29 永州市烟叶风格特征雷达图

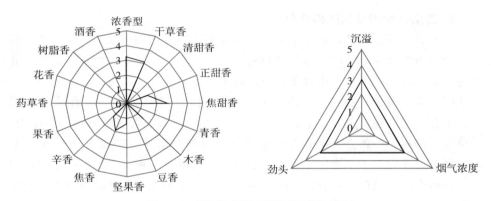

图 1-30 衡阳市烟叶风格特征雷达图

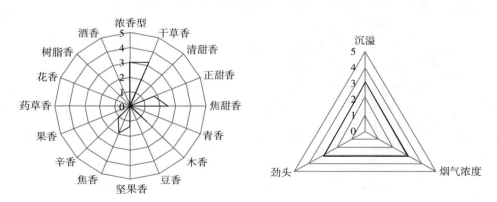

图 1-31 邵阳市烟叶风格特征雷达图

香稍明显，微显正甜香、坚果香与辛香；香气状态为较沉溢，烟气浓度稍大，劲头稍大。

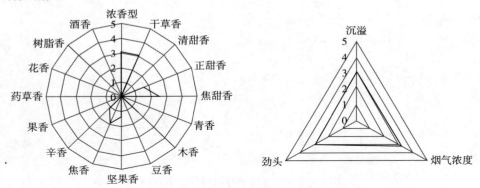

图 1-32　长沙市烟叶风格特征雷达图

6. 湖南浓香型烤烟风格特色

（1）香型特征。烤烟香型主要分为清香型、浓香型和中间香型等 3 种。所评价的湖南烟叶 44 个样品全部为浓香型。2011 年、2012 年浓香型平均分值分别为 3.30 分和 3.26 分，浓香型特征尚显著至较显著。

（2）香韵特征。由图 1-33 可知，湖南烟叶具有干草香、正甜香、焦甜香、木香、坚果香、焦香、辛香等 7 种。2011 年香韵平均值由大到小排序为：干草香＞焦甜香＞焦香＞正甜香＞木香＞坚果香＞辛香；2012 年香韵平均值由大到小排序为：干草香＞焦甜香＞焦香＞坚果香＞木香＞正甜香＞辛香。其中，香韵平均分值在 2.0 分以上的只有干草香和焦甜香。可见湖南浓香型烟叶以干草香、焦甜香、焦香为主体香韵，辅以坚果香、木香、正甜香、辛香，干草香、焦甜香、焦香为尚明显至较明显，而其他香韵为稍明显。

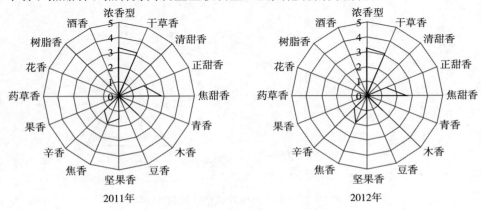

图 1-33　湖南烟叶香型和香韵雷达图

（3）香气状态特征。烤烟香气状态主要分为飘逸、悬浮、沉溢 3 种，分别对应于清香型、中间香型和浓香型。由图 1-34 可知，所评价的湖南烟叶 44 个样品的香气状态全部为沉溢。2011 年、2012 年湖南浓香型烟叶沉溢平均分值分别为 3.22 分和 3.13 分，为较沉溢至沉溢。

（4）烟气浓度特征。烤烟的烟气浓度以大较好，特别是在低焦油产品中。由图 1-34 可知，2011 年、2012 年湖南浓香型烟叶烟气浓度平均分值分别为 3.27 分和 3.21 分，为稍大至较大。

（5）劲头特征。烤烟的劲头以中等较好。由图 1-34 可知，2011 年、2012 年湖南浓香型烟叶劲头平均分值分别为 2.98 分和 3.06 分，为中等至稍大。

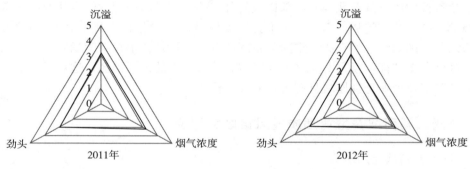

图 1-34　湖南烟叶香气状态、烟气浓度和劲头雷达图

（三）小结

（1）湖南浓香型烟叶主产区的烟叶浓香型风格尚显著至较显著；香韵以干草香、焦甜香与焦香为主，兼有正甜香、木香、坚果香与辛香，其中干草香、焦甜香较明显，焦香稍明显至尚明显，正甜香、木香、坚果香与辛香微显至稍显。2011 年"烟叶质量风格特色感官评价方法研究"项目组对全国典型浓香型烟叶产区和国外烟叶样品以及湖南浓香型烟叶主产区烟叶样品进行感官评价，结果全国典型浓香型烟叶产区和国外烟叶样品的浓香型平均标度值分别为 3.29 和 3.60，而湖南烟叶浓香型标度值平均为 3.30，高于全国典型浓香型烟叶。据此，可认为湖南烟叶应属于典型浓香型。

（2）湖南浓香型主产区烟叶浓香型平均标度值为 3.04～3.52 分，干草香香韵平均标度值为 3.12～3.30 分，正甜香香韵平均标度值为 1.46～1.64 分，焦甜香香韵平均标度值为 2.51～2.94 分，木香香韵平均标度值为 1.46～1.59 分，坚果香香韵平均标度值为 1.22～1.41 分，焦香香韵平均标度值为 1.77～1.90 分，辛香香韵平均标度值为 1.08～1.20 分；只有浓香型和焦甜香的标度值地区间存在显著或极显著差异，表明湖南浓香型烟叶主产区的烟叶浓香型彰显度和香韵在地区之间还是有差异的，可进行亚类细分，具体划分还有待进一步研究。

（3）湖南浓香型烟叶主产区的烟叶浓香型标度值在空间上以 3.33～3.52 分为主要分布，干草香标度值在空间上以 3.13～3.18 分为主要分布，正甜香标度值在空间上以 1.54～1.69 分为主要分布，焦甜香标度值在空间上以 2.78～2.95 分为主要分布，木香标度值在空间上以 1.52～1.60 分为主要分布，坚果香标度值在空间上以 1.34～1.43 分为主要分布，焦香标度值在空间上以 1.79～1.84 分为主要分布，辛香标度值在空间上以 1.17～1.22 分为主要分布。浓香型、焦甜香、焦香、辛香标度值有从南部向北部递减的分布趋势，干草香标度值有从西北部向南部递减的分布趋势，正甜香标度值有从西部向东南部递减的分布趋势，木香、坚果香标度值呈斑块状分布。利用 IDW 插值方法绘制湖南烟叶香型香韵的空间分布图，有助于更好地了解湖南烟叶香型香韵的区域分布特征，且可对无采样点区域烟叶香型香韵进行预测，这对指导烟区生产和工业企业选择原料具有重要的参考价值。

四、湖南浓香型烤烟质量风格区域定位

（一）材料与方法

1. 样品采集

于 2011 年、2012 年连续 2 年在湖南省浓香型烟叶主产区的郴州市、永州市、衡阳市、邵阳市、长沙市的 21 个主产烟县（市）共采集 C3F（中橘三）等级烟叶样品 44 个。

于 2013 年采集 40 个郴州产烟叶、26 个永州产烟叶、12 个衡阳产烟叶、12 个长沙产烟叶、12 个邵阳产烟叶、10 个张家界产烟叶、6 个怀化产烟叶、10 个常德产烟叶、18 个湘西产烟叶样本进行致香成分分析。

为保证研究项目的准确性和代表性，在烤烟移栽后定点选取 5 户可代表当地海拔和栽培模式的农户，由各产烟县（市）烟草公司负责质检的专家按照 GB/T 2635—92 烤烟分级标准选取具有代表性的初烤烟叶样品 5kg。品种为各县（市）种植面积最大的主栽品种，主要为 K326、云烟 87。

2. 烟叶质量风格特色评价

初烤烟叶首先进行外观质量量化评价，其次是进行物理特性检测。初烤烟叶去梗后，进行水分调节至满足切丝要求。切丝宽度为 1.0mm±0.1mm。烟丝一部分用于测定化学成分和致香成分，一部分用于感官评吸。

3. 烟叶八大香型区域定位（表 1 - 25）

表 1 - 25 八大香型区域定位

香型区	类型	市（自治州）	省份
香型Ⅰ	清甜香型	六盘水、黔西南	贵州
		凉山、攀枝花	四川
		保山、楚雄、大理、德宏	云南
香型Ⅱ	蜜甜香型	安顺、毕节、贵阳、六盘水、遵义	贵州
		泸州、宜宾	四川
香型Ⅲ	醇甜香型	陇南	甘肃
		恩施、襄阳、宜昌	湖北
		常德	湖南
		西安、汉中、商洛	陕西
香型Ⅳ	焦甜焦香型	洛阳、漯河、平顶山、驻马店	河南
		固原	宁夏
		宝鸡、商洛、咸阳、延安	陕西
		临汾	山西
香型Ⅴ	焦甜醇甜香型	芜湖、宣城	安徽
		韶关	广东
		贺州	广西
		郴州、衡阳、永州、长沙	湖南
		抚州、赣州	江西
香型Ⅵ	清甜蜜甜香型	龙岩、南平、三明	福建
香型Ⅶ	蜜甜焦香型	临沂、日照、潍坊	山东
香型Ⅷ	木香蜜甜香型	哈尔滨、牡丹江、绥化	黑龙江
		张家口	河北
		白城、通化、延边	吉林
		朝阳、丹东、铁岭	辽宁

（二）结果与分析

1. 香型区域定位

（1）香型区域划分。选择 5 个产区烟叶的干草香、焦甜香、焦香、香型、香气状态 5 个指标的平均值（表 1 - 26），采用卡方距离相似尺度和以离差平方和聚类方法进行系统聚类分析，结构见图 1 - 35。

从表1－26可以看出，将不同产区主要风格特征指标值进行方差分析，只有焦甜香分值存在显著差异，以及在香型分值存在极显著差异。

表1－26　湖南浓香型烟叶主产区及类型区烟叶主要风格特征值比较

单位：分

产区或类型区	干草香	焦甜香	焦香	香气状态	香型
长沙	3.16±0.14a	2.51±0.30c	1.77±0.21a	3.09±0.13a	3.17±0.08AB
郴州	3.13±0.14a	2.94±0.27a	1.90±0.30a	3.30±0.26a	3.52±0.31A
衡阳	3.12±0.10a	2.75±0.10abc	1.87±0.21a	3.16±0.10a	3.24±0.17AB
邵阳	3.30±0.19a	2.57±0.20bc	1.80±0.13a	3.11±0.15a	3.04±0.15B
永州	3.18±0.16a	2.80±0.24ab	1.83±0.25a	3.19±0.21a	3.32±0.28AB
Ⅰ区——典型浓香区	3.15±0.14a	2.84±0.24A	1.86±0.26a	3.23±0.21a	3.38±0.29A
Ⅱ区——次典型浓香区	3.24±0.18a	2.54±0.23B	1.79±0.15a	3.10±0.13a	3.09±0.14B

根据图1－35的聚类结果，可将湖南浓香型烟叶主产区分为两大类型区，Ⅰ型区包括郴州、永州和衡阳，Ⅱ型区包括长沙和邵阳，这种划分方法与湖南烟叶区划结果相吻合。从表1－26可以看出，将两大类型区的烟叶主要风格特征指标值进行方差分析，只有焦甜香和香型分值存在极显著差异。

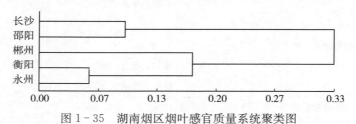

图1－35　湖南烟区烟叶感官质量系统聚类图

（2）香型区域定位。

Ⅰ区：典型浓香型烟区，包括郴州市、永州市和衡阳市，烟叶以干草香、焦甜香为主体香韵，辅以焦香、坚果香、木香、正甜香、辛香，焦甜香为尚明显至较明显，香气状态较沉溢，浓香型风格较显著。

Ⅱ区：次典型浓香型烟区，包括长沙市和邵阳市，烟叶以干草香、焦甜香为主体香韵，辅以焦香、坚果香、木香、正甜香、辛香，焦甜香为尚明显，香气状态为尚沉溢至较沉溢，浓香型风格尚显著。

2. 质量风格特色区域定位

（1）质量风格特色区域划分。依据对湖南省浓香型植烟县（市）中部烟叶品质特征和质量特征的感官评吸，以及根据区划原则和各县（市）烟叶质量风格特色评价指标的特征，划分4个质量风格特色类型区，简称为四大特色类型，即焦甜透发型、焦甜厚实型、焦香透发型、焦香厚实型。

（2）风格特色区域定位。将湖南浓香型烟叶主产区的烟叶风格特征和品质特征按照4个质量风格类型区分别进行统计（表1-27）。

焦甜透发型：包括桂阳县、宜章县、永兴县、安仁县、临武县、江华瑶族自治县、耒阳市、常宁市、衡南县。该类型烟叶风格特征以干草香、焦甜香、焦香为主体香韵，辅以正甜香、木香、坚果香及辛香香韵；干草香韵尚明显至较明显，焦甜香韵尚明显，焦香韵稍明显，微显正甜香、木香、坚果香和辛香香韵；浓香型特征较显著；香气较沉溢；烟气浓度稍大至较大；劲头稍大。品质特征以香气质较好，香气量较足，较透发；微有生青气、枯焦气、木质气，烟气较细腻、较柔和、尚圆润；稍有刺激和干燥感，余味较净较舒适。

焦甜厚实型：包括宁远县、蓝山县、新田县、道县、江永县、嘉禾县。该类型烟叶风格特征以干草香、焦甜香、焦香为主体香韵，辅以正甜香、木香、坚果香及辛香香韵；干草香韵尚明显至较明显，焦甜香韵尚明显，焦香韵稍明显，稍显正甜香，微显木香、坚果香和辛香香韵；浓香型特征较显著；香气较沉溢；烟气浓度稍大至较大；劲头稍大。品质特征以香气质较好，香气量较足，尚透发；微有生青气、枯焦气、木质气，烟气较细腻、较柔和、尚圆润；稍有刺激和干燥感，余味较净、较舒适。

焦香透发型：包括浏阳市、宁乡市。该类型烟叶风格特征以干草香、焦甜香、焦香为主体香韵，辅以正甜香、木香、坚果香及辛香香韵；干草香韵尚明显至较明显，焦甜香韵稍明显，焦香韵稍明显，稍显木香，微显正甜香、坚果香和辛香香韵；浓香型特征尚显著；香气尚沉溢；烟气浓度较大；劲头稍大至较大。品质特征以香气质较好，香气量较足，较透发；微有生青气、木质气，稍有枯焦气，烟气较细腻、尚柔和、尚圆润；稍有刺激和干燥感，余味较净、较舒适。

焦香厚实型：包括新宁县、隆回县、邵阳县。该类型烟叶风格特征以干草香、焦甜香、焦香为主体香韵，辅以正甜香、木香、坚果香及辛香香韵；干草香韵尚明显至较明显，焦甜香韵稍明显，焦香韵稍明显，微显正甜香、坚果香和辛香香韵；浓香型特征尚显著；香气尚沉溢；烟气浓度较大；劲头稍大至较大。品质特征以香气质尚好，香气量较足，尚透发；微有生青气、枯焦气、木质气，烟气尚细腻、尚柔和、尚圆润；稍有刺激和干燥感，余味尚净、尚舒适。

表1-27 湖南浓香型烟叶特色类型区风格特征和品质特征值

单位：分

类型	干草香	正甜香	焦甜香	木香	坚果香	焦香	辛香	香气状态	香型	烟气浓度	劲头	—
焦甜透发型	3.14	1.48	2.87	1.55	1.31	1.91	1.20	3.29	3.44	3.24	3.06	—

（续）

类型	干草香	正甜香	焦甜香	木香	坚果香	焦香	辛香	香气状态	香型	烟气浓度	劲头	—
焦甜厚实型	3.16	1.62	2.81	1.49	1.27	1.80	1.14	3.14	3.29	3.18	2.96	—
焦香透发型	3.16	1.39	2.51	1.56	1.36	1.77	1.09	3.09	3.17	3.36	3.01	—
焦香厚实型	3.30	1.64	2.57	1.48	1.41	1.80	1.08	3.11	3.04	3.24	3.10	—

类型	香气质	香气量	透发性	生青气	枯焦气	木质气	细腻程度	柔和程度	圆润感	刺激性	干燥感	余味
焦甜透发型	3.35	3.23	3.06	1.20	1.41	1.10	3.12	3.02	2.79	2.20	1.99	3.00
焦甜厚实型	3.33	3.20	2.94	1.47	1.35	1.17	3.20	3.06	2.91	2.07	1.98	3.13
焦香透发型	3.25	3.21	3.29	1.08	1.54	1.21	3.11	2.95	2.92	2.23	2.10	3.01
焦香厚实型	2.93	3.16	2.95	1.32	1.43	1.15	2.82	2.68	2.68	2.27	2.15	2.77

（三）小结

（1）湖南浓香型烟叶主产区可分为浓香型风格较显著的典型浓香型烟区（Ⅰ区，包括郴州市、永州市和衡阳市）和浓香型风格尚显著的次典型浓香型烟区（Ⅱ区，包括长沙市和邵阳市）。

（2）湖南浓香型烟叶主产区的烟叶风格特色可分为焦甜透发（包括桂阳县、宜章县、永兴县、安仁县、临武县、江华瑶族自治县、耒阳市、常宁市、衡南县）、焦甜厚实（包括宁远县、蓝山县、新田县、道县、江永县、嘉禾县）、焦香透发（包括浏阳市、宁乡市）和焦香厚实（包括新宁县、隆回县、邵阳县）等4种类型。

第二节　湖南浓香型特色优质烟叶
风格特征及环境生态因子

一、湖南浓香型烟叶主产区烤烟大田生育期气候变化趋势分析

长期以来，不同生态因子对烤烟风格特色的影响主要集中在不同地域海拔差异及烤烟生育期光照、温度、降水对烤烟内在化学成分影响等方面，认为生态因子是通过影响烤烟成熟期碳氮代谢，进而改变其内在化学成分，导致云南与湖南不同海拔烟区生产的烟叶感官评吸结果呈现不同的香型。然而，许多研

究结果表明，云南烟区烤烟成熟期的气候表现为雨水多，光照少，气温适宜，但初烤烟叶含糖量很高；而湖南烟区烤烟成熟期的气候为雨水少，光照强，气温高，但初烤烟叶含糖量低。按照一般高海拔地区植物叶片类胡萝卜素含量高于低海拔地区的普遍规律，云南烟区初烤烟叶类胡萝卜素含量应高于湖南及河南烟区，但大多数分析结果显示，清香型与浓香型初烤烟叶类胡萝卜素含量并无很大差异。因此，深入研究生态因子对烤烟生长的影响，仍然是揭示不同香型风格烟叶形成机理需要面对的问题，也是当前特色优质烟叶开发亟须解决的问题。

（一）湖南典型浓香型烟叶主产区烤烟大田生长期平均气温变化趋势分析

从图 1-36 可知，1981—2010 年桂阳烟区烤烟生长期均温呈现缓慢上升的趋势，年平均值为 21.37℃；1998 年前大多年份均温在平均值以下波动，此后均温都在平均值以上波动；变化倾向率为 0.05℃/年；年平均增加幅度为 0.26%。

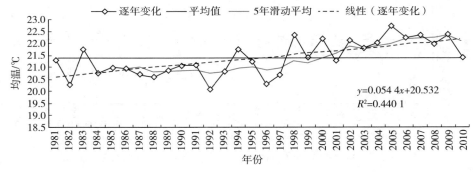

图 1-36　1981—2010 年桂阳烤烟大田生长期平均气温变化趋势

（二）湖南典型浓香型烟叶主产区烤烟大田生育期温差变化趋势分析

从图 1-37 可知，1981—2010 年桂阳烟区烤烟生长期温差呈现缓慢减小的趋势，年平均值为 7.46℃；1991 年前大多年份温差在平均值以上波动，1992—1998 年大多年份在平均值以下波动，1999—2005 年温差有所增大，2006 年后又减少，基本上是每隔 6 年左右波动一次；变化倾向率为−0.01℃/年；年平均减少幅度为 0.16%。

（三）湖南典型浓香型烟叶主产区烤烟大田生长期日照时数变化趋势分析

从图 1-38 可知，1981—2010 年桂阳烟区烤烟生长期日照时数呈现缓慢增加的趋势，年平均值为 593.73h；1995 年前大多年份日照时数在平均值以下

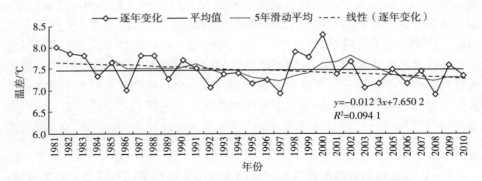

图 1-37　1981—2010 年桂阳烤烟大田生长期平均温差变化趋势

波动，1996 年以后大多年份在平均值以上波动；变化倾向率为 3.07h/年；年平均增加幅度为 0.56%。

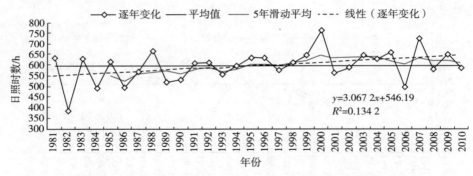

图 1-38　1981—2010 年桂阳烤烟大田生长期平均日照时数变化趋势

（四）湖南典型浓香型烟叶主产区烤烟大田生长期降水量变化趋势分析

从图 1-39 可知，1981—2010 年桂阳烟区烤烟大田生长期降水量呈现缓慢增加的趋势，年平均值为 798.53mm；1995 年前大多年份降水量在平均值以下波动，1996 年以后大多年份在平均值以上波动；变化倾向率为 2.35mm/年；年平均增加幅度为 0.31%。

（五）湖南典型浓香型烟叶主产区烤烟大田生长期蒸发量变化趋势分析

从图 1-40 可知，1981—2010 年桂阳烟区烤烟大田生长期蒸发量呈现波动增加的趋势，年平均值为 681.37mm；2002 年前大多年份蒸发量在平均值以下波动，2003 年以后基本在平均值以上波动；变化倾向率为 2.36mm/年；年平均增加幅度为 0.36%。

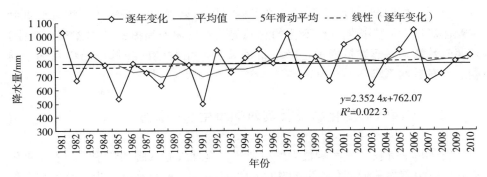

图 1-39　1981—2010 年桂阳烤烟大田生长期平均降水量变化趋势

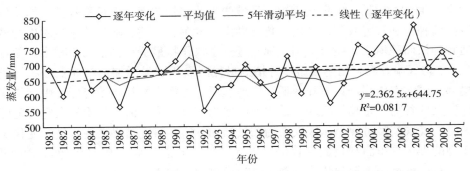

图 1-40　1981—2010 年桂阳烤烟大田生长期平均蒸发量变化趋势

（六）湖南典型浓香型烟叶主产区烤烟大田生长期相对湿度变化趋势分析

从图 1-41 可知，1981—2010 年桂阳烟区烤烟大田生长期空气相对湿度呈现缓慢下降的趋势，年平均值为 80.41%；1997 年前大多年份相对湿度在平均值以上波动，1998 年以后大多年份在平均值以下波动；变化倾向率为 -0.13%/年；年平均下降幅度为 0.16%。

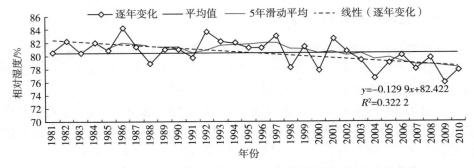

图 1-41　1981—2010 年桂阳烤烟大田生长期平均相对湿度变化趋势

总之，桂阳产区近 30 年来气象资料分析结果表明，湖南典型浓香型烟叶主产区烤烟大田生长期气候变化的总趋势为：气温有所升高，温差有所减小，日照时数增多，蒸发量增加；降水量偏减少，相对湿度降低；趋势有利于前期，但对后期不利。

二、湖南气候变化特征及其对烟草生长的影响

农业是受气候变化影响最大的行业。在全球气候变暖的背景下，农业气候资源也发生着显著的变化，并对作物的生长发育、种植制度、生产结构与布局等产生了较大影响。关于气候变化对作物影响的研究结果表明：气候变暖使作物全年生长季延长、生育期缩短；区域变暖使作物的潜在生长季延长，作物可以提前种植和较晚收获；气候变化使湖南的油菜、柑橘、油茶等越冬农作物最适宜种植面积增大，使双季稻、棉花等夏季农作物最适宜种植面积减小；随着 1 月平均气温升高，南丰县蜜橘种植的最优区面积明显增加；气候变暖将导致局部地区的农作物产量下降，低纬度地区所有谷物产量都趋于降低，中高纬度地区某些谷物产量趋于增加，某些地区谷物产量下降，但当降水量在适宜范围内时，气候变暖可使旱作区农作物产量增加。这些研究结果表明，气候变化对作物的影响是正面和负面并存的，因此，积极开展气候变化对作物影响的研究，对进行远期规划和防范可能的风险显得尤为重要。

烟叶是湖南省重要的经济作物之一。气候是影响烟草生长发育、产量和品质的主要环境因素。气候的变化和波动对烟草的生产和种植布局影响突出，因此，研究湖南烟草种植布局对气候资源变化的响应，对科学利用气候资源并及时调整种植区划具有重要意义。陆魁东等在进行湖南烟草种植区划时选取大田期日照时数、大田期降水量、成熟期降水量及成熟期连续 5d 最高气温≥35℃高温热害发生概率 4 个因子作为烟草种植区划指标。笔者着重分析 1961—2010 年上述 4 个气候因子对湖南烟草产量和品质的影响，主要结果如下。

（一）数据来源与研究方法

基于湖南省气候中心整编的全省 96 个气象站 1961—2010 年逐日降水量、气温和日照时数等数据，统计各气象站 1961—2010 年大田期降水量、大田期日照时数、成熟期降水量及成熟期高温热害发生概率。

利用 Mann-Kendall 突变检验法（M-K 检验）和滑动 t 检验法对资料序列进行突变检验，运用线性倾向估计法、M-K 法的 UF 趋势曲线对烟区气候资源的变化趋势进行分析。由于 M-K 检验不能用于多点突变检查，当使用 M-K 方法检测时，如果 2 条线的交叉点位于信度线之外，或用 M-K 检验法

同时检测出多次突变时，则使用滑动 t 检验法对突变点进行进一步确定。本研究滑动 t 检验的 2 个子序列长度均取 10。

　　根据肖汉乾等的研究结果（表 1-28），只有当温、光、水达到一定条件时，才适宜烟草种植。笔者以表 1-28 中各区划指标的等级范围为标准来探寻这些气候因子 1961—2010 年的时空变化特征。

表 1-28　湖南烟草种植气候区划指标

指标等级	大田期日照时数/h	大田期降水量/mm	成熟期降水量/mm	成熟期高温热害发生概率/%
最适宜	≥600	700～800	250～300	<20
适宜	550～600	650～700 或 800～850	300～350	20～70
次适宜	450～550	<650 或≥850	≤250 或≥350	≥70
不适宜	<450	≥950		

（二）结果与分析

1. 湖南近年各烟区气候区划指标变化

（1）大田期日照时数变化特征。湖南省大田期的日照时数均在 450h 以上，满足烟草种植的光照条件，特别是湘西、常德、岳阳北部的区域，日照时数均≥600h，最适宜烟叶生长。株洲、长沙、湘潭、衡阳的大部分区域以及郴州北部日照时数为 550～600h，也很适合烟草种植。由图 1-42 可见，大田期日照时数 50 年平均值为 582h，总体呈下降趋势，平均每 10 年减少10.8h，下降趋势显著。从 5 年滑动平均情况来看，从 20 世纪 60 年代初到 70年代末，大田期日照时数具有波动下降的趋势；从 70 年代末到 90 年代初，又经历了一段较平缓的上升期，90 年代又出现了下降。2000—2009 年一直处于波动上升阶段。

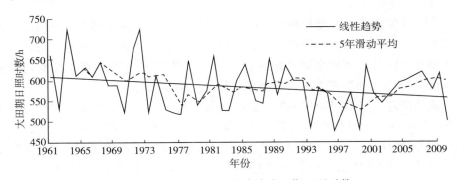

图 1-42　1961—2010 年湖南大田期日照时数

由湖南气候资源趋势系数空间分布可知，全省除平江县、岳阳县、长沙县、浏阳市、株洲市、江华瑶族自治县、江永县等少数县（市）大田期日照时数呈上升趋势外，其他大部分地区大田期日照时数均呈下降趋势，以湘西下降趋势最为明显，平均每10年下降20h以上。用M−K法对湖南省大田期日照时数的突变性进行检验时出现了多个突变点，突变特征不明显。运用滑动t检验法对突变点进行进一步确定，发现自1970年以来，湖南大田期日照时数未发生明显突变，虽然20世纪70年代初、80年代初和90年代初，大田期日照时数分别呈现出由多到少、由少到多和由多到少的转变，但这3次转变都未达到显著性水平，突变特征不明显。

（2）大田期降水量变化特征。湖南省大田期降水量除南岳区偏多外（降水量≥950mm），其他区域降水量适宜，均满足烟草种植对大田期降水量的需求。烟草种植最适宜区所占比例最大，接近全省烟草种植面积的2/3，主要集中在湘西北、湘中、湘东和湘南，这些地区大田期降水量均为700～800mm。

大田期降水量50年平均值为737.6mm，总体呈上升趋势，平均每10年上升6.3mm，上升趋势不显著。从5年滑动平均情况来看，从20世纪60年代初到70年代末，大田期降水量波动上升；从70年代末到80年代末波动下降；80年代末到2000年，降水量上升趋势明显；2000—2010年波动下降。由湖南气候资源趋势系数空间分布可知，全省除岳阳东南部、长沙东部、邵阳大部分地区大田期降水量呈下降趋势外，其他地区大田期降水量均呈上升趋势，怀化上升趋势最明显，平均每10年上升15mm以上。用M−K法对湖南省大田期降水量突变性进行检验时也出现了多个突变点，且大田期降水量在20世纪70年代初和90年代初分别经历了由多变少和由少变多的转折。运用滑动t检验法对转折点进行进一步检验，确定其突变性（图1-43），发现自1970年以来，t统计量在1989—1992年变化显著，取1989—1992年波谷值作为突变点，即近50年湖南大田期降水量的突变发生在1991年。1991年后全省大田期降水量显著增多。

（3）成熟期降水量变化特征。湖南省成熟期降水量达不到烟草种植最适宜的降水量条件，除新晃侗族自治县、芷江侗族自治县、麻阳苗族自治县、怀化市西部和会同县西部属烟草种植适宜区域外，其他区域成熟期降水量均大于350mm，对烟叶的生长来说，只满足了较适宜的要求。

成熟期降水量50年平均值为422.7mm，总体呈上升趋势，平均每10年上升12.8mm，上升趋势不显著。从5年滑动平均情况来看，从20世纪60年代初到60年代末，成熟期降水量处于上升阶段；从60年代末到80年代中期一直呈波动下降状态；80年代中期到2000年，降水量上升趋势明显；而2000—2010年，一直处于波动下降阶段。由湖南气候资源趋势系数空间分布

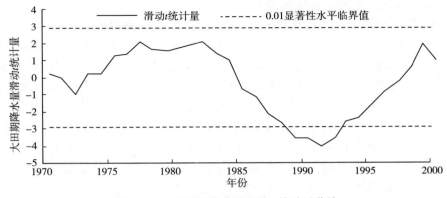

图 1-43　大田期降水量滑动 t 统计量曲线

可知，全省除个别气象站成熟期降水量呈下降趋势外，其他站点成熟期降水量均呈上升趋势，以永州中部、郴州东部、怀化东北部和益阳西部上升趋势最明显，平均每 10 年上升超过 20mm。

用 M-K 法对湖南省成熟期降水量突变性进行检验时也出现了多个突变点，从 UF 趋势线图（图略）可以看到，成熟期降水量在 20 世纪 70 年代初和 80 年代末经历了由多变少和由少变多的转折，与大田期降水量发生转折的时间基本一致。运用滑动 t 检验法对转折点进行进一步检验，以确定其突变性（图 1-44），自 1970 年以来，t 统计量在 1989—1992 年变化显著，取 1989—1992 年波谷值作为突变点，即近 50 年湖南成熟期降水量的突变发生在 1989 年，1989 年后全省成熟期降水量显著增多。

图 1-44　成熟期降水量滑动 t 统计量曲线

（4）成熟期高温热害发生机率的变化特征。湘西、衡阳以及株洲是高温热害高发区，每年发生高温热害的概率在 70% 以上，对烟叶生长来说属次适宜区，其他区域的高温热害发生概率为 20%～70%，是烟草种植的适宜区，南岳、桂东县和汝城县 50 年来未出现过高温热害。全省高温热害 50 年平均发生 0.6 次，总体呈上升趋势，平均每 10 年增加 0.03 次，上升趋势不显著。从 5 年滑动平均看，从 20 世纪 60 年代初到 70 年代末，高温热害发生次数减少；从 70 年代末到 90 年代初呈增加的趋势；90 年代初到 2000 年，又出现了减少；2000—2010 年，高温热害发生次数增加比较明显。由湖南气候资源趋势系数空间分布可见：湘北、湘东和湘南大部分区域的高温热害发生次数呈上升趋势，以湘东南和洞庭湖流域上升趋势最明显，平均每 10 年增加 0.1 次以上，怀化、湘西以及邵阳大部分区域高温热害发生次数呈减少趋势。如果高温热害发生次数呈历年增长趋势，说明每年发生高温热害的概率在增大。通过以上分析可知，随着高温热害发生次数的增加，全省高温热害发生概率总体上也呈上升趋势，特别是在 2000 年以后高温热害发生概率增大明显。

　　用 M-K 法对高温热害发生次数的突变性进行检验有多个突变点出现，UF 趋势线图（图略）显示，高温热害发生次数自 20 世纪 70 年代中期到 2010 年一直处于由少到多的状态。运用滑动 t 检验法进一步检验该趋势的突变特征（图 1-45），自 1970 年以来，t 统计量在 2000 年变化显著，这表明以 2000 年为突变点，自 2000 年以后，高温热害发生次数显著增多，高温热害发生概率明显增大。

图 1-45　高温热害次数的滑动 t 统计量

2. 气候变化对烟草种植的影响

　　从单个气候因子的影响来看，大田期日照时数平均每 10 年减少了 10.8h。随着大田期日照时数总体上的减少，烟草生长的最适宜区、适宜区面积在逐渐减小，龙山县、桑植县、永顺县、保靖县由最适宜区变为适宜区，衡阳以及郴州东部各县（市）由适宜区变为次适宜区。大田期降水量平均每 10 年上升了

6.3mm。随着大田期降水量总体上的增多，种植烟草的最适宜区和适宜区均有所增多，绥宁县、靖州苗族侗族自治县、洪江市和怀化市鹤城区由适宜区转变为最适宜区，新晃侗族自治县由次适宜区转变为适宜区。成熟期降水量的总体增多致使全省基本成为烟草种植的次适宜区。全省大部分地区高温热害的发生概率呈增长趋势，使得烟草种植的适宜区面积呈减少趋势，怀化、湘西和邵阳的大部分区域高温热害发生次数呈逐年下降趋势，这些区域的烟草种植适宜度有所提升。

目前，湖南的烟草种植区主要分为湘西、湘中和湘南三大烟区。湘西烟区又可细分为湘西北、湘西中和湘西南烟区，其代表站分别为桑植、凤凰和靖州。随着气候的变化，湘西北烟区大田期降水量、成熟期降水量和高温热害发生次数虽然均有增加，但增加趋势都不很明显，对烟草种植适宜度的影响不大，而大田期日照时数在不断减少，且下降趋势显著。以上变化使得湘西北烟区，如桑植、龙山、永顺等地的烟草种植适宜度下降，烟叶的品质和产量也受到影响。湘西中烟区大田期日照时数有所下降，大田期降水量、成熟期降水量和高温热害发生次数有所增加，但变化都不显著，对烟草种植的适宜度影响不明显。湘西南烟区大田期降水量的增多使该区域的烟草种植适宜度显著提高，加上大部分区域高温热害次数的减少，更有利于烟叶的生长。湘中烟区又分为长沙烟区和邵阳烟区，代表站分别为浏阳和隆回。长沙烟区多年成熟期降水量和大田期日照时数变化不大，高温热害发生次数略有增加，对烟草种植适宜度影响不大，大田期降水量的明显减少提高了烟草种植的适宜度，其中浏阳表现最明显。邵阳烟区各气候资源多年变化不明显，对烟草种植适宜度影响不大。湘南烟区可分为郴州烟区和永州南烟区，分别以桂阳和江华为代表烟站。郴州烟区大田期和成熟期降水量和高温热害发生次数的变化都不明显，对烟草种植适宜度的影响不大，大田期日照时数的显著减少使得该烟区部分区域的适宜度降低，如桂阳、新田和嘉禾。永州南烟区各气候资源多年变化不明显，对烟草种植适宜度影响不大。

（三）小结

（1）湖南大田期日照时数总体呈下降趋势，平均每 10 年减少 10.8h，下降趋势显著；大田期降水量总体呈上升趋势，平均每 10 年上升 6.3mm，并在1991 年发生了突变；成熟期降水量总体呈上升趋势，平均每 10 年上升了12.8mm，气候突变发生在 1989 年；高温热害发生次数总体呈上升趋势，且在 2000 年发生了突变，自 2000 年以后，高温热害发生次数显著增多，发生概率增大明显。

（2）从单个气候因子的影响来看，随着大田期日照时数总体上的减少，全省烟草种植的最适宜区、适宜区面积在逐渐减小；随着大田期降水量总体上的增多，烟草种植的最适宜区和适宜区均有所增大；成熟期降水量总体的增多致使全省基本为烟草种植的次适宜区；高温热害发生概率的增高，使得烟草种植的适宜区面积呈减少趋势。

（3）综合多个气候因子的影响来看，近50年的气候变化，降低了湘西北烟区和郴州烟区烟草种植的适宜度，提高了湘西南烟区和长沙烟区的烟草种植适宜度，对湘西中烟区、邵阳烟区、永州南烟区烟草种植的适宜度影响不大。

三、影响浓香型特色优质烟叶风格形成的生态条件及成因

（一）浓香型烟叶生产生态条件及成因

成熟期空气相对湿度降低几乎是大多数浓香型烟叶产区共有的特征。对于河南、山东、陕西等高纬度烟区，由于移栽期迟，烟草大田生育期比较长，8月初立秋后随着北方干冷空气南移，空气相对湿度都会下降，但下降时间和幅度各有不同。那么湘南烟区6月中下旬处在夏季，地理纬度又比较低，空气相对湿度为什么会大幅下降呢？农业气象学研究表明，夏季导致空气相对湿度快速下降，蒸发量迅速增加的主要原因是"焚风效应"。焚风通常是指气流越过山顶后，从山上吹下来的热而干燥的风，或高压区中自由大气下沉运动产生的干热风。湘南烟区的焚风来自哪里呢？气象学研究表明，焚风的形成与地形地貌有很大的关系。

有气象资料表明，湖南属于亚热带季风湿润气候，既有大陆性气候的光温丰富特点，又有海洋性气候的雨水充沛、空气湿润特征，并且湖南初夏多雨的季风气候特征与夏季的西南季风及东南季风的进退密切相关，主要表现为雨热同季，降水量年际变化大。由于巨大高耸的云贵高原位于湖南的西南方，会使运行着的大气环流产生分支、绕流与汇合现象，夏季跨过云贵高原的西南季风和翻越南岭山脉的东南季风将产生焚风效应，进而给湖南夏季气候带来较大影响。

湖南复杂的地形地貌造就了其气候的多样性特征，特别是湖南三面环山、朝北开口的马蹄形地貌极易导致大气下沉运动产生干热风。此外，郴州、永州等位于湘南的典型浓香型烟叶产区恰好被九嶷山、骑田岭、都庞岭（韭菜岭）和阳明山这4座海拔1 000m以上的山脉所包围，这也是湘南烟区易产生焚风效应的原因。从云南雨季与湘南空气相对湿度下降的时段看，二者也十分吻合受西南季风的影响。云南烟区一般在6月上中旬进入雨季，随着西南季风跨过高海拔的云贵高原，在背风面形成热而干燥的焚风并降至湘南，湘南烟区在

6月中下旬就会产生焚风效应，导致空气相对湿度大幅降低。如果云南立夏后干旱或雨季推迟，湖南烤烟成熟期就会雨水多且气温凉爽，空气相对湿度下降时间推迟，烤烟成熟期延长（2014年情况正是如此）。如果云南雨季提前或多雨，湖南夏季干热时间长，受干热风产生的焚风效应影响，湘南烤烟成熟速度加快，成熟期缩短（2013年的情况正是如此）。

（二）湘南烟区土壤养分特征及其对浓香型特色优质烟叶风格的影响

桂阳是湖南乃至全国最大的浓香型烤烟生产县，对该县土壤特征进行剖析对于揭示土壤环境与浓香型特色优质烤烟风格的关系具有广泛和重要的意义。许多研究表明，湘南典型浓香型烤烟特有香味风格的形成，除了与气候密切相关之外，还与土壤养分的平衡供应能力存在密切关系，特别是土壤中的腐殖质，它不仅是土壤肥力的物质基础，也是土壤中最活跃的部分。

1. 影响桂阳浓香型特色优质烟叶的主要土壤特性

桂阳烟区土壤类型的调查结果表明，烟区主要植烟土壤类型有典型红壤、潴育水稻土、石灰性紫色土、典型潮土。成土母质主要为石灰岩、板页岩、紫色页岩风化物。土壤质地以壤质黏土为主。

桂阳烟区土壤pH分布状况调查结果表明，该烟区主要植烟土壤的pH大多在7.0左右，紫色土和典型潮土区域的pH甚至超过8.0。pH中性偏碱是桂阳浓香型烟叶产区独有的特征，它表明该烟区土壤pH对酸性无机肥料的缓冲性强，微生物种群及酶类丰富且活性强。

2. 影响桂阳浓香型特色优质烟叶的主要土壤养分

土壤有机质是微生物的碳源和能量来源，有机质含量高的土壤，微生物种群丰富、数量大。桂阳烟区土壤有机质分布状况调查结果表明，该烟区大部分植烟土壤的有机质含量在20％～40％之间。按照中国烟草种植区划确立的优质烟叶植烟土壤有机质在20％～30％的界限，该烟区植烟土壤的有机质含量属于非常适宜的状况。

近年来，虽然提出了"平衡施肥"及"测土配方施肥"的概念，但是烟草在各生育期需要哪些养分？需要量各是多少？在这些信息并不十分清楚的情况下，平衡施肥及测土配方施肥难以实现。另外，目前农业生产使用的许多肥料并不是全营养剂，只能满足烟草对氮磷钾等大量元素的需要，无法满足烟草对中微量元素和有机养分的需要。而与之相反，由自然界的微生物矿化有机质往往能实现对作物所需养分的平衡供应。这是因为有机质中包含多种多样作物生长发育所需要的无机和有机营养成分，而且伴随季节轮换，自然界气温升高时恰逢烟株快速生长大量需要养分的时期，也是微生物迅速繁殖并大量矿化有机质的时期，二者如能很好契合就可以实现养分的平衡供应。特别是浓香型烤烟产区，烤烟进入旺长期正值气温升高，对微生物大量分解有机质十分有利，从而可以很好满足浓香型烤烟生长所需各种养分的平衡供应。

土壤腐殖质的含量和品质是影响浓香型烤烟风格和质量的重要因素之一，并且腐殖质的组成特征直接反映土壤有机质的质量。其中，胡敏酸含量高有利于增加土壤的吸附性能和保水、保养分能力，并能促进土壤结构体的形成；土壤胡敏酸与富里酸比值越大，表明腐殖物质的聚合程度越高，质量也越好。松结态腐殖质易被微生物氧化分解，对土壤有效养分的供应起着重要作用；紧结态腐殖质与矿物结合较紧，不易被微生物氧化，但稳定性强，对腐殖质的积累、养分的储蓄和土壤结构的保持起着重要作用。桂阳土壤腐殖质分析结果表明（表1-29），该烟区土壤活性腐殖质含量高，有利于土壤微生物的繁殖和矿质养分的释放。

表1-29　桂阳土壤腐殖质分析结果

植烟区	胡敏酸C/（g/kg）	富里酸C/（g/kg）	胡敏素/（g/kg）	胡敏酸/富里酸	松结态/（g/kg）	稳结态/（g/kg）	紧结态/（g/kg）	松紧比
桂阳	2.24	2.83	17.57	0.74	8.19	1.52	13.05	0.76

烟草是喜钾作物，且烟叶钾含量关乎其燃烧性和香气风格。因此，土壤的供钾能力直接影响浓香型特色烟叶的生长和品质。桂阳烟区土壤钾含量分布调查结果表明，该烟区大部分植烟土壤钾含量在100～200mg/kg之间，属于供钾能力比较强的烟区。

综合以上影响湘南烟区典型浓香型特色烟叶生产的气候及土壤因素分析结果，我们认为：①决定湘南烟区典型浓香型烟叶特色的气候因素是烤烟团棵期以前的低光照强度、旺长期快速升高的气温和成熟期下降的空气相对湿度及升高的地表水分蒸发量。②决定湘南烟区典型浓香型烟叶特色的土壤因素是缓冲性强且中性偏碱的土壤pH，丰富的有机质及活性腐殖质和较强的土壤供钾能力。此外，桂阳烟区烟农几十年养成的冬翻、烧火土灰、假植等良好耕作习惯，以及长期积累的栽培、烘烤经验也是生产特色优质浓香型烤烟不可多得的重要因素。

（三）适应生态环境彰显湘南浓香型特色优质烟叶风格需要关注的问题

虽然"生态决定特色"，但由于"气候变化无常"，所以仅有造就浓香型特色烟叶的生态环境，并不一定能稳定生产出浓香型特色优质烟叶。因此，"品种彰显特色""技术保障特色"就显得尤为重要。目前，湘南烟区已建立了近20个基地单元，许多企业的卷烟品牌迫切需要湘南烟区生产的典型浓香型烟叶原料，为了保障特色优质浓香型烟叶原料的供应，建议工、商、研三方在共建湘南烤烟基地单元过程中重点关注以下几个方面的问题：

（1）关注和应对湘南烤烟苗期至团棵期"低温寡照"气候对浓香型特色优质烟叶育苗的影响。要注意筛选苗期抗寒性强，在低光照强度下有较高光合速率；成熟期耐热性好，热激反应灵敏的烤烟品种。要完善工厂化育苗大棚中的增温设施，改进育苗施肥技术，力争培育出抗逆性强、根系发达、叶片细胞结构发育良好且素质高的烤烟壮苗。

（2）关注移栽方式和揭膜、打顶时间对浓香型特色优质烟叶风格的影响。要与当地气象部门多沟通，准确及时掌握当年烤烟大田生长期的气候动态变化，适时调整移栽方式及揭膜时间，旺长期降雨多时要避免抠心打顶，尽可能通过调整栽培措施，稳定浓香型特色优质烟叶的风格。

（3）关注土壤有机质含量及施肥技术对浓香型特色优质烟叶风格的影响。要在仔细分析湘南烟区烤烟大田生长前期"低温寡照"，后期"干热低湿"的气候因素前提下，研究适宜的烤烟施肥技术。湘南烤烟大田生长前期受土壤温度低的限制，微生物不活跃，有机质很难被利用，烟株生长主要依靠无机化肥提供营养；4 月中旬以后湘南烟区气温逐渐升高，雨量充沛，土壤微生物繁殖及矿化有机质的速度加快，完全可以满足旺长期烟株生长所需养分的平衡供应，所以在那些土壤有机质含量高的区域要控制追施无机肥，以免造成浪费。此外，要针对不同基地单元的土壤类型及肥力水平，研究匹配的施肥技术，施肥量不要"一刀切"和"千篇一律"。

（4）关注烤烟成熟采收气候及烘烤工艺对浓香型特色优质烟叶风格的影响。成熟期出现"干热低湿"气候的时间对湘南浓香型特色优质烟叶的香气风格有较大影响，所以要认真研究不同成熟期气候条件下，烟叶适宜的采收成熟度、烘烤工艺及企业品牌原料香气风格需求之间的联系，只有弄清生态-烟叶成熟度-烘烤工艺-原料香气风格之间的相互联系，在基地单元烤烟原料生产过程中才能真正做到"有的放矢"。浓香型特色优质烟叶生产与初加工是一项复杂的系统工程，只有科学、务实地抓好每个生产环节，才能稳定浓香型特色烟叶的风格及品质，才能保障基地单元浓香型特色优质烟叶原料的稳定供应。

（5）关注和保护湘南烟区特有的生态环境，才能实现浓香型特色优质烟叶生产的可持续发展。烟叶与茶叶都是对生态环境十分敏感的农产品，所以从事烟叶生产的劳动者更要树立"尊重自然""顺应自然""保护自然"的生态文明理念，特别是对湘南烟区土壤环境的保护十分重要。各基地单元要跟踪研究土壤pH、有机质、腐殖质及土壤微生物种群结构的变化；要尽可能减少除草剂、杀虫剂、杀菌剂对土壤微生物种群结构的破坏作用；要研究采用物理及生物学方法进行除草、灭虫、杀菌的技术和田间管理措施。良好的生态环境是烟叶可持续发展的基础，只有大力推进生态文明建设，积极地保护自然生态环境，我们才有希望走入社会主义生态文明的新时代，湘南烟区浓香型特色优质烟叶生产才能实现大的跨越和永葆其"浓香、焦甜、透发、醇厚"的香气风格本色。

（四）湖南浓香型烟叶主产区海拔和地形地貌的调查分析

海拔和地形地貌的不同，是导致烤烟种植区域气温、光照等气候条件及土壤风化发育、类型和养分等土壤条件存在差异的主要原因。因此，海拔、地形地貌、土壤母岩、土壤类型和质地都与浓香型烟叶风格特色的形成有密切关系。对湖南浓香型烟叶主产区的海拔和地形地貌调查分析结果表明，湖南浓香型烟叶主产区烤烟大多分布在低海拔的丘陵地区，平均海拔仅为252m。其中桂阳平均海拔为216m、江华为313m、隆回为422m、浏阳为98m。对典型浓香型特色优质烟叶产区桂阳、江华和隆回烟区的地形地貌制图和分析表明，3个烟区的地形地貌存在显著差异。桂阳烟区被阳明山、九嶷山、骑田岭、韭菜岭等海拔1 000m以上的山脉所包围，形成了四面环山的洼地；江华烟区的东部为天子岭、仙姑坛等高山，南部为海拔超过1 000m的马鞍山，北部有九嶷山阻隔，形成了一个三面环山、西面开口的洼地，烟区主要分布于西南部；隆回烟区西北部和南部被雪峰山脉所包围，形成了一个西北高、东南低的地形，烟区主要分布于东南部。对以上三个浓香型烟区的地形地貌研究表明，烟区不同方向的山脉对烤烟大田生育期来自南北气流的阻挡作用，以及由此形成的降雨因素，对湖南浓香型烤烟风格特色的形成有较大影响。

（五）湖南浓香型烟叶主产区成土母质和土壤类型调查分析

母质因素是土壤形成过程的直接参加者，在土壤形成上具有极为重要的作用。一方面它是构成土壤矿物质部分的基本材料，另一方面又是植物矿质养分元素的来源。母质对土壤形成的影响首先表现在它能直接影响土壤的矿物化学组成和土壤颗粒组成，并在很大程度上支配着土壤物理化学性质，以及土壤生产力的高低。例如，花岗岩、砂岩等的风化物含石英多，质地粗，透水性好，除花岗岩钾含量较高外，一般都缺乏矿质养分。玄武岩、页岩等的风化物，粗的石英颗粒含量少，细的物质含量多，且富含铁、镁的基性矿物，透水性较差，矿质养分含量较丰富。含碳酸钙或其他盐基丰富的成土母质，在土壤中能中和酸性的物质就比较多，土壤的化学反应不易趋于酸性。这些现象充分说明成土母质与土壤形成有着密切关系。

对湖南典型浓香型烟叶主产区成土母质的调查结果表明，桂阳、江华、隆回、浏阳成土母质主要包括石灰岩、紫色页岩、板页岩、白云岩的风化物和第四纪红色黏土，并且以石灰岩风化物为主，占60％以上。其中江华、隆回的植烟土壤成土母质全部为石灰岩风化物，桂阳除个别为紫色页岩和板页岩风化物外，其余的均为石灰岩风化物。浏阳主要成土母质为紫色页岩风化物。

石灰岩风化物发育的土壤，按土壤发生分类，划在初育土纲、石质初育土亚纲、石灰（岩）土类，下面又分为黑色石灰土、棕色石灰土、红色石灰土、黄色石灰土四个亚类。石灰（岩）土是热带、亚热带地区在碳酸岩类风化物上发育的土壤。多为黏质，土壤交换量和盐基饱和度均较高，酸碱度接近中性。此外，由石灰岩母质发育的土壤易缺磷、缺铁、缺锌。紫色页岩组织致密，透水难，所含盐类的淋失慢；在风化过程中容易形成细碎的颗粒，极易受雨水冲刷流失；由紫色土起源的水稻土，铁、锰淋淀作用微弱，土壤一般呈中性至微碱性反应，盐基饱和度较高，矿质营养元素含量丰富，湖南桂阳和浏阳烟区由紫色土发育形成的水稻土较多。

湖南典型浓香型烟叶主产区植烟土壤质地以黏土类的壤质黏土为主，黏土类占 72.41%、黏壤土类占 27.59%。湖南典型浓香型烟叶主产区植烟土壤类型包括水稻土、红壤和紫色土，其中以水稻土为主，占 80% 以上，故土壤质地比较黏重。水稻土是在长期种稻条件下，经人为水耕熟化和自然成土因素双重作用形成的一种特殊土壤。由于水耕熟化过程中交替进行灌水淹育和排水疏干，使得土体交替发生还原与氧化作用，导致水稻土形成了具有水耕熟化层（W）、犁底层（Ap2）、渗育层（Be）、水耕淀积层（Bshg）、潜育层（Br）的特有剖面构型。不同母土起源的水稻土经过长期水耕熟化，可以向不同方向发育，分别形成油性、烘性与冷性、起浆性与僵性、淀浆性与沉沙性、刚性与绵性等特性的水稻土。

水稻土的特性有：①利于有机质的积累，富里酸占比大。与旱作土壤相比，水稻土的腐殖质化系数高。②供氮能力强。由于水稻土有机质含量高，所以水稻土的氮素营养丰富，已有研究表明，在施氮肥的条件下，水稻所吸收的氮素 60%～80% 来自土壤，20%～40% 来自化肥。③pH 在淹水条件下向中性变化，即 pH 范围由 4.6～8.0 变到 6.5～7.5。酸性水稻土灌水后，Fe 和 Mn 在水中形成 $Fe(OH)_2$ 和 $Mn(OH)_2$，使水稻土 pH 升高；碱性水稻土灌溉后，土壤中的碱性物质被淋失，从而 pH 降低。④水稻土往往缺磷。特别是早春土温低、微生物活动弱的条件下，不利于有机磷的转化，故早春烟苗易缺磷停止生长。另外，水稻土水层落干后，Fe 易与 PO_4 结合，形成不能被后茬旱作吸收的难溶性 $Fe(PO_4)$。⑤水稻土中 85%～94% 的硫为有机态硫。当通气状态不好时易还原为 H_2S，引起烟株根系中毒发黑。由此可见，有机质含量丰富，腐殖化系数高，供氮能力和 pH 缓冲能力强是决定湖南浓香型烤烟风格特色的主要土壤因素；而水稻土缺磷，有机态硫含量过高，通气状况不良易导致烟株根系生长发育不良，是影响其烤烟产量及质量的主要障碍因素。

部分烟区村寨土壤类型见表 1-30。

表 1-30 部分烟区不同村寨土壤类型

烟区	编号	地点	土壤名称	土壤质地	成土母质	海拔/m
桂阳	GY-1	洋市乡老屋村十九组	潴育性水稻土	壤质黏土	石灰岩风化物	287
	GY-2	洋市乡仁和村九组	潴育性水稻土	壤质黏土	石灰岩风化物	200
	GY-3	樟市乡桐木村唐家组	红壤	黏土	云岩风化物	287
	GY-4	樟市乡甫口村侯家	潴育性水稻土	壤质黏土	石灰岩风化物	224
	GY-5	仁义乡梧桐村汪山	潴育性水稻土	壤质黏土	石灰岩风化物	221
	GY-6	银河乡长江村5组	潴育性水稻土	壤质黏土	紫色页岩风化物	135
	GY-7	和平镇白杜村土桥组	潴育性水稻土	壤质黏土	石灰岩风化物	282
	GY-8	余田乡山塘村5组	潴育性水稻土	粉砂质黏壤土	石灰岩风化物	169
	GY-9	浩塘乡大留村3组	潴育性水稻土	壤质黏土	石灰岩风化物	195
	GY-10	浩塘乡大留村1组	红壤	黏土	白云岩风化物	221
	GY-11	银河乡潭池村六甲组	紫色土	砂质黏壤土	紫色页岩风化物	146
	GY-12	板桥乡板桥村1组	潴育性水稻土	粉砂质黏土	板页岩风化物	228
江华	JH-01	白芒营二坎村	潴育性水稻土	壤质黏土	石灰岩风化物	294
	JH-02	白芒营郎圹村第二组	潴育性水稻土	壤质黏土	石灰岩风化物	289
	JH-03	大石桥镇大祖角	潴育性水稻土	黏壤土	石灰岩风化物	274
	JH-04	涛圩镇三门寨	潴育性水稻土	黏壤土	石灰岩风化物	321
	JH-05	涛圩镇八田洞	潴育性水稻土	壤质黏土	石灰岩风化物	310
	JH-06	大石乡砾口村	潴育性水稻土	壤质黏土	石灰岩风化物	292
	JH-07	大路铺乡五洞村	潴育性水稻土	壤质黏土	石灰岩风化物	277
	JH-08	沱江村白竹塘村	红壤	黏壤土	石灰岩风化物	448
隆回	LH-01	荷香桥镇寨现村8组	潴育性水稻土	黏壤土	石灰岩风化物	461
	LH-02	荷香桥镇雷塘村9组	潴育性水稻土	壤质黏土	石灰岩风化物	658
	LH-03	雨山铺镇井田村4组	潴育性水稻土	壤质黏土	石灰岩风化物	321
	LH-04	岩口镇龙塘村4组	红壤	粉砂质黏土	石灰岩风化物	380
	LH-05	滩头镇狮子村10组	潴育性水稻土	粉砂质黏土	石灰岩风化物	292
浏阳	LY-01	社港镇达峰村贺家组	潴育性水稻土	粉砂质黏土	第四纪红色黏土	70
	LY-02	淳口镇南冲村高培组	潴育性水稻土	壤土	紫色页岩风化物	89
	LY-03	沙市镇莲塘村柳家组	潴育性水稻土	粉砂质黏土	紫色页岩风化物	80
	LY-04	永安镇督正村藕塘组	潴育性水稻土	粉砂质黏土	紫色页岩风化物	69
	LY-05	达浒镇麻州村构形组	潴育性水稻土	壤质黏土	紫色页岩风化物	125
	LY-06	大围山中岳村上秦组	潴育性水稻土	壤质黏土	板页岩风化物	154

(六) 湖南浓香型烟叶主产区土壤 pH 及养分调查分析

1. pH 分析

植烟土壤的 pH 与所产烟叶的颜色、油分、光泽、组织等外观质量相关，对烟叶化学成分相互间的协调性影响较大，同时与水解氮、水溶性硼、交换性钙和镁、有效锌等呈显著和极显著相关。众多报道表明，烟草适宜 pH 为 5.5～7.0。在土壤长期的发育过程中，气候、地形、母质、植被等因素都可以影响土壤的酸碱度；另外，20 世纪以来由于大量使用化肥，造成土壤酸化，对土壤酸碱度变化的影响更显著。分析结果显示，湖南典型浓香型烟叶主产区的平均 pH 为 6.77，总体上属于微酸性，变异系数为 17.9%，说明这一区域的 pH 变异程度较弱。从各个取样地来看，植烟土壤 pH 由高到低依次为江华＞桂阳＞隆回＞浏阳，其中江华和桂阳的 pH 分别达 7.37 和 7.33，偏碱性，以浏阳植烟土壤的 pH 最低，为 5.34，偏酸性。江华、桂阳、隆回、浏阳 4 地植烟土壤 pH 差异较大主要与成土母质不同有关，桂阳、江华、隆回的植烟土壤成土母质主要为石灰岩风化物，而浏阳的主要成土母质为紫色页岩风化物。

2. 土壤全氮和水解性氮含量分析

土壤氮素主要存在于土壤的有机质和土壤胶体复合体内，其对植物生长发育影响十分明显，是限制植物生长和产量形成的首要因素。统计结果显示，湖南典型浓香型烟叶主产区植烟土壤全氮平均含量为 2.39g/kg，变异系数为 36.56%，其中桂阳、江华、浏阳 3 个烟区全氮平均含量均高于 2.0g/kg，隆回也达到 1.99%。根据全国第二次土壤普查养分分级标准，土壤全氮含量大于 0.2% 为丰富，0.1%～0.2% 之间为中量级，小于 0.1% 为欠缺，因此，湖南典型浓香型烟叶主产区大部分土壤全氮含量处于较高水平。湖南典型浓香型烟叶主产区植烟土壤水解氮平均含量为 157.31mg/kg，变异系数为 36.78%。土壤中的速效氮对烟叶生产影响较大，一般认为，植烟土壤水解氮含量＞65mg/kg 的为高肥力烟田，45～65mg/kg 的为中上等肥力烟田，45mg/kg 以下的为中下等肥力烟田。可见，湖南典型浓香型烟叶主产区植烟土壤基本都处于高肥力水平。综合土壤中全氮和水解性氮含量来看，湖南典型浓香型烟叶主产区植烟土壤氮素含量处于高水平，这主要与当地烟农施肥习惯有着密切关系。

3. 土壤全磷和有效磷含量分析

磷是烟草必需的营养元素，是烟草许多有机化合物的组成成分，对促进烟草的生长发育和新陈代谢十分重要，烟叶的产量、品质均与磷素营养状况密切相关，磷含量过低，直接阻碍着根系发育，地上部分生长缓慢，影响着烤烟的烟色、总糖与还原糖含量等。分析结果显示，湖南典型浓香型烟叶主产区土壤中全磷平均含量为 1.02g/kg，变异系数为 47.11％，其中江华平均含量最高，为 1.49g/kg，桂阳平均为 0.49g/kg，隆回平均为 0.74g/kg，浏阳平均为 0.85g/kg。土壤有效磷是烟草磷素的直接来源，也是土壤磷素有效性的标志。湖南典型浓香型烟叶主产区植烟土壤有效磷平均含量为 45.63mg/kg，其中浏阳平均含量最高，为 64.70mg/kg，桂阳平均为 28.53mg/kg，隆回平均为 49.80mg/kg，江华平均为 58.34mg/kg，土壤有效磷含量一般划分为丰富（＞20mg/kg）、高（20～10mg/kg）、中等（10～5mg/kg）和低（小于5mg/kg）4 个水平，由此可见，湖南典型浓香型烟叶主产区植烟土壤中有效磷含量均处于丰富水平。

4. 土壤全钾和速效钾含量分析

烟草是喜钾作物，因此土壤的供钾能力很大程度上决定着烟草的生长和品质。湖南典型浓香型烟叶主产区土壤全钾平均含量为 12.96g/kg，变异系数为 36.66％，其中以浏阳烟区全钾含量最高，为 17.66g/kg，桂阳平均为 12.99g/kg，隆回平均为 11.24g/kg，江华平均为 10.79g/kg。土壤速效钾的含量直接反映出土壤的供钾能力，当土壤中速效钾含量低于 100mg/kg 时，就容易造成烟叶缺钾。湖南典型浓香型烟叶主产区土壤中速效钾平均含量为 339.66mg/kg，其中以浏阳烟区速效钾含量最高，为 499.80mg/kg，桂阳平均为 258.33mg/kg，隆回平均为 327.80mg/kg，江华平均为 373.14mg/kg。全烟区变异系数为 41.83％，属于中等强度变异。以上结果表明，湖南典型浓香型烟叶主产区土壤中钾素含量丰富，供钾能力强。

综合湖南典型浓香型烟叶主产区土壤中大量元素（氮、磷、钾）分析结果，表明湖南典型浓香型烟叶主产区土壤大量养分非常丰富，供肥能力很强，这为烟草的生长发育提供了较好的保障，这也可能是形成浓香型烟叶的主要原因之一。

5. 土壤中、微量元素含量分析

烟草的生长发育除了需要氮磷钾三大元素外，还需要钙、镁、硫、铁等许多中、微量元素，尽管对这些元素吸收量较小，但却与烟草的生产发育和品质紧密相关。为此，我们对土壤中 9 项中微量元素进行了分析，结果见表 1-31。

表 1-31　湖南典型浓香型烟叶主产区土壤 pH 和养分含量状况

项目	取样点						
	桂阳	江华	隆回	浏阳	平均值	标准差	变异系数/％
pH（H₂O）	7.33	7.37	6.00	5.34	6.77	1.21	17.9
有机质/（g/kg）	39.03	44.77	30.00	26.88	36.77	18.19	49.47
全氮/（g/kg）	2.43	2.79	1.99	2.12	2.39	0.87	36.56

（续）

项目	取样点				平均值	标准差	变异系数/%
	桂阳	江华	隆回	浏阳			
全磷/（g/kg）	0.94	1.49	0.74	0.85	1.02	0.48	47.11
全钾/（g/kg）	12.99	10.79	11.24	17.66	12.96	4.75	36.66
水解性氮/（mg/kg）	152.08	182.86	148.80	142.60	157.31	57.86	36.78
有效磷/（mg/kg）	28.53	58.34	49.80	64.70	45.63	24.29	53.24
速效钾/（mg/kg）	258.33	373.14	327.80	499.80	339.66	142.09	41.83
交换性钙/（cmol/kg）	65.55	47.90	20.44	12.45	44.36	41.43	93.40
交换性镁/（cmol/kg）	2.61	2.77	1.23	1.21	2.17	1.55	71.74
有效硫/（mg/kg）	74.48	97.99	98.00	146.60	96.64	60.98	63.10
有效铁/（mg/kg）	37.12	56.13	135.52	176.43	82.69	84.52	102.21
有效锰/（mg/kg）	39.42	13.28	52.95	25.06	32.97	35.00	106.17
有效铜/（mg/kg）	3.42	2.93	2.38	3.43	3.12	1.58	50.51
有效锌/（mg/kg）	4.16	2.93	2.52	5.81	3.86	2.74	70.87
有效硼/（mg/kg）	0.64	0.41	1.15	1.48	0.82	0.60	73.63
有效钼/（mg/kg）	0.38	0.06	0.12	0.05	0.20	0.30	154.87

烟株缺钙时，生长停滞，顶芽、幼叶、嫩叶叶缘和叶尖等新生部位生长受阻，严重缺钙时易造成叶片残破不全，严重影响烟叶的产量和品质。湖南典型浓香型烟叶主产区土壤中交换性钙平均含量为 44.36cmol/kg，变异系数为93.40%，属较强程度变异。其中桂阳交换性钙含量最高，为 65.55cmol/kg，浏阳最低，为 12.45cmol/kg。

镁能增加烟株的高度、茎粗、百叶重，还能改善根系的发育状况，提高中上等烟比例，增加产量以及烟碱、总糖、总氮及蛋白质的含量。湖南典型浓香型烟叶主产区土壤中交换性镁平均含量为 2.17cmol/kg，变异系数为71.74%，属中等程度变异。其中江华交换性镁含量最高，为 2.77cmol/kg，浏阳最低，为 1.21cmol/kg。

硫是烟草必需的营养元素之一，国外把硫列为第 5 种元素，即氮、磷、钾、钙、硫，可见硫的重要性。湖南典型浓香型烟叶主产区土壤中有效硫平均含量为 96.64mg/kg，变异系数为 63.1%，属中等强度变异。其中浏阳烟区有效硫含量最高，为 146.60mg/kg，桂阳最低，为 74.48mg/kg。

锌是烟株体内许多酶的组成成分，是氧化反应中的催化剂，维生素的活化剂，对生长素的形成及光合作用也有一定作用。湖南典型浓香型烟叶主产区土壤中有效锌平均含量为 3.86mg/kg，变异系数为 70.87％，属中等强度变异。其中浏阳烟区有效锌含量最高，为 5.81mg/kg，隆回最低，为 2.52mg/kg。

铁是烟草体内许多酶的活性剂，与烟草的光合作用、呼吸作用、硝酸还原作用等都有着密切的关系。湖南典型浓香型烟叶主产区土壤中有效铁平均含量为 82.69mg/kg，变异系数为 102.21％，属强度变异。其中隆回烟区有效铁含量最高，为 135.52mg/kg，桂阳最低，为 37.12mg/kg。锰是烟株体内许多酶的组成成分和活性剂，还影响烟草根系的生长与发育。湖南典型浓香型烟叶主产区土壤中有效锰平均含量为 32.97mg/kg，变异系数为 106.17％，属强度变异。其中隆回烟区有效锰含量最高，为 52.95mg/kg，江华最低，为 13.28mg/kg。烟叶中铜含量虽然极低，但却是必需元素之一，主要参与蛋白质的合成，同时参与光合作用、氧化还原作用和碳水化合物、氮的代谢，并能增强植物的抗逆性；缺铜可严重影响烟叶的产量和品质。湖南典型浓香型烟叶主产区土壤中有效铜平均含量为 3.12mg/kg，变异系数为 50.51％，属中等强度变异。其中浏阳烟区有效铜含量最高，为 3.43mg/kg，隆回最低，为 2.38mg/kg。

烟草对硼的吸收量较低，但硼在烟草的生理生化过程中起着非常重要的作用，参与碳水化合物的运输及代谢，能促进植物细胞生长等。分析结果显示，湖南典型浓香型烟叶主产区土壤中有效硼平均含量为 0.82mg/kg，变异系数为 73.63％，属中等强度变异。其中浏阳烟区有效硼含量最高，为 1.48mg/kg，江华烟区最低，为 0.41mg/kg。

烟草属于喜钼作物，钼对烟草产量及品质的形成起着重要作用。分析结果表明，湖南典型浓香型烟叶主产区土壤中有效钼平均含量为 0.20mg/kg，变异系数为 154.87％，属强度变异。其中桂阳烟区有效钼含量最高，为 0.38mg/kg，浏阳烟区最低，为 0.05mg/kg。

综合以上分析结果可知，湖南典型浓香型烟叶主产区 4 个典型代表烟区中植烟土壤速效氮、磷、钾含量，中微量元素钙、镁、硫、铁、锰、铜、锌含量较高，均处于烤烟生长的适宜或丰富水平。这说明浓香型烟叶生长发育具有对土壤中的主量、中微量元素需求量大的特点，并且这可能是成就湖南典型浓香型烟叶主产区浓香型烟叶风格特征的重要生态基础。

6. 土壤有机质含量分析

土壤有机质是最重要的土壤肥力成分，是植物 N、P、K 等营养元素的供给源并影响到土壤向植物供应其他养分，一定程度上直接或间接地影响到土壤的许多属性。湖南典型浓香型烟叶主产区土壤有机质平均含量为 36.77g/kg，总体上讲，有机质含量较高。变异系数为 49.47％，变异强度中等，说明各个烟区的有机质含量有一定的差异，其中江华烟区最高，为 44.77g/kg，浏阳烟区最低，为 26.88g/kg。

　　土壤腐殖质是土壤有机质的主要组成部分，是土壤肥力的物质基础，是土壤中最活跃的部分，因此腐殖质的组成和特征直接决定着土壤肥力，进而影响烟草的生长发育。江华、桂阳、隆回、浏阳 4 个烟区植烟土壤的胡敏酸碳量和腐殖酸总碳量（胡敏酸碳量和富里酸碳量的总和）均表现为江华＞隆回＞桂阳＞浏阳，说明这 4 个烟区中以江华的植烟土壤胡敏酸含量和活性腐殖质含量最为丰富。胡敏酸含量高，有利于增加土壤的吸附性能和保持养分、水分的能力，并能促进土壤结构体的形成；活性腐殖质含量高，有利于土壤微生物的繁殖和矿质养分的释放，从而影响烟草的生长发育。

　　土壤胡敏酸与富里酸的比值（HA/FA）在一定程度上反映着土壤腐殖物质聚合程度，土壤胡敏酸与富里酸比值越大，土壤腐殖物质的聚合程度也越高，质量也越好，因此常常被作为进一步说明土壤肥力的指标。从表 1-32 可以看出，江华、桂阳、隆回、浏阳 4 个烟区植烟土壤的胡敏酸/富里酸比以江华最高，明显高于其他 3 地，说明江华植烟土壤的腐殖质质量最好。结合态腐殖质碳含量（松结态＋稳结态＋紧结态）由高到低依次为江华＞桂阳＞隆回＞浏阳，这与土壤有机碳含量的表现规律一致，说明结合态腐殖质与土壤有机质有着密切的联系，有机质含量丰富的土壤结合态腐殖质含量也相应较高。同时还可以看出，无论是松结态腐殖质含量还是紧结态腐殖质含量，都是以江华最高，松结态腐殖质主要源于新鲜有机质，易被微生物氧化分解，其活性较大，对土壤有效养分的供应起着重要作用。紧结态腐殖质与矿物部分结合较紧，为较稳定腐殖质，不易被微生物氧化，但是紧结态腐殖质的稳定性强，对腐殖质的积累、养分的储蓄和土壤结构的保持起着重要作用。因此，从土壤腐殖质的组成与特征方面来说，以江华的土壤腐殖质含量和品质最好。土壤腐殖质的含量和品质是影响烤烟香型和质量的一个重要因素。

表 1-32　湖南典型浓香型烟叶主产区土壤腐殖质特征

植烟区	胡敏酸 C/ (g/kg)	富里酸 C/ (g/kg)	胡敏素/ (g/kg)	HA/FA	松结态/ (g/kg)	稳结态/ (g/kg)	紧结态/ (g/kg)	松紧比
浏阳	2.14	2.84	10.61	0.75	8.31	0.80	7.39	1.18
隆回	2.45	3.30	11.66	0.72	8.90	0.79	7.97	1.52
桂阳	2.24	2.83	17.57	0.74	8.19	1.52	13.05	0.76
江华	3.55	3.40	19.03	1.03	10.45	1.93	15.37	0.79
湘南	2.58	3.05	15.70	0.81	8.88	1.37	11.76	0.97

（七）湖南浓香型烟叶主产区土壤地球化学特征调查分析

1. 地球化学元素含量分析

湖南浓香型烟区典型植烟县土壤剖面淋溶层（A 层）、母质层（C 层）的主量元素含量统计结果见表 1-33，Na_2O、CaO、MgO 在两层中的变异系数均较大，N、P 元素在母质层中变异较大，在淋溶层中的变异程度相对有所减小，而 S 元素在淋溶层中的变异程度则相对有所增大。淋溶层中 K_2O、Na_2O、CaO、MgO、Al_2O_3、Fe_2O_3、SiO_2 元素的含量受母质层元素的含量影响较大，与湘西山地中糖浓偏中香型张家界烟区相比，湖南浓香型烟区典型植烟县土壤剖面淋溶层和母质层中元素 K_2O、Na_2O、MgO、SiO_2 的平均含量均低于张家界烟区典型植烟土壤剖面元素的平均含量，而两层中元素 CaO、Al_2O_3、Fe_2O_3 的平均含量均要高于张家界烟区典型植烟土壤剖面元素的平均含量；元素 N、P、S 的含量差异可能主要受到施肥量差异的影响，在土壤剖面母质层元素 N、P、S 的平均含量均要低于湘西张家界烟区，而淋溶层中元素 N、P、S 的平均含量均要高于湘西张家界烟区，表明湖南浓香型烟区典型植烟县的氮肥、磷肥等肥料的施用量可能要大于湘西张家界烟区。这些元素与中国土壤元素含量和世界土壤元素含量的中值或平均值进行比较表明（对于部分中国土壤元素含量中没有的数据，以相应世界值作为标准），除元素 P、Al_2O_3、Fe_2O_3 以外，其他元素 N、S、K_2O、Na_2O、CaO、MgO、SiO_2 的平均含量均相对低于中国或世界土壤元素含量中值（均值）。

表 1-33　湖南浓香型烟区典型植烟县土壤剖面样品主量元素分析结果统计

层次	项目	N	P	S	K_2O	Na_2O	CaO	MgO	Al_2O_3	Fe_2O_3	SiO_2
A	最大值/（g/kg）	3.89	1.90	0.99	28.40	7.50	102.90	22.40	186.80	95.40	785.00
	最小值/（g/kg）	0.96	0.52	0.12	7.70	0.74	2.40	3.30	93.40	31.80	444.50
	均值/（g/kg）	2.13	0.98	0.44	17.27	2.43	30.56	8.67	135.09	54.16	632.84
	中值/（g/kg）	1.76	1.00	0.39	15.50	2.30	7.10	8.00	129.60	50.60	646.90
	标准差/（g/kg）	0.92	0.31	0.21	6.70	1.62	35.66	5.76	24.29	17.27	109.74
	CV/%	43.35	31.70	46.84	38.77	66.58	116.70	66.39	17.98	31.89	17.34
C	最大值/（g/kg）	1.25	0.65	0.23	27.80	7.30	91.20	23.60	219.00	109.70	1 097.00
	最小值/（g/kg）	0.00	0.00	0.07	7.80	0.60	2.50	3.80	96.30	40.30	403.00
	均值/（g/kg）	0.59	0.31	0.12	16.96	2.37	10.09	8.02	145.59	61.65	616.47
	中值/（g/kg）	0.64	0.28	0.12	14.60	2.00	4.80	5.60	133.60	59.00	590.00
	标准差/（g/kg）	0.28	0.18	0.04	6.09	1.66	20.95	4.93	36.57	19.75	197.47
	CV/%	47.09	57.56	31.73	35.90	70.14	207.67	61.44	25.12	32.03	32.03

（续）

层次	项目	N	P	S	K₂O	Na₂O	CaO	MgO	Al₂O₃	Fe₂O₃	SiO₂
中国土壤元素	中值/（g/kg）	—	—	—	22.70	15.00	13.00	12.50	125.00	42.40	—
世界土壤元素	中值/（g/kg）	2.00	0.80	0.70	16.90	6.70	21.00	8.30	134.10	57.10	707.00

注：CV 为变异系数，计算公式：（标准差/平均值）×100％；中国土壤元素中值、世界土壤中值含量数据引自中国环境监测总站（1990）和《中国土壤元素背景值》；"—"为未查到的元素数据。下同。

　　土壤剖面淋溶层和母质层的微量元素含量统计结果如表 1-34 所示，元素 B、Mn、Mo、Zn、Cu、Y、Sc、La 的含量均高于中国或世界土壤元素中值（均值），而元素 Se、Cl、Sr、Br、I、Co、Ni、I 的含量则相对较低。其中地球化学元素 Se、Sr、Br、I、Mn、Ni 在土壤中的含量变化较大，变异系数均在 40％以上，可能是受到成土母质、施肥以及元素的活性等综合因素的影响，而元素 B、Cl、Zn、Cu、Co、Y、Sc、La 在土壤中两层的含量变化均相对较稳定。与湘西山地中糖浓偏中间香型张家界烟区相比，浓香型烟区植烟土壤剖面淋溶层和母质层大多数微量元素的含量均低于湘西张家界烟区，元素 Zn、Cu 在两层中微量元素的含量均高于张家界烟区，表明耕层土壤中矿质元素的丰缺与母质层中地球化学元素的含量关系密切，元素 Cl 在母质层中微量元素含量中值较张家界烟区低，而淋溶层中则相对较高。

表 1-34　湖南浓香型烟区典型植烟县土壤剖面样品微量元素分析结果统计

层次	项目	B	Se	Cl	Sr	Br	I	Mn	Mo	Zn	Cu	Co	Ni	Y	Sc	La
A	最大值/（mg/kg）	104.60	0.99	59.80	253.10	5.50	5.48	4 108.0	2.54	197.90	55.00	25.12	61.80	41.00	19.30	64.00
	最小值/（mg/kg）	37.20	0.11	21.90	43.00	1.30	0.06	215.00	0.53	66.00	18.00	8.40	15.10	18.02	9.00	31.00
	均值/（mg/kg）	71.28	0.34	41.06	72.72	2.86	1.55	949.29	1.25	116.49	33.94	14.33	32.23	26.08	12.72	44.82
	中值/（mg/kg）	66.80	0.18	41.90	51.00	2.50	0.99	723.00	1.32	116.00	34.00	12.60	27.40	25.32	12.05	43.93
	标准差/（mg/kg）	19.72	0.28	10.91	53.16	1.42	1.41	909.62	0.52	35.18	9.12	4.29	14.19	5.31	2.90	7.70
	CV/％	27.67	81.87	26.57	73.11	49.52	90.81	95.82	41.72	30.20	26.87	29.97	44.03	20.38	22.83	17.19

（续）

层次	项目	B	Se	Cl	Sr	Br	I	Mn	Mo	Zn	Cu	Co	Ni	Y	Sc	La
C	最大值/(mg/kg)	95.50	0.67	45.20	118.40	4.50	9.87	3762.0	2.93	204.20	47.84	27.21	66.70	43.00	21.90	63.00
	最小值/(mg/kg)	51.00	0.08	17.80	39.00	0.30	0.31	250.0	0.36	71.36	13.00	11.30	15.30	15.75	10.30	37.00
	均值/(mg/kg)	67.86	0.16	26.79	61.38	1.81	3.09	1225.7	1.45	105.94	29.53	16.63	34.31	25.84	13.76	47.43
	中值/(mg/kg)	68.20	0.16	23.50	53.91	1.20	1.44	868.0	1.32	96.00	28.00	15.80	28.45	25.40	12.00	46.00
	标准差/(mg/kg)	12.05	0.17	7.87	24.71	1.35	2.92	1072.9	0.92	40.47	8.28	4.12	15.29	6.25	3.42	6.74
	CV/%	17.76	74.50	29.38	40.25	74.43	94.50	87.53	63.02	38.20	28.06	24.76	44.58	24.19	24.86	14.21
中国土壤	中值/(mg/kg)	41.00	0.21		121.00	3.63	2.20	540.00		68.00	20.70	116.00	24.00	21.80		37.40
世界土壤	中值/(mg/kg)	20.00	0.40	100.00	250.00	10.00	5.00	1000.0	1.20	9.00	30.00	8.00	50.00	40.00	7.00	40.00

2. 地球化学元素的迁移与富集特征分析

地球化学背景对土壤系统的元素迁移与富集具有重要影响。各种成土母质发育的不同类型土壤，由于其所含的岩石矿物种类不同，在风化发育过程中，分解出的元素在不同成土过程和发育阶段的迁移（淋溶）特征和富集特征也呈现出一定的差异。如紫色页岩风化物、板页岩风化物和石灰岩风化物发育的水稻土比第四纪红色黏土发育的水稻土中的地球化学元素呈现更强的富集特征。

由表 1-35 可以看出，植烟土壤地球化学元素的富集作用相对较强，这主要与烟区施肥量较大、土壤的风化淋溶程度相对较弱有关。其次，该烟区主要植烟土壤是水稻土，水稻土由于受到人类长期耕种的影响，土壤熟化程度较高，因此土壤中有较多元素相对富集。从土壤剖面元素富集系数的平均值排序来看，呈现强富集特征的元素有 CaO、S、P、N、Br；较强富集特征的元素有 Cl、Se、Cu、Zn、Sr、Mo、Mn、Na_2O、B、MgO、Y、K_2O；呈现迁移特征的元素有 I、Ni、La、SiO_2、Al_2O_3、Sc、Fe_2O_3、Co。

从元素含量特征来看，湖南浓香型烟区 CaO、Al_2O_3、Fe_2O_3、N、P、S、Cl、Zn、Cu 的含量比湘西山地中糖浓偏中香型张家界烟区的元素含量要高，而其他大多数元素的含量较张家界烟区低；从元素的迁移富集特征来看，湖南浓香型烟区土壤元素呈现更强的富集特征。

表1-35　湖南浓香型烟区不同成土母质及土壤类型地球化学元素迁移累积强度

迁移相对加强 ←　　　　　　　　　　　　　→ 富集相对加强

成土母质	土壤类型	迁移相对加强 ← 　　元素（上）/ 迁移累积强度值（下）　　 → 富集相对加强
石灰岩风化物	水稻土	Co 0.84 · Mo 0.87 · Fe₂O₃ 0.90 · Sc 0.92 · SiO₂ 0.93 · Al₂O₃ 0.93 · La 0.94 · I 0.95 · Ni 0.97 · K₂O 0.98 · Mn 1.05 · Cu 1.06 · B 1.06 · Na₂O 1.07 · Y 1.07 · MgO 1.08 · Sr 1.17 · Cl 1.70 · Se 1.89 · Br 2.99 · P 3.53 · S 3.97 · N 4.17 · CaO 6.06
	红壤	Ni 0.76 · Al₂O₃ 0.81 · MgO 0.84 · Cu 0.86 · Co 0.86 · Fe₂O₃ 0.87 · Zn 0.89 · Cl 0.93 · Se 0.98 · B 1.00 · SiO₂ 1.05 · La 1.06 · Sr 1.11 · CaO 1.12 · Y 1.19 · I 1.42 · S 1.43 · Se 1.66 · Mn 1.68 · Br 1.72 · P 1.87 · N 2.05
紫色页岩风化物	水稻土	Fe₂O₃ 0.94 · Y 0.94 · La 0.96 · Sc 0.97 · Co 0.99 · Se 0.99 · SiO₂ 1.00 · Al₂O₃ 1.00 · Ni 1.01 · K₂O 1.04 · Mn 1.06 · Na₂O 1.09 · B 1.13 · MgO 1.15 · I 1.16 · CaO 1.18 · Zn 1.37 · Mo 1.47 · Cu 1.55 · Br 1.63 · P 2.51 · S 2.99 · N 3.35 · CaO 4.97
板页岩风化物	水稻土	I 0.84 · Mn 0.91 · Se 0.91 · Co 0.97 · SiO₂ 0.98 · B 0.99 · Ni 1.00 · Na₂O 1.03 · Fe₂O₃ 1.04 · Sc 1.08 · Mn 1.10 · Sr 1.13 · Y 1.18 · Cu 1.31 · La 1.31 · Zn 1.35 · Mo 1.50 · Cl 1.54 · Cu 1.75 · Br 1.92 · CaO 2.58 · N 2.79 · S 3.50
白云岩风化物	红壤	I 0.37 · Mn 0.39 · Co 0.76 · SiO₂ 0.78 · La 0.82 · Fe₂O₃ 0.85 · B 0.95 · Y 0.96 · Ni 0.96 · Sc 1.04 · Al₂O₃ 1.07 · Cu 1.19 · Na₂O 1.22 · K₂O 1.24 · MgO 1.26 · La 1.33 · Sr 1.45 · Cl 1.80 · Cu 2.60 · Se 2.78 · Br 3.05 · N 5.50 · S 8.38 · CaO 11.46
第四纪红色黏土	水稻土	Co 0.50 · Fe₂O₃ 0.57 · Sc 0.64 · Al₂O₃ 0.66 · SiO₂ 0.67 · La 0.69 · Ni 0.70 · CaO 0.74 · MgO 0.75 · Y 0.76 · B 0.90 · K₂O 0.95 · Na₂O 0.95 · I 0.96 · Mn 1.06 · MgO 1.07 · Sr 1.10 · Zn 1.14 · Cu 1.15 · Cl 1.23 · Se 1.47 · Br 1.55 · N 1.67 · S 3.87 · P 4.20 · CaO 4.30
富集系数平均值		Co 0.87 · Fe₂O₃ 0.89 · Sc 0.94 · Al₂O₃ 0.95 · SiO₂ 0.95 · La 0.96 · Ni 1.01 · B 1.06 · MgO 1.07 · Y 1.11 · Mn 1.12 · Na₂O 1.12 · Sr 1.14 · Cu 1.15 · Zn 1.15 · Se 1.18 · Cl 1.59 · Br 1.65 · P 2.79 · S 3.73 · N 3.83 · CaO 4.38

第二章

湖南浓香型烟区土壤耕层现状与评价

第一节　湖南烟稻复种区土壤耕层现况

　　耕层是指农田中经常耕翻的土壤层次，通常厚度为 $15\sim20\mathrm{cm}$，易受生产活动、地表生物、气候条件和地形等因素的影响。土壤耕层是农业生产的重要物质条件，其结构和厚度是决定水、肥、气和热容量大小的关键因子，直接关系到作物的高产稳产和农业的可持续发展。犁底层是由于长期耕作受到犁的挤压和降水时黏粒随水沉积而形成，其结构多为片状结构或大块状结构，体积质量大，总孔隙度小，渗水性弱。近年来，由于土地的分散经营，小型动力作业频繁致使耕层浅薄，而大型机械压实则使土壤表层体积质量增加，从而造成了土壤板结，耕地质量退化，土壤肥力下降。湖南烟区以周年烟稻复种为主，土壤耕层浅薄，阻碍了烟草根系深扎，影响了当地优质烟叶生产。目前，关于耕层结构构建的研究已有很多报道，但对湖南烟区土壤耕层状况的研究还鲜有报道。因此，拟通过选择代表性植烟田块进行调查，挖取土壤剖面，测量耕层和犁底层厚度，并采集各层原位土体，分析耕层土壤理化性状，解析植烟土壤耕层现状，旨在为湖南优质烟叶生产建立适宜的耕层结构、提高土壤综合生产能力及土壤深松机具的研发提供科学依据。

一、材料与方法

（一）研究区域概况

　　湖南烟稻复种区主要位于湘南和湘东地区，包括郴州、衡阳和长沙等地，属亚热带季风性湿润气候，光照充足，热量丰富，无霜期长，温、光、水资源的季节分布与烤烟和水稻生长发育的需求规律相吻合，多为烟稻水旱复种种植区，占植烟区总面积的 $70\%\sim80\%$。该区域烤烟采收完毕后，立即整地种植一季晚稻，充分利用其土地资源，实现烟、粮双丰收。

（二）典型烟田选择

根据湖南烟稻复种区种植特点，于 2017 年水稻收获后，在湖南郴州、衡阳和长沙 3 个烟稻轮作区，每个地区选取代表性 30 块田（质地均为壤质砂土），每块田内采用随机多点（5～8 个点）取样法，取样采用 50cm 土柱取样器，每个土柱分成 0～10cm、10～20cm、20～30cm、30～40cm 和 40～50cm 共 5 个土层，共计 150 个土壤样品。样品分布情况为：郴州市共 50 个，其中嘉禾县普满乡 5 个，桂阳县和平镇 20 个，桂阳县仁义镇 15 个，桂阳县雷坪镇 10 个；衡阳市共 50 个，其中耒阳市导子镇 15 个，耒阳市竹市镇 5 个，耒阳市东湖圩镇 5 个，耒阳市马水镇 15 个，耒阳市哲桥镇 5 个，耒阳市坛下乡 5 个；长沙市共 50 个，其中浏阳市永安镇 15 个，浏阳市北盛镇 15 个，浏阳市沙市镇 5 个，浏阳市淳口镇 5 个，浏阳市官渡镇 10 个。具体情况如表 2-1。

表 2-1　取样信息表

烟区	县（市）	乡镇	数量/个
郴州	嘉禾县	普满乡	5
	桂阳县	和平镇	20
		仁义镇	15
		雷坪镇	10
衡阳	耒阳市	导子镇	15
		竹市镇	5
		东湖圩镇	5
		马水镇	15
		哲桥镇	5
		坛下乡	5
长沙	浏阳市	永安镇	15
		北盛镇	15
		沙市镇	5
		淳口镇	5
		官渡镇	10
共计	—	—	150

在每个典型田块内的 3 个随机位置，利用 50cm 土柱取样器（型号：QTZ-1，直径：7.5cm）采集土柱，将采集的每个土柱分成 0～10cm、10～20cm、

20～30cm、30～40cm 和 40～50cm 共 5 层土层。分层前仔细观察采集的土柱，测量其耕层深度。

（三）测定项目及方法

土壤物理性状主要调查含水率、容重、紧实度和孔隙度。土壤含水率采用烘干法测定，先测量湿重土壤样品质量精确到 0.01，再将土壤样品放入 105℃ 烘箱烘干，测量土壤样品干重，并计算结果。土壤容重测定采用环刀法，称量环刀及环刀和土样，用烘干法测定土壤含水量，计算土壤容重。土壤紧实度采用紧实度测定仪检测。土壤孔隙度计算公式：土壤孔隙度（％）＝（1－容重/比重）×100。

土壤团聚体百分比含量采用湿筛法测定，将团聚体分为＞1mm、0.5～1mm、0.25～0.5mm、0.053～0.25mm 和＜0.053mm 共 5 个粒级。平均重量直径（MWD）、几何平均直径（GMD）、水稳性大团聚体（$R_{0.25}$）和分形维数（FD）计算方法如下，式中：d_i 为 i 粒级团聚体的平均直径；W_i 为 d_i 相对应的粒级团聚体占总重的百分含量；$M_{T>0.25}$ 为粒级＞0.25mm 团聚体重量，M_T 为团聚体总重量。d_{max} 为团聚体的最大粒径；$M_{w \leqslant di}$ 为粒径小于 d_i 的团聚体重量。

$$MWD = \sum_{i=1}^{n} d_i W_i$$

$$GMD = \exp\left[\frac{\sum_{i=1}^{n} W_i \ln d_i}{\sum_{i=1}^{n} W_i}\right]$$

$$R_{0.25} = \frac{M_{T>0.25}}{M_T}$$

$$(3 - FD)\lg\left(\frac{d_i}{d_{max}}\right) = \lg\left(\frac{M_{w \leqslant di}}{M_T}\right)$$

土壤理化指标测定参照鲁如坤主编的《土壤农化分析方法》，主要包括土壤速效养分、中微量元素、电导率、阳离子交换量等指标。碳氮比（C/N）指总氮（TN）与有机碳（SOC）的比值。为量化研究湖南烟稻复种区土壤速效养分的层化和表聚程度，引入土壤速效养分层化比率（Stratification ratio，SR）的概念，该定义指土壤表层与某一底层某速效养分的比值，其中 SR_1、SR_2、SR_3 和 SR_4 分别为 0～10cm 土层某速效养分含量与 10～20cm 土层、20～30cm 土层、30～40cm 土层和 40～50cm 土层某速效养分含量的比值。

土壤微量元素含量分级标准、临界值及有效性评价参考前人研究，划分了湖南烟稻复种区土壤微量元素含量不同等级和临界值（表 2-2），而后计算各种微量元素单项有效性指数（E_i），并采用均根方法计算综合有效性指数

（E_t），以此评价土壤微量元素有效性。E_i 和 E_t 的计算公式如下：

$$E_i = \frac{C_i}{S_i}$$

$$E_t = \sqrt{\frac{1}{n}\sum_{i=1}^{n}E_i^2}$$

式中：C_i 为 i 微量元素的实测值；S_i 为 i 微量元素的临界值；n 为微量元素种类。

表 2-2 湖南省植烟土壤微量元素分级标准及临界值

指标	不同等级标准					临界值
	极低	低	中等	丰富	极丰富	
有效铜/（mg/kg）	<0.2	0.2~0.5	0.5~1.0	1.0~3.0	≥3.0	0.5
有效锌/（mg/kg）	<0.5	0.5~1.0	1.0~2.0	2.0~4.0	≥4.0	1.0
有效铁/（mg/kg）	<2.5	2.5~4.5	4.5~10.0	10.0~60.0	≥60.0	4.5
有效锰/（mg/kg）	<5	5~10	10.0~20.0	20.0~40.0	≥40.0	10.0

（四）数据分析

数据处理采用 Microsoft Excel 2017 和 IBM Statistics SPSS 24.00 进行，方差分析采用邓肯氏新复极差法。

二、结果与分析

（一）耕层深度现况

湖南烟稻复种区烟田耕层深度统计结果见图 2-1，其变幅为 8.2~16.4cm，均低于我国高标准水田对耕层厚度 20cm 左右的要求（GB/T 30600—2014），均值为 (12.6±1.93) cm。其中 81.11% 的烟田耕层深度分布在 10~15cm；耕层深度 <10cm 和 >15cm 的烟田分别占 6.67% 和 12.22%。从不同地区来看，衡阳和长沙的耕层深度分别比郴州高出 20.70% 和 20.34%，且达显著差异（$p < 0.01$）。

（二）土壤物理性状特征

由表 2-3 可知，随着土层深度的增加（0~50cm），长沙烟区土壤含水率变小（$p < 0.05$），长沙、郴州和衡阳烟区土壤容重变大（$p < 0.05$），郴州和衡阳烟区土壤紧实度变大（$p < 0.05$），长沙、郴州和衡阳烟区土壤孔隙度变

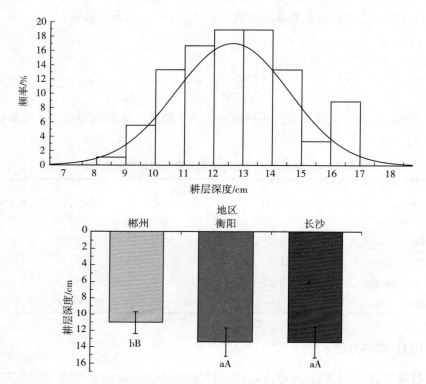

图 2-1　湖南烟稻复种区土壤耕层深度分布特征

注：图中不同大、小写字母分别表示在 0.01 和 0.05 水平差异显著，下同。

小（$p < 0.05$），说明土层越深土壤结构越差，土壤保水保肥能力降低，严重影响烟株根系生长。

表 2-3　土壤含水率、容重、紧实度和孔隙度状况

烟区	土层深度/cm	含水率/%	容重/（g/cm³）	紧实度/Pa	孔隙度/%
长沙	0～10	21.08a	1.24c	65.36a	50.29a
	10～20	20.75a	1.36b	75.71a	45.76b
	20～30	16.53b	1.59a	77.79a	36.47c
	30～40	18.83ab	1.52a	68.58a	39.07c
	40～50	19.07ab	1.55a	75.44a	38.14c
郴州	0～10	29.38a	0.93b	56.92b	63.99a
	10～20	30.66a	1.04ab	75.49ab	59.89ab
	20～30	28.81a	1.12ab	92.41a	56.63ab
	30～40	28.01a	1.20a	91.30a	53.64b
	40～50	26.77a	1.22a	93.08a	52.90b

（续）

烟区	土层深度/cm	含水率/%	容重/（g/cm³）	紧实度/Pa	孔隙度/%
	0～10	29.04a	1.05b	66.06b	58.40a
	10～20	29.42a	1.16b	77.44ab	54.98ab
衡阳	20～30	26.82a	1.29a	95.40a	50.42b
	30～40	26.76a	1.29a	104.14a	50.21b
	40～50	26.41a	1.32a	104.54a	49.84b

由表 2-4 可知，湖南烟稻复种区不同粒级土壤团聚体含量差异较大，其中＞1.00mm 粒级的土壤团聚体含量最高，为 64.47%，说明湖南烟稻复种区以＞1.00mm 粒级的土壤团聚体为主；0.25～0.50mm 和 0.053～0.25mm 的土壤团聚体变异系数大于 100%，说明样本之间离散程度较大，属重度变异。土壤团聚体稳定性指数中分形维数 FD 的均值为 2.70，变异系数为 2.04%，说明样本之间分布较为集中，属弱变异。

表 2-4　湖南烟稻复种区土壤团聚体描述统计

指标		样本量	最小值	最大值	平均值	标准差	偏度	峰度	变异系数/%
团聚体/%	1.00mm	450	4.91	96.48	64.47	28.17	-0.82	-0.81	43.69
	0.50～1.00mm	450	0.50	52.60	12.86	12.00	1.20	0.70	93.29
	0.25～0.50mm	450	0.33	39.93	9.19	9.32	1.31	0.89	101.46
	0.053～0.25mm	450	0.26	33.68	6.04	6.12	1.75	3.60	101.30
	＜0.053mm	450	0.33	30.26	7.47	6.19	1.50	1.88	82.93
MWD/mm		450	0.36	1.46	1.11	0.31	-0.92	-0.52	27.83
GMD/mm		450	0.16	1.38	0.86	0.33	-0.54	-1.00	38.30
$R_{0.25}$		450	0.41	0.98	0.86	0.11	-1.59	2.57	12.54
FD		450	2.58	2.78	2.70	0.05	-0.11	-1.17	2.04

由表 2-5 可知，不同土层不同粒级土壤团聚体含量呈显著差异，从不同粒级土壤团聚体含量来看，各粒级土壤团聚体含量从高到低依次为＞1mm、0.5～1mm、0.25～0.5mm、＜0.053mm、0.053～0.25mm；其中＞1mm 粒级团聚体在不同地区间分布基本相同，以 0～10cm 和 10～20cm 土层的团聚体含量较大，显著高于 30～40cm 和 40～50cm 土层；而 0.5～1mm、0.25～0.5mm 和 0.053～0.25mm 粒级团聚体含量则以 30～40cm 和 40～50cm 土层较高，0～10cm 和 10～20cm 土层较低；＜0.053mm 粒级团聚体含量除衡阳地区外，均以 30～40cm 和 40～50cm 土层较高，以 0～10cm 和 10～20cm 土层

较低。从不同土层深度来看，20～30cm 土层土壤团聚体含量介于 0～20cm 和 30～50cm 土层之间，说明 20～30cm 土层在不同粒级土壤团聚体百分比含量大小转变的过程中，起到了过渡作用。

表 2-5　不同粒级土壤团聚体含量

区域	土层深度/cm	土壤团聚体含量/%				
		>1mm	0.5～1mm	0.25～0.5mm	0.053～0.25mm	<0.053mm
郴州	0～10	85.21±4.51a	4.7±2.59b	3.09±1.7b	2.23±0.95b	4.77±2.34b
	10～20	88.18±5.04a	4.07±2.92b	2.48±1.32b	1.92±0.86b	3.35±2.74b
	20～30	77.78±20.3Ba	7.78±8.86b	4.16±5.21b	2.93±2.88b	7.35±6.95ab
	30～40	52.87±31b	19.34±14.86a	11.53±10.78a	6.25±4.81a	10±7.02a
	40～50	53.43±25.55b	21.86±15.56a	10.34±6.92Aa	6.67±4.15a	7.7±4.36ab
衡阳	0～10	87.23±6.01a	3.01±1.71b	1.59±0.79c	1.35±0.55b	6.81±5.41a
	10～20	86.33±7.13ab	3.58±2.87b	2.46±2.05Abc	1.86±1.81b	5.76±2.35a
	20～30	76.25±23.72ab	8.44±8.9bc	5.79±7.86abc	3.8±4.99ab	5.72±3.1a
	30～40	65.46±26.67bc	14.46±11.99ab	8.55±7.19ab	6.24±6.21a	5.29±3.08a
	40～50	54.08±32.9c	19.82±16.5a	11±11.27a	6.62±5.77a	8.73±5.8a
长沙	0～10	68.08±17.56a	11.74±7.41b	9.13±4.67b	6.35±3.71b	4.71±2.98b
	10～20	66.33±18.31a	13.84±9.18ab	10.01±6.22b	6.1±3.26b	3.72±1.64b
	20～30	42.44±23.5b	20.31±12.89ab	15.05±10.05ab	11.91±5.73ab	10.29±7.79ab
	30～40	30.96±26.09b	22.45±10.09a	20.85±9.24a	11.77±6.94ab	13.98±8.27a
	40～50	32.45±28.83b	17.52±10.77ab	21.65±11.34a	14.54±10.59a	13.84±10.19a
合计平均	0～10	80.17±10.52a	6.49±4.63b	4.6±3.99a	3.31±2.67b	5.43±1.2ab
	10～20	80.28±12.12a	7.17±5.79b	4.98±4.35a	3±2.43b	4.28±1.3b
	20～30	65.49±19.98ab	12.18±7.05ab	8.33±5.88a	6.21±4.95ab	7.79±2.32ab
	30～40	49.76±17.46b	18.75±4.03a	13.64±6.41a	8.09±3.18ab	9.76±4.35a
	40～50	44.29±10.75b	19.22±2.32a	14.12±6.53a	9.13±4.7a	9.91±3.41a

由表 2-6 可知，不同土层土壤团聚体平均重量直径（MWD）、几何平均直径（GMD）、水稳性大团聚体（$R_{0.25}$）和分形维数（FD）呈显著差异。不同烟稻复种区区间变化趋势基本一致，表现为随着土层深度的增加，MWD、GMD 和 $R_{0.25}$ 呈下降趋势，FD 呈上升趋势。郴州、衡阳和长沙烟稻轮作区 0～10cm 土层 MWD 比 40～50cm 土层分别高出 31.68%、34.00% 和 59.72%；郴州、衡阳和长沙烟稻轮作区 10～20cm 土层 GMD 比 40～50cm 土层分别高出 61.64%、40.26% 和 82.00%；郴州、衡阳和长沙烟稻轮作区 10～20cm 土

层 $R_{0.25}$ 比 40～50cm 土层分别高出 9.30％、8.24％和 25.00％；郴州、衡阳和长沙烟稻轮作区 40～50cm 土层 FD 比 0～10cm 土层分别高出 1.87％、2.65％和 1.48％。一般来说，MWD、GMD 和 $R_{0.25}$ 越大，FD 越小，土壤团聚体越稳定。从不同烟稻复种区来看，郴州和衡阳的土壤稳定性指数较为接近，而长沙的 MWD、GMD 和 $R_{0.25}$ 相对较低，FD 相对较高，表明郴州和衡阳烟稻轮作区的土壤团聚体稳定性较优于长沙烟稻轮作区。

表 2-6　土壤团聚体稳定性指数分析

地区	土层深度/cm	MWD/mm	GMD/mm	$R_{0.25}$	FD
郴州	0～10	1.33±0.05a	1.09±0.09a	0.93±0.02a	2.67±0.03b
	10～20	1.37±0.05a	1.18±0.13a	0.94±0.03a	2.65±0.03b
	20～30	1.25±0.23a	0.99±0.29a	0.90±0.09ab	2.67±0.05b
	30～40	0.99±0.32b	0.71±0.31b	0.84±0.09b	2.71±0.06a
	40～50	1.01±0.24b	0.73±0.22b	0.86±0.05b	2.72±0.05a
衡阳	0～10	1.34±0.09a	1.08±0.22a	0.92±0.06a	2.64±0.03b
	10～20	1.33±0.08a	1.08±0.14a	0.92±0.03a	2.65±0.04b
	20～30	1.23±0.25a	1.00±0.26ab	0.90±0.07ab	2.69±0.04ab
	30～40	1.13±0.28ab	0.90±0.31ab	0.88±0.08ab	2.70±0.06a
	40～50	1.00±0.33b	0.77±0.35b	0.85±0.09b	2.71±0.06a
长沙	0～10	1.15±0.19a	0.90±0.25a	0.89±0.06a	2.71±0.04b
	10～20	1.15±0.19a	0.91±0.22a	0.90±0.05a	2.71±0.04b
	20～30	0.86±0.27b	0.60±0.31b	0.78±0.11b	2.75±0.04a
	30～40	0.73±0.31b	0.50±0.35b	0.74±0.14b	2.75±0.04a
	40～50	0.72±0.36b	0.50±0.34b	0.72±0.18b	2.75±0.03a
平均	0～10	1.27±0.10a	1.03±0.11ab	0.91±0.02a	2.67±0.04b
	10～20	1.28±0.12a	1.06±0.14a	0.92±0.02a	2.67±0.05b
	20～30	1.11±0.22ab	0.86±0.23abc	0.86±0.07a	2.70±0.05a
	30～40	0.95±0.20b	0.70±0.20bc	0.82±0.07a	2.72±0.06a
	40～50	0.88±0.15b	0.66±0.15c	0.81±0.08a	2.73±0.05a

（三）土壤养分特征

湖南植烟土壤速效养分含量适宜区间分别为：110～180mg/kg（碱解氮）、10～20mg/kg（有效磷）和 160～240mg/kg（速效钾）。

由图 2-2 可知，土壤碱解氮含量总体上均呈现出随土层深度的增加而下降的趋势。从不同土层看，郴州、衡阳和长沙均以 0～20cm 土层碱解氮含量较高，以 20～50cm 土层较低；且 20～30cm 土层较 10～20cm 土层下降幅度最大；郴州、衡阳和长沙烟区 10～20cm 土层碱解氮含量比 20～30cm 土层分别高出 54.74%（$p<0.05$）、42.77%（$p<0.01$）和 67.09%（$p<0.01$）。从不同地区看，0～20cm 土层碱解氮含量在不同地区间呈显著差异，以郴州和衡阳较高、长沙较低；20～50cm 土层碱解氮含量在各地区间无显著差异。从图 2-2d 可知，0～50cm 土层碱解氮含量变幅为 216.26～26.79mg/kg，不同土层碱解氮含量呈离散分布，10～20cm 土层碱解氮含量比 20～30cm 土层高出 53.09%，且达显著差异（$p<0.01$）。

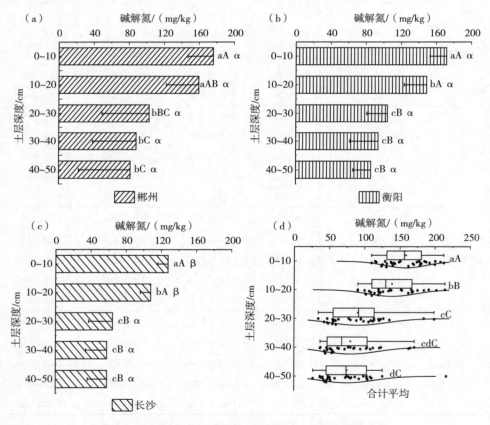

图 2-2　湖南烟稻复种区土壤碱解氮含量垂直分布特征

注：图中不同大、小写字母表示相同地区不同土层间在 0.01 和 0.05 水平差异显著，不同希腊字母表示不同地区相同土层间在 0.01 水平呈显著差异，下同。

　　由图 2-3 可知，湖南烟稻复种区土壤有效磷含量总体上呈现出随土层深度增加而下降的趋势。从不同土层看，郴州、衡阳和长沙均以 0～20cm 土层有效磷含量较高，20～50cm 土层较低；且 20～30cm 土层较 10～20cm 土层下降幅度最大；郴州、衡阳和长沙烟区 10～20cm 土层有效磷含量比 20～30cm 土层分别高出 199.32%（$p<0.05$）、162.40%（$p<0.01$）和 92.31%（$p<0.01$）。从不同地区看，0～20cm 土层有效磷含量在不同地区间呈显著差异，以郴州和长沙较高，衡阳较低；20～30cm 土层有效磷含量以长沙较高，郴州和衡阳较低；30～40cm 土层有效磷含量在各地区间无显著差异；40～50cm 土层有效磷以衡阳较高，郴州和长沙较低。从图 2-3d 可知，0～50cm 土层有效磷含量变幅为 95.44～4.59mg/kg，0～30cm 土层有效磷含量呈离散分布，30～50cm 土层有效磷含量呈集中分布，10～20cm 土层有效磷含量比 20～30cm 土层高出 142.31%，达显著差异（$p<0.01$）。

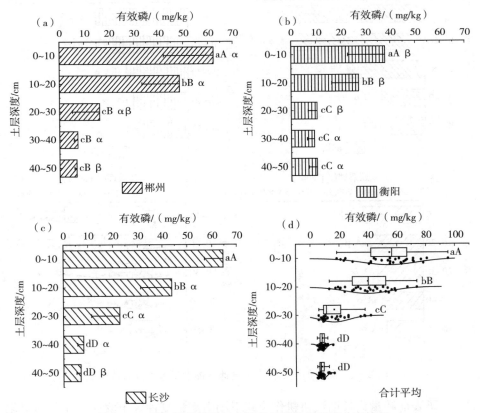

图 2-3　湖南烟稻复种区土壤有效磷含量垂直分布特征

由图 2-4 可知，湖南烟稻复种区土壤速效钾含量总体上呈现出随土层深度的增加而下降的趋势。从不同土层看，郴州烟区以 0～20cm 土层速效钾含量较高，以 20～50cm 土层较低；10～20cm 土层速效钾含量比 20～30cm 土层高出 65.49%，呈显著差异（$p<0.01$）；衡阳烟区不同土层速效钾含量呈显著差异，以 0～20cm 土层较高，20～50cm 土层较低；长沙烟区速效钾含量呈现出随土层深度的增加而下降的趋势，但差异不显著。从不同地区看，0～20cm 土层速效钾含量在不同地区间呈显著差异，以郴州最高，衡阳次之，长沙较低；20～50cm 土层速效钾含量在不同地区无显著差异。从图 2-4d 可知，0～50cm 土层速效钾含量变幅为 486.67～42.00mg/kg，0～30cm 土层速效钾含量呈离散分布，30～50cm 土层速效钾含量呈集中分布，10～20cm 土层速效钾含量比 20～30cm 土层高出 43.00%，达显著差异（$p<0.01$）。

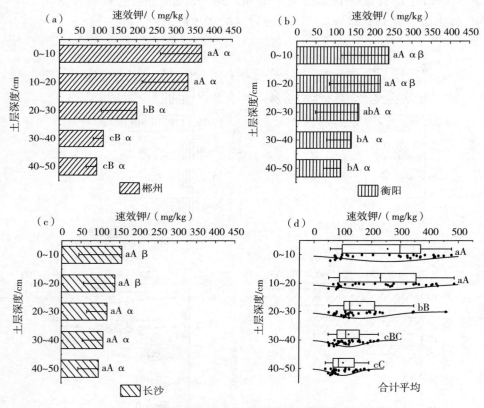

图 2-4　湖南烟稻复种区土壤速效钾含量垂直分布特征

为了表征和量化长期浅耕耕作模式下湖南烟稻复种区土壤速效养分的层化特征和表聚程度，分别计算了 3 个地区土壤碱解氮、有效磷和速效钾含量的层化比率。由表 2-7 可知，碱解氮含量层化比率介于 1.16～2.55，在各地区间差异不显著；SR_1 的均值接近 1，表明 10～20cm 土层层化和表聚化不明显，但 SR_2、SR_3 和 SR_4 的均值大于 2，说明土壤碱解氮含量具有明显的表聚化和层化特征。有效磷含量层化比率介于 $1.45\sim7.75$，SR_3 和 SR_4 的均值大于 7，不同地区间以郴州和长沙的较高，衡阳较低；SR_2 的均值是 SR_1 的 3.06 倍，说明土壤有效磷含量从 $20\sim30cm$ 土层开始出现明显的层化性和表聚性，且在 3 种速效养分中表现最为突出。速效钾含量层化比率介于 $1.20\sim2.83$，SR_3 和 SR_4 的均值大于 2，说明土壤速效钾含量具有明显的表聚化和层化特征；且不同地区间呈显著差异，以郴州最高，衡阳次之，长沙最低。

表 2 - 7　土壤速效养分含量层化比率

速效养分	SR	郴州	衡阳	长沙	均值
碱解氮/ (mg/kg)	SR_1	1.13±0.15a	1.18±0.20a	1.18±0.09a	1.16±0.15
	SR_2	2.05±0.87a	1.72±0.39a	2.23±0.75a	2.00±0.71
	SR_3	2.50±1.21a	1.98±0.54a	2.41±0.64a	2.30±0.85
	SR_4	3.15±1.96a	2.13±0.65a	2.38±0.62a	2.55±1.28
有效磷/ (mg/kg)	SR_1	1.30±0.33a	1.46±0.61a	1.57±0.42a	1.45±0.47
	SR_2	5.31±3.58a	4.25±2.59a	3.71±2.05a	4.43±2.80
	SR_3	9.11±4.31a	4.73±2.88 b	8.50±2.41a	7.45±3.75
	SR_4	9.17±2.91a	4.41±3.04 b	9.66±2.18a	7.75±3.58
速效钾/ (mg/kg)	SR_1	1.17±0.32a	1.15±0.32a	1.28±1.00a	1.20±0.62
	SR_2	2.03±0.82a	1.59±0.63a	1.37±0.79a	1.66±0.78
	SR_3	3.29±1.14a	2.28±1.61ab	1.67±1.29 b	2.41±1.48
	SR_4	3.96±1.52a	2.62±1.83ab	1.90±1.48b	2.83±1.78

湖南植烟土壤中量元素含量适宜区间分别为：$6.00\sim10.00cmol/kg$（交换性钙）、$1.00\sim1.50cmol/kg$（交换性镁）和 $10.00\sim20.00mg/kg$（有效硫）。

对郴州、衡阳和长沙 3 个烟区土壤中量元素含量的垂直分布进行比较，结果见图 2-5。湖南烟稻复种区交换性钙含量中，$0\sim50cm$ 土层以郴州最高，$0\sim30cm$ 土层以长沙最低，$30\sim50cm$ 土层以衡阳最低。$30\sim40cm$ 和 $40\sim50cm$ 土层交换性钙含量 3 个烟区之间无显著差异，而在 $0\sim10cm$ 土层郴州较衡阳和长沙分别高 188.81% 和 267.24%（$p<0.01$），$10\sim20cm$ 土层郴州较衡阳和长沙分别高 173.91% 和 250.00%（$p<0.01$），$20\sim30cm$ 土层郴州较衡阳和长沙分别高 154.18% 和 319.11%（$p<0.01$）。

湖南烟稻复种区土壤交换性镁含量在 $0\sim50cm$ 土层均以郴州最高，长沙最低。$0\sim10cm$ 土层交换性镁含量郴州较长沙高 57.89%（$p<0.05$），$10\sim20cm$ 土层郴州较长沙高 81.25%（$p<0.05$），$20\sim30cm$ 土层郴州和衡阳较长

沙分别高 85.71％ 和 71.43％（$p < 0.05$），30～40cm 土层郴州较长沙高 78.57％（$p < 0.05$），40～50cm 土层郴州较长沙高 60.00％（$p < 0.05$）。

湖南烟稻复种区土壤有效硫含量在 0～10cm 土层以郴州最高，长沙最低；10～20cm 土层以长沙最高，郴州最低；20～40cm 土层以衡阳最高，长沙最低；40～50cm 土层以长沙最高，衡阳最低。0～50cm 土层有效硫含量 3 个烟区之间无显著差异，总体上均呈现出随土层深度的增加而下降的趋势。

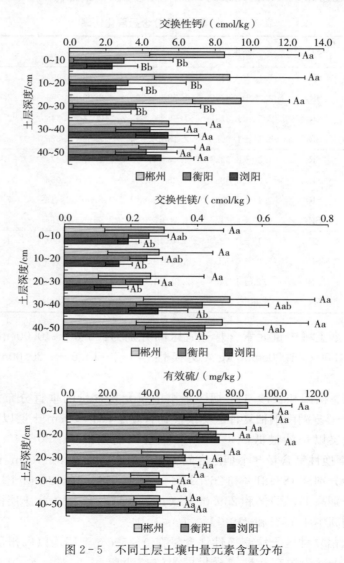

图 2-5　不同土层土壤中量元素含量分布

湖南植烟土壤微量元素含量适宜区间分别为：0.30～0.60mg/kg（有效

硼）和 0.10~0.15mg/kg（有效钼）。

　　由图 2-6 可见，不同土层的土壤有效硼含量为 0.18~0.35mg/kg，随土层的加深而减少；有效钼含量为 0.16~0.33mg/kg，并随土层的加深而减少。有效硼含量最高的为 0~10cm 的土层，达到了 0.35mg/kg，极显著高于 20~30cm、30~40cm 和 40~50cm 土层的有效硼含量，与 10~20cm 土层的有效硼含量无显著差异。从土壤有效钼含量来看，0~10cm 土层的有效钼含量最高，为 0.33mg/kg。40~50cm 土层的有效钼含量最低（0.16mg/kg），极显著低于 0~10cm、10~20cm 和 20~30cm 土层的有效钼含量，与 30~40cm 土层的有效钼含量无显著差异。

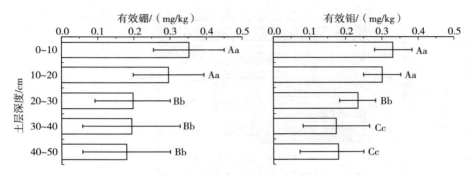

图 2-6　不同土层土壤有效硼与有效钼含量分布

　　由图 2-7 可知，三个烟区土壤有效硼含量在 0~20cm 土层以郴州烟区最高，长沙烟区最低；在 20~50cm 土层的土壤有效硼含量以衡阳烟区最高，长沙烟区最低。0~10cm 和 20~30cm 土层的土壤有效硼含量三个烟区之间无显著差异，而在 10~20cm 土层郴州烟区土壤有效硼含量较长沙烟区高 39.29%（$p<0.05$），30~40cm 土层衡阳烟区土壤有效硼含量较长沙烟区高 139.03%（$p<0.05$），40~50cm 土层衡阳烟区土壤有效硼含量较长沙烟区高 164.52%（$p<0.01$）。

　　湖南烟稻复种区土壤有效钼含量在 0~20cm 土层以郴州烟区最高，长沙烟区最低；在 20~50cm 土层的土壤有效钼含量以衡阳烟区最高，长沙烟区最低。0~10cm 土层的土壤有效钼含量三个烟区之间均存在显著差异，表现为郴州＞衡阳＞长沙（$p<0.05$），郴州烟区土壤有效钼含量较衡阳和长沙烟区分别高 10.18%（$p<0.05$）和 32.39%（$p<0.01$）；10~20cm 土层郴州和衡阳烟区土壤有效钼含量较长沙烟区分别高 34.94% 和 22.17%（$p<0.01$），20~30cm 土层郴州和衡阳烟区土壤有效钼含量较长沙烟区分别高 32.24% 和 32.96%（$p<0.01$），30~40cm 土层郴州和衡阳烟区土壤有效钼含量较长沙烟区分别高 98.07% 和 149.07%（$p<0.01$），40~50cm 土层郴州和衡阳烟区土壤有效钼含量较长沙烟区分别高 108.97% 和 159.53%（$p<0.01$）。

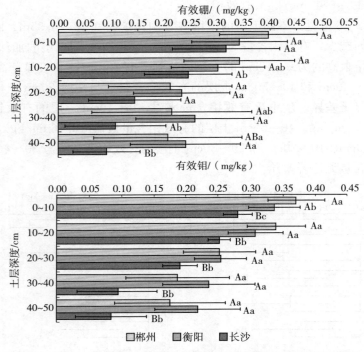

图 2-7　不同土层土壤有效硼与有效钼含量的分区比较

如图 2-8 所示，0～50cm 土层有效铜含量为 0.47～11.01mg/kg，0～10cm 与 10～20cm 土层有效铜含量无显著差异，且其均极显著高于 20～30cm、30～40cm 和 40～50cm 土层（$p<0.01$）。0～30cm 土层有效铜含量均值呈"极丰富"，30～50cm 土层有效铜含量均值呈"丰富"。在 150 个土壤样品中，只有 1.33％的样品有效铜含量为"低"。

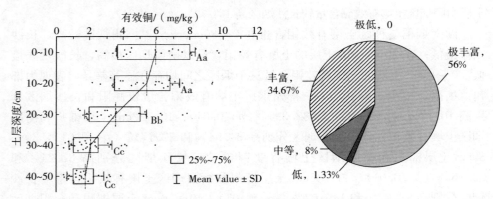

图 2-8　不同土层土壤有效铜含量垂直分布特征及丰缺状况

注：数据后标有不同的大小写字母表示处理间差异有统计学意义（$p<0.01$ 和 $p<0.05$）。下同。

如图 2-9 所示，0～50cm 土层有效锌含量为 0.29～5.41mg/kg，0～10cm 土层有效锌含量极显著高于 10～20cm 土层（$p < 0.01$），且两者均极显著高于 20～50cm 土层（$p < 0.01$）。0～20cm 土层有效锌含量"丰富"，20～30cm 土层有效锌含量"中等"，30～50cm 土层有效锌含量"低"。在 150 个土壤样品中，有 34% 的样品有效锌含量为"低"，9.33% 的样品为"极低"。

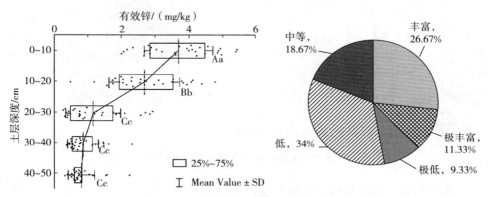

图 2-9 不同土层土壤有效锌含量垂直分布特征及丰缺状况

如图 2-10 所示，0～50cm 土层有效铁含量为 0.21～66.06mg/kg，0～20cm 土层有效铁含量极显著高于 20～50cm 土层（$p < 0.01$），20～30cm 土层有效铁含量与 30～50cm 土层无显著差异。0～30cm 土层有效铁含量"丰富"，30～50cm 土层有效铁含量"中等"。在 150 个土壤样品中，有 10% 的样品有效铁含量为"低"，20.67% 的样品为"极低"。

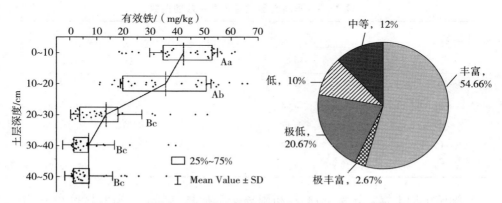

图 2-10 不同土层土壤有效铁含量垂直分布特征及丰缺状况

如图 2-11 所示，0～50cm 土层有效锰含量为 1.56～49.03mg/kg，0～10cm 土层有效锰含量极显著高于 20～50cm 土层（$p < 0.01$），10～20cm 土层

有效锰含量与 20～50cm 土层无显著差异。0～50cm 土层有效锰含量均为"中等"。在 150 个土壤样品中，有 24％的样品有效锰含量为"低"，19.33％的样品为"极低"。

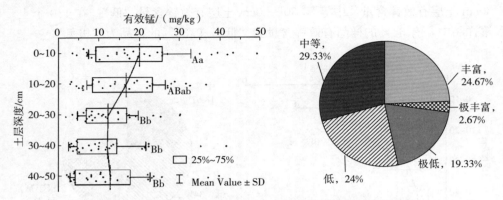

图 2-11　不同土层土壤有效锰含量垂直分布特征及丰缺状况

采用单项有效性指数（E_i）和综合有效性指数（E_t）评价各土层微量元素的有效性，如表 2-8 所示。由该表可知，土壤有效铜和有效锌的单项有效性指数（E_i）均随着土层加深而变小，而有效铁和有效锰在 40～50cm 土层其 E_i 指数略高于 30～40cm 土层。从综合有效性指数（E_t）来看，0～10cm 土层 E_t 指数最高，且呈现逐层递减的趋势；E_t 指数在 10～20cm 与 20～30cm 之间变化幅度最大，10～20cm 较 20～30cm 土层综合有效性指数（E_t）提高了 74.24％。

表 2-8　不同土层微量元素有效性指数

土层深度/	E_i				E_t
cm	Cu	Zn	Fe	Mn	
0～10	11.94	3.68	9.38	1.99	7.87
10～20	10.88	2.68	7.90	1.66	6.90
20～30	7.15	1.17	2.95	1.21	3.96
30～40	4.17	0.87	1.49	1.19	2.33
40～50	3.55	0.82	1.50	1.26	2.07

湖南植烟土壤电导率（EC）和阳离子交换量（CEC）适宜区间分别为：0～2mS/cm 和 10.5～15.4cmol/kg。

由图 2-12 可知，湖南稻作烟区土壤电导率为 0.10～0.17mS/cm，均值为 0.15mS/cm，随土层深度的增加而下降；土壤阳离子交换量为 10.55～

14.35cmol/kg，均值为 13.08cmol/kg，随土层深度的增加先下降再上升。

土壤电导率最高的土层是 0～20cm，为 0.17mS/cm，极显著高于 30～50cm 土层，显著高于 20～30cm 土层。从土壤阳离子交换量来看，最高的是 30～50cm 土层，为 14.35cmol/kg，20～30cm 土层最低，极显著低于 0～20cm 和 30～50cm 土层。对照表 2-3 可知，湖南典型烟稻复种区土壤在 0～50cm 土层均未出现盐渍化现象，对作物的影响可忽略不计。对照表 2-7 可知，湖南烟稻复种区土壤在 0～50cm 土层保肥性中等，但 20～30cm 土层保肥性显著低于其他土层。

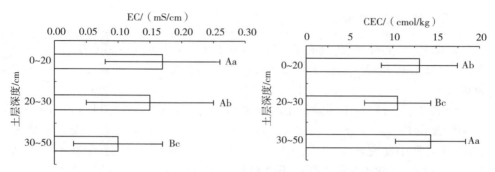

图 2-12　不同土层土壤电导率和阳离子交换量含量分布

对长沙、衡阳、郴州三个烟区土壤电导率和阳离子交换量的垂直分布进行比较。由图 2-13 可知，不同地区不同土层的土壤电导率有所差异。0～20cm 土层中，土壤电导率以郴州最高，长沙最低，郴州较长沙高 37.98%（$p<$0.01）；20～30cm 土层电导率以衡阳最高，长沙最低，三个烟区之间无显著差异；30～50cm 土层电导率以郴州最高，长沙最低，郴州较长沙高 49.98%（$p<0.01$）。三个地区盐渍化等级均为非盐渍化。

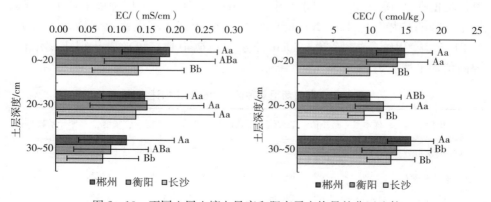

图 2-13　不同土层土壤电导率和阳离子交换量的分区比较

三个烟区 0～20cm 土层阳离子交换量以郴州最高，长沙最低，郴州较长沙高 47.80％（$p<0.01$）；20～30cm 土层阳离子交换量以衡阳最高，长沙最低，衡阳较郴州和长沙分别高 18.69％（$p<0.05$）和 28.81％（$p<0.01$）；30～50cm 土层阳离子交换量以郴州最高，长沙最低，郴州较衡阳和长沙分别高 14.19％和 21.04％（$p<0.01$）。长沙烟区 0～30cm 土层保肥性较弱，30～50cm 土层保肥性中等，衡阳烟区 0～50cm 土层保肥性中等，郴州烟区 0～20cm 土层保肥性中等，20～30cm 土层保肥性较弱，30～50cm 土层保肥性较强。

（四）土壤碳氮比特征

湖南烟稻复种区土壤有机碳、总氮和 C/N 的适宜区间为：14.50～20.30g/kg（有机碳）、1.00～2.00mg/kg（总氮）和 10.15～14.50（碳氮比）。

由表 2-9 可知，土壤碳氮比均值为 9.66，变幅在 3.69～14.06 之间，偏度和峰度的值在 -1.00～1.00 之间，分布形态接近正态分布，变异系数为 22.40％，属中度变异。从图 2-14 可以看出，有机碳和全氮含量在不同土层呈显著差异，且随土层的加深呈下降趋势。郴州、衡阳和长沙烟稻轮作区 0～10cm 土层的有机碳含量分别比 40～50cm 土层高出 134.64％、93.69％ 和 205.44％，均达显著差异（$p<0.01$）；郴州、衡阳和长沙烟稻轮作区 0～10cm 土层的全氮含量分别比 40～50cm 土层高出 77.69％、52.31％ 和 149.18％，均达显著差异（$p<0.01$）。碳氮比在不同土层呈显著差异（图 2-14c），且随着土层的加深，郴州和衡阳烟稻轮作区碳氮比呈逐渐下降的趋势；长沙烟稻轮作区以 0～10cm 土层碳氮比最高，以 20～30cm 土层最低，两者相差 1.55 倍，达显著差异（$p<0.01$）。湖南烟稻复种区不同土层碳氮比均值在 8.48～11.39 之间（图 2-14d），总体上随土层深度的增加，碳氮比呈下降的趋势。以 10～20cm 到 20～30cm 土层土壤碳氮比下降幅度最大，为 21.52％；因此，提高 20～30cm 土层土壤碳氮比，可改善土层土壤结构，提高植烟土壤肥力。

表 2-9　湖南烟稻复种区土壤碳氮比描述统计

指标	样本量	最小值	最大值	平均值	标准差	偏度	峰度	变异系数/％
TN/（g/kg）	450	0.28	2.93	1.42	0.57	0.12	-0.40	40.26
SOC/（g/kg）	450	2.30	37.41	14.97	8.83	0.62	-0.43	58.98
C/N	450	3.69	14.06	9.66	2.16	0.03	-0.56	22.40

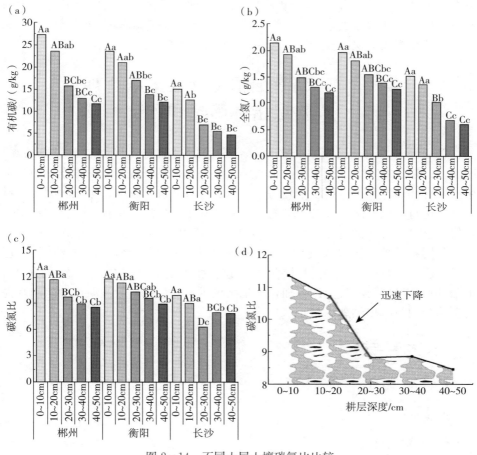

图 2－14　不同土层土壤碳氮比比较

三、小结

（1）湖南烟稻复种区土壤耕层深度变幅为 8.2～16.4 cm，均值为 12.6 cm。

（2）随土层深度的增加，土壤含水率变小，容重和紧实度变大，孔隙度变小，MWD、GMD 和 $R_{0.25}$ 呈下降趋势，FD 呈上升趋势，以 >1 mm 粒级土壤团聚体为主，含量为 64.47%。

（3）碱解氮、有效磷和速效钾均表现出显著的层化性和表聚性，以有效磷表现最为突出；碳氮比均值为 9.66，变幅在 3.69～14.06 之间；交换性钙和交换性镁在 30～50 cm 土层含量较低；有效硫、有效硼和有效钼含量随土层加深逐层递减，在 20～30 cm 土层下降幅度最大；有效态 Cu、Zn、Fe 和 Mn 含量在 0～20cm 土层丰富，其微量元素综合有效性指数较高，而 20～30cm 土层有效态微量元素含量大幅降低，综合有效性指数骤降；土壤盐分含量适宜，未出现盐渍化现象，保肥性中等，20～30cm 土层保肥性最差。

第二节　湖南烟稻复种区土壤合理耕层指标筛选和评价

耕层是人类通过长期耕作形成，合理的耕层结构能够协调土壤中的水、肥、气、热关系，保证土壤中的水、肥、气、热等良好流通，保障作物的正常生长发育和高产稳产。科学合理对土壤耕层进行评价可以对耕地土壤肥力、耕层现状进行全面了解，以及对作物高产稳产栽培提供理论指导。但目前烟田合理耕层还没有统一的标准，为此，本项目拟通过挖掘植烟土壤普查大样本数据，利用各类统计模型（相关分析、回归分析、主成分分析等）对土壤耕层理化指标进行定量分析，探讨耕层深度与土壤理化指标之间的关系，旨在为湖南烟稻复种区耕层土壤质量调控和合理施肥提供重要依据，为优质烟叶生产及提高资源利用效率提供理论与技术支撑。

一、材料与方法

（一）土壤样品

同本章第一节。

（二）数据分析

采用 IBM Statistics SPSS 24.0 统计软件进行相关分析、回归分析和主成分分析。

二、结果与分析

（一）土壤合理耕层指标筛选

对不同土层的土壤理化指标进行主成分分析，提取主成分 PC1 和 PC2，其累积贡献率达到了 92.61%，可解释绝大多数变量。由图 2-15 可知，D1 与 D2 处理的散点大多数聚集在一起，而 D3、D4 和 D5 处理的散点大多数聚集在一起，两者之间存在一定的差异，说明 0～20cm 土层和 30～50cm 土层的理化指标之间存在显著差异。

通过调查烟稻复种区烟叶产量并将其与耕层土壤理化指标进行回归分析，

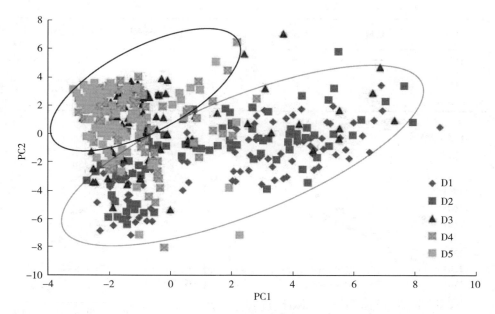

图 2-15　不同土层土壤理化指标的主成分分析

注：D1 为 0～10cm 土层，D2 为 10～20cm 土层，D3 为 20～30cm 土层，D4 为 30～40cm 土层，D5 为 40～50cm 土层。

结果见表 2-10。回归方程表示为：烟叶产量＝32.57＋2.87×耕层深度－1.39×土壤容重＋0.13×土壤孔隙度－1.83×pH＋0.40×有机质＋9.18×碱解氮－2.48×有效磷＋0.29×速效钾＋1.13×碳氮比。为进一步研究产量与土壤理化指标之间的关系，对产量与土壤耕层深度、容重、孔隙度和碳氮比进行了分析（图 2-16），产量与土壤耕层深度、孔隙度和碳氮比呈线性正相关，与容重呈曲线负相关。

表 2-10　产量与土壤理化指标的回归分析

指标	估值	标准误差	t	$Pr\ (>|t|)$	显著性
截距	32.57	7.44	4.38	0.000 000	***
耕层深度	2.87	1.15	2.49	0.020 028	*
土壤容重	－1.39	0.51	2.72	0.006 834	**
土壤孔隙度	0.13	0.05	2.72	0.006 756	**
pH	－1.83	0.69	－2.65	0.008 466	**
有机质	0.40	0.19	－2.14	0.033 258	*
碱解氮	9.18	3.82	2.40	0.016 646	*

（续）

指标	估值	标准误差	t	$Pr (>|t|)$	显著性
有效磷	−2.48	1.52	−1.63	0.010 461	*
速效钾	0.29	0.08	3.89	0.001 160	**
碳氮比	1.13	0.55	2.06	0.040 304	*

注：Multiple R-squared：0.734 3，p-value：$< 2.2e^{-16}$；*、**和***分别表示在 0.05、0.01、0.001 水平差异显著。

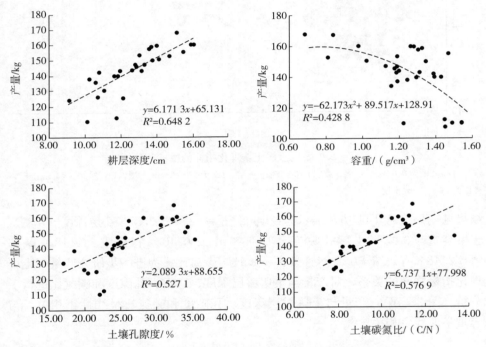

图 2-16　产量与土壤耕层深度、容重、孔隙度和碳氮比的关系

（二）土壤合理耕层指标评价

为明确土壤速效养分与耕层深度之间的关系，选取耕层深度与所对应土层速效养分的均值进行线性回归分析，结果见图 2-17。碱解氮与耕层深度没有显著的相关性，有效磷和速效钾与耕层深度的线性关系式分别为 $y_P = 97.04 - 4.42x$（$p<0.05$）和 $y_K = 977.12 - 58.80x$（$p<0.01$），说明土壤有效磷和速效钾随耕层深度的增加呈显著下降的趋势。

由表 2-11 可知，湖南烟稻复种区土壤碱解氮、有效磷和速效钾含量在

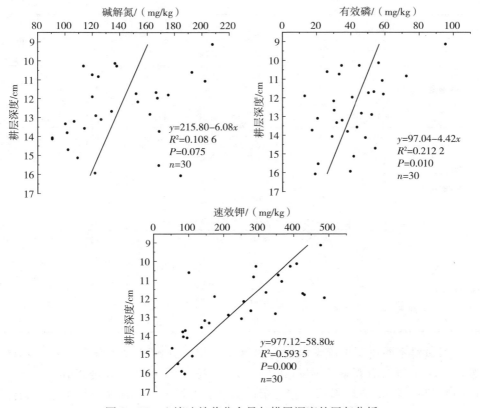

图 2-17 土壤速效养分含量与耕层深度的回归分析

0～20cm 土层处于适宜以上水平，有效磷含量较为丰富。碱解氮含量在 20～30cm、30～40cm 和 40～50cm 土层分别有 66.67%、80.00% 和 90.00% 的样本处于缺乏或极缺乏水平，有效磷含量在 30～40cm 和 40～50cm 土层分别有 76.66% 和 86.66% 的样本处于缺乏或极缺乏水平，速效钾含量在 30～40cm 和 40～50cm 土层分别有 76.67% 和 86.67% 的样本处于缺乏或极缺乏水平。综上，说明湖南烟稻复种区表层土壤速效养分符合烟草生长的基本要求，但30～50cm 土层土壤速效养分亏缺严重。

表 2-11 土壤速效养分不同级别频率分布及评价

指标	土层深度/cm	土壤速效养分分布频率/%					总体评价
		1级	2级	3级	4级	5级	
碱解氮/(mg/kg)	0～10	0.00	26.67	70.00	3.33	0.00	适宜
	10～20	0.00	13.33	63.33	23.33	0.00	适宜

（续）

指标	土层深度/cm	土壤速效养分分布频率/%					总体评价
		1级	2级	3级	4级	5级	
碱解氮/(mg/kg)	20~30	0.00	6.67	26.67	30.00	36.67	缺乏
	30~40	0.00	0.00	20.00	36.67	43.33	缺乏
	40~50	0.00	3.33	6.67	43.33	46.67	缺乏
有效钾/(mg/kg)	0~10	83.33	0.00	16.67	0.00	0.00	很丰富
	10~20	50.00	20.00	30.00	0.00	0.00	丰富
	20~30	3.33	10.00	46.67	40.00	0.00	适宜
	30~40	0.00	0.00	23.33	73.33	3.33	缺乏
	40~50	0.00	0.00	13.33	83.33	3.33	缺乏
有效磷/(mg/kg)	0~10	33.33	23.33	6.67	20.00	16.67	丰富
	10~20	26.67	23.33	6.67	33.33	10.00	适宜
	20~30	3.33	6.67	26.67	50.00	13.33	适宜
	30~40	0.00	0.00	23.33	56.67	20.00	缺乏
	40~50	0.00	0.00	13.33	40.00	46.67	缺乏

通过对不同耕层土壤碳氮比与团聚体的相关分析可知（表 2-12），不同耕层土壤全氮、有机碳和碳氮比与＞1mm 粒级团聚体呈显著正相关（$p<0.01$），与＜0.053mm 粒级土壤团聚体不呈显著相关，与其他粒级土壤团聚体呈显著负相关（$p<0.01$）。0~10cm 耕层土壤全氮、有机碳和碳氮比与 MWD 呈显著正相关（$p<0.05$），与 FD 呈显著负相关（$p<0.01$）；10~20cm 耕层土壤全氮、有机碳和碳氮比与 MWD 呈显著正相关（$p<0.01$），与 GMD 呈显著正相关（$p<0.05$），与 FD 呈显著负相关（$p<0.01$）；20~30cm、30~40cm 和 40~50cm 耕层土壤全氮、有机碳和碳氮比与 MWD、GWD 和 $R_{0.25}$ 呈显著正相关（$p<0.01$），与 FD 呈显著负相关（$p<0.01$）。不同耕层土壤碳氮比与土壤稳定性指数的相关系数表现出相似的规律，随着耕层的加深，相关系数呈先升高后下降的趋势，都在 20~30cm 耕层相关系数达到最高；按照相关程度大小排序依次为 $FD>MWD>GWD>R_{0.25}$，说明碳氮比与 FD 相关程度最高。

对湖南烟稻复种区 450 个土壤样品的碳氮比与土壤团聚体稳定性指数进行线性回归分析可知（图 2-18），土壤碳氮比与 MWD、GWD 和 $R_{0.25}$ 的回归方程分别为 $y=0.16+0.01x$、$y=-0.07+0.01x$ 和 $y=0.59+0.03x$，均呈显著正相关关系（$p<0.01$）；土壤碳氮比与分形维数 FD 的回归方程为 $y=2.89-0.02x$（$R^2=0.57$），呈显著负相关关系（$p<0.01$）。说明土壤碳氮比与土壤团聚体具有紧密联系，土壤中的碳氮比越高，土壤团聚体的稳定性越好。

表 2-12 不同耕层土壤碳氮比与团聚体的相关分析

土层深度/cm	指标	土壤团聚体粒级/mm					土壤团聚体稳定性指数			
		>1	0.5~1.0	0.25~0.50	0.053~0.250	<0.053	MWD	GMD	$R_{0.25}$	FD
0~10	TN	0.496**	-0.527**	-0.564**	-0.562**	0.121	0.460*	0.316	0.248	-0.517**
	SOC	0.478**	-0.511**	-0.546**	-0.544**	0.125	0.442*	0.300	0.234	-0.494**
	C/N	0.483**	-0.517**	-0.550**	-0.553**	0.127	0.447*	0.307	0.238	-0.496**
10~20	TN	0.524**	-0.507**	-0.592**	-0.611**	0.276	0.502*	0.382*	0.285	-0.630**
	SOC	0.517**	-0.499**	-0.587**	-0.607**	0.282	0.495*	0.373*	0.279	-0.621**
	C/N	0.538**	-0.504**	-0.609**	-0.643**	0.255	0.521**	0.408*	0.323	-0.641**
20~30	TN	0.719**	-0.628**	-0.676**	-0.725**	-0.285	0.697**	0.626**	0.578**	-0.831**
	SOC	0.716**	-0.621**	-0.688**	-0.717**	-0.278	0.695**	0.622**	0.570**	-0.826**
	C/N	0.811**	-0.652**	-0.819**	-0.808**	-0.356	0.798**	0.723**	0.667**	-0.866**
30~40	TN	0.792**	-0.709**	-0.806**	-0.736**	-0.328	0.764**	0.668**	0.588**	-0.850**
	SOC	0.737**	-0.696**	-0.752**	-0.683**	-0.240	0.700**	0.596**	0.507**	-0.837**
	C/N	0.651**	-0.591**	-0.663**	-0.601**	-0.258	0.625**	0.547**	0.474**	-0.775**
40~50	TN	0.728**	-0.499**	-0.674**	-0.654**	-0.272	0.712**	0.633**	0.536**	-0.809**
	SOC	0.675**	-0.514**	-0.620**	-0.591**	-0.182	0.646**	0.559**	0.449*	-0.802**
	C/N	0.652**	-0.530**	-0.555**	-0.560**	-0.187	0.618**	0.565**	0.433*	-0.812**

注: * 和** 分别表示在 0.05 和 0.01 水平显著相关。

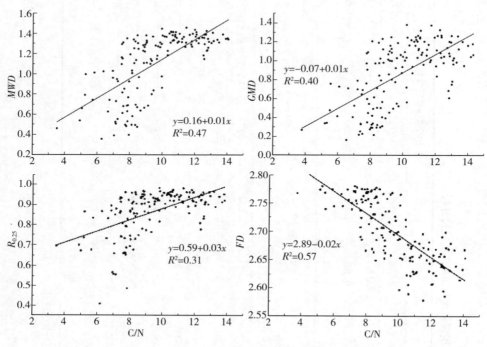

图 2 - 18　土壤碳氮比与团聚体稳定性指数的线性回归分析

由表 2 - 13 可知，湖南烟稻复种区土壤耕层深度较浅，需加深耕层；土壤理化指标在 0～20cm 土层处于适宜和偏高水平，20～30cm 土层有机质、碱解氮和碳氮比处于偏低水平，30～50cm 土层除容重和 pH 外，其他指标均处于偏低水平。综上说明，湖南稻作烟区土壤耕层深度较浅，物理结构差，土壤养分失衡。

表 2 - 13　湖南烟稻复种区土壤耕层合理指标评价

指标	适宜范围	0～10cm		10～20cm		20～30cm		30～40cm		40～50cm	
		均值	评价	均值	评价	均值	评价	均值	评价	均值	评价
容重/（g/cm³）	1.1～1.3	1.07	适宜	1.19	适宜	1.33	偏高	1.34	偏高	1.36	偏高
孔隙度/%	47.3～56.9	57.56	偏高	53.54	适宜	47.48	适宜	47.64	适宜	46.96	偏低
pH	5.5～7.0	7.12	偏高	7.32	偏高	7.67	偏高	7.64	偏高	7.62	偏高
有机质/（g/kg）	25～35	38.09	偏高	32.78	适宜	22.84	偏低	18.70	偏低	16.59	偏低
碱解氮/（mg/kg）	110～180	158.48	适宜	138.96	适宜	90.77	偏低	80.20	偏低	75.25	偏低
有效磷/（mg/kg）	10～20	54.90	偏高	39.86	偏高	16.45	适宜	8.26	偏低	8.05	偏低

（续）

指标	适宜范围	0～10cm		10～20cm		20～30cm		30～40cm		40～50cm	
		均值	评价	均值	评价	均值	评价	均值	评价	均值	评价
速效钾/（mg/kg）	160～240	255.29	偏高	230.37	适宜	161.10	适宜	122.30	偏低	103.82	偏低
碳氮比	10.15～14.50	11.75	适宜	11.18	适宜	9.81	偏低	9.60	偏低	9.34	偏低
耕层深度/cm	水田约20cm 旱地>25cm	8.2～16.4cm，均值12.60cm，耕层较浅									

注：土壤理化指标参照《湖南省植烟土壤养分分级标准》；耕层深度参照《高标准农田建设通则》（GB/T 30600—2014）。

三、小结

（1）烟叶产量＝32.57＋2.87×耕层深度－1.39×土壤容重＋0.13×土壤孔隙度－1.83×pH＋0.40×有机质＋9.18×碱解氮－2.48×有效磷＋0.29×速效钾＋1.13×碳氮比。

（2）土壤有效磷和速效钾与耕层深度呈显著相关；土壤速效养分含量在0～20cm土层处于适宜以上水平，在30～50cm土层亏缺严重。

（3）不同耕层土壤全氮、有机碳和碳氮比与>1mm粒级团聚体呈显著正相关；与<0.053mm粒级土壤团聚体不呈显著相关，与其他粒级土壤团聚体呈显著负相关。土壤碳氮比与MWD、GMD和$R_{0.25}$呈显著正相关关系；与分形维数FD的回归方程为$y=2.89-0.02x$（$p<0.01$）。

（4）湖南烟稻复种区土壤耕层深度较浅，物理结构较差，养分失衡。

第三章

湖南浓香型烟区土壤耕层有机质时空变化与适宜评价

第一节　湖南土壤耕层有机质时空变化特征

土壤有机质是衡量土壤肥力状况的重要指标，植烟土壤有机质含量的高低直接影响着烟草的生长发育以及产量和品质，在烟株养分的供应、土壤理化特性的改良、耕层微生物能源供应等方面发挥着重要作用。国内外学者针对植烟土壤有机质的分布特征、丰缺状况、土壤有机质与活性有机质及养分的定量关系等方面已开展了一些研究，表明土壤有机质含量受土壤母质、土地利用类型、地形地貌、气候、耕作方式等多方面因素影响，区域土壤有机质及活性组分的含量有较大的空间变化，不同地区之间甚至同一地区不同植烟地块之间有机质含量都各不相同，不同烟区土壤有机质空间异质性的影响因素也存在差异。探明典型生态烟区土壤有机质的分布特征，对于探明烟区土壤肥力状况与指导烟田精准施肥具有重要意义。

一、材料与方法

（一）土壤样品采集与指标测定

从 2014 年 12 月开始，湖南省 10 个市（州）的 43 个县（市）开展了植烟土壤养分调查工作，共采集土壤样品 4 866 个。样品采集时采用均匀网格法布置样点，采样点的定位使用差分式 GPS，以基地单元为基本操作单元，13.33～26.67hm² 连片基本烟田为最小采样区，每个基地单元采集 60～100 个 0～20cm 耕层土壤样品，在每个样点周围约 0.2hm² 范围内的地块上，用土钻采集 25 个表层土样，合并为一个混合样本，然后风干研磨，过 0.25mm 孔径筛用于样品的测定。样品经过风干、研磨和过筛处理，采用重铬酸钾滴定法（外加热法）测定土壤有机质含量，采用高锰酸钾氧化法测定土壤活性有机质含量。

（二）数据分析

为了与第一次植烟土壤普查相比较，本次仍将湖南省植烟区划分为4个植烟区，分别为湘南烟区（包括郴州市桂阳县、嘉禾县、永兴县、宜章县、苏仙区、北湖区、临武县、安仁县，永州市宁远县、新田县、江华瑶族自治县、蓝山县、道县、江永县、东安县）、湘东北烟区（包括长沙市浏阳市、宁乡市，株洲市茶陵县，常德市桃源县、临澧县）、湘中烟区（包括衡阳市衡南县、常宁市、耒阳市、祁东县、衡阳县；邵阳市隆回县、新宁县、邵阳县）、湘北烟区（包括湘西土家族苗族自治州凤凰县、龙山县、永顺县、花垣县、保靖县、古丈县、泸溪县，怀化市靖州苗族侗族自治县、芷江侗族自治县、新晃侗族自治县，张家界市桑植县、慈利县、永定区，常德市石门县）。数据统计分析、数据正态分布性检验和柯尔莫哥洛夫-斯密诺夫检验（K-S检验）通过SPSS12.0完成。土壤有机质的空间插值和图形绘制采用ArcGIS 9.3软件的地统计学模块（geostatistical analyst）。根据湖南烤烟生产实际，参照第一次植烟土壤普查植烟土壤有机质分级标准，结合主成分分析法和模糊综合评价法，确立湖南第二次植烟土壤有机质分级标准（表3-1）。

表3-1　湖南省植烟土壤有机质分级标准

项目	级别				
	极低	低	适宜	高	极高
有机质（水田）/（g/kg）	<15	15～25	25～35	35～45	45
有机质（旱地）/（g/kg）	<10	10～15	15～25	25～35	35

二、结果与分析

（一）湖南植烟土壤有机质含量的基本特征

统计分析湖南两次植烟土壤普查有机质数据，结果表明，2000—2014年，湖南植烟土壤有机质含量均值由33.99g/kg增加至36.31g/kg，属偏高水平，2000年，湖南植烟土壤有机质含量变幅为6.10～92.60g/kg，变异系数为40.51%；2014年变幅为0.90～132.30g/kg，变异系数为38%，属中等强度变异（表3-2）。经K-S检验，两个时期均符合正态分布，满足使用空间统计学克里格方法进行土壤有机质特性空间分析的前提，能够使用地统计学模块进行空间插值。

根据湖南省植烟土壤养分分级标准，水田植烟土壤有机质含量的适宜范围为 25～35g/kg，旱地植烟土壤有机质含量的适宜范围为 15～25g/kg。统计表明，2014 年湖南省烟区土壤有机质含量总体偏高，全省平均为 36.31g/kg（表 3-3），有机质平均含量在适宜范围内的土壤样点占 27.72%，偏低的样点占 8.51%，偏高的样点占 63.77%。

表 3-2　2000—2014 年植烟土壤有机质描述性统计结果

年份	样点数/个	最大值/（g/kg）	最小值/（g/kg）	平均值/（g/kg）	标准差（SD）	变异系数（CV）/%	偏度（Skewness）	峰度（Kurtosis）	K-S检验（p 值）
2000	3 294	92.60	6.10	33.99	13.77	40.51	0.82	0.45	0.00
2014	4 865	132.30	0.90	36.31	13.98	38.00	0.83	1.06	0.00

表 3-3　湖南不同植烟生态区土壤有机质分级状况

水田旱地	年份	平均值/（g/kg）	<15/（g/kg）<10/（g/kg）	15～25/（g/kg）10～15/（g/kg）	25～35/（g/kg）15～25/（g/kg）	35～45/（g/kg）25～35/（g/kg）	45/（g/kg）35/（g/kg）
湖南省	2000	33.99	3.15%	27.73%	29.50%	18.65%	20.97%
	2014	36.31	0.82%	7.69%	27.72%	33.33%	30.44%
湘南区	2000	39.57	1.26%	11.47%	19.23%	25.38%	42.66%
	2014	45.72	0.23%	5.16%	17.99%	27.97%	48.65%
湘中区	2000	30.05	5.15%	32.05%	31.72%	18.20%	12.88%
	2014	38.38	0.56%	8.94%	32.77%	32.77%	24.95%
湘东北区	2000	31.70	1.01%	11.06%	59.30%	27.39%	1.26%
	2014	31.63	1.84%	22.28%	41.71%	26.97%	7.20%
湘西区	2000	23.46	1.49%	4.34%	58.63%	31.09%	4.46%
	2014	28.89	1.11%	5.18%	30.70%	40.11%	22.90%

　　不同烟区土壤有机质含量的空间差异较大，湘西烟区旱地土壤有机质含量平均值为 28.89g/kg，在适宜范围内的土壤样点占 30.70%，偏高的土壤样点占 63.01%；湘东北烟区土壤有机质平均含量为 31.63g/kg，在适宜范围内的土壤占 41.71%，约 1/3 的土壤有机质含量超过了 35g/kg；湘中烟区土壤有机质含量平均值为 38.38g/kg，有 32.77% 的土壤有机质含量在适宜范围内，57.73% 的土壤有机质含量在高和极高范围内；湘南烟区土壤有机质含量较高，平均值为 45.72g/kg，有 76.62% 的土壤有机质含量大于 35g/kg，大于 45g/kg 的土壤样品也占到了 48.65%。

（二）湖南植烟土壤有机质含量时空变化特征

　　由于多种因素的影响，区域土壤性质的空间分布常呈现明显的趋势特征和异向性分布。运用 ArcGIS 9.3 软件的地统计学模块进行土壤有机质趋势效应和异向性分布特征分析，得到两次植烟土壤普查有机质含量的全局趋势效应分析示意图（图 3-1）。

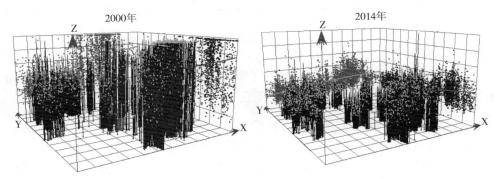

图 3-1　两个时期土壤有机质的趋势效应

图 3-1 中，X 轴表示正东方向，Y 轴表示正北方向，Z 轴表示各样点测定值的大小；左后投影面上的深色线表示东—西向的全局性趋势效应变化，右后投影面上的深色线表示的是南—北向全局性的趋势效应变化。从图 3-1 中可以看出，土壤有机质含量存在明显的趋势效应，表现为由西向东和由北向南呈升高趋势。2014 年湖南省植烟土壤有机质含量的趋势效应虽不如 2000 年表现明显，但基本上也呈现出由西北—东南方向逐渐升高的趋势。

根据判断半方差函数模型及其参数是否合适以平均误差（ME）的绝对值最接近于 0、标准化均方根误差（RMSSE）最接近于 1 为标准，在进行普通 Kriging 插值时，土壤有机质含量与指数模型无阶趋势效应拟合最好。由此得到最优半变异函数模型拟合参数值（表 3-4）。在表 3-4 中，C_0 表示块金值，由试验误差和小于试验取样尺度上施肥、作物、管理水平等随机因素引起的变异；C 为结构方差，是由土壤母质、地形、气候等非人为的区域因素（空间自相关部分）引起的变异；(C_0+C) 为基台值（半方差函数随间距递增到一定程度后出现的平稳值），表示系统内总的变异。块金值和基台值之比 $C_0/(C_0+C)$，即块金效应，反映块金方差占总空间异质性变异的大小，可用来表明系统变量的空间相关性的程度，若块金效应小于 0.25%，空间相关性强；在 0.25%～0.75% 之间，空间相关性中等；大于 0.75%，空间相关性弱。2000 年和 2014 年湖南植烟土壤有机质的块金效应分别为 30.82% 和 45.98%，两个时期数据块金效应均处于中等空间相关性。2000 年长轴变程（5.21km）大于短轴变程（3.06km），呈现各向异性；而 2014 年长轴变程（5.41km）与短轴变程（5.41km）相等，表明该年份土壤有机质的空间变异在方向上没有差异，呈现各向同性。说明湖南植烟土壤有机质的空间分布是由结构性和随机性因素共同作用的结果，既受成土母质、气候、土壤质地、土地利用等土壤内在因子的影响，也受一些如耕作制度、施肥等土壤外在因素的影响。

表 3-4　最优半变异函数模型拟合参数值

年份	模型类型	块金值(C_0)	基台值(C_0+C)	块金效应$(C_0/C_0+C)/\%$	长轴变程/km	短轴变程/km	各向异比	平均预测误差	标准化均方根误差
2000	指数型	47.47	154.01	30.82	5.21	3.06	1.70	−0.01	0.96
2014	指数型	107.91	234.68	45.98	5.41	5.41	1.00	0.03	0.94

以半变异函数理论为基础，选择普通克里格空间插值方法，参考湖南省二次土壤普查有机质分级标准，得到两个时期有机质含量分级空间分布情况。土壤有机质含量的空间分布格局表明土壤表层（0~20cm）养分含量分布具有高度的空间异质性，并决定了空间格局的存在。土壤有机质的方向性效应比较明显，呈现从西北到东南逐渐升高的趋势，且2014年湖南省植烟土壤有机质含量比2000年有明显增长趋势。2000年，土壤有机质含量相对较高（＞35g/kg）的区域主要分布在郴州、永州东南部、衡阳东南部以及长沙宁乡等地，其余市（州）烟区土壤有机质含量相对较低（＜25g/kg），湘西自治州、张家界、常德石门及邵阳南部土壤有机质含量总体上低于15g/kg。2014年，湘中烟区的邵阳、衡阳，湘南烟区的郴州、永州土壤有机质含量总体上在相对较高（＞35g/kg）的水平；而湘西烟区和湘东北烟区的湘西自治州、怀化、张家界、常德、长沙大部分样点土壤有机质含量的等级水平由2000年的15~25g/kg增加至25~35g/kg。

三、小结

（1）有机质含量的时间变异特征。2000—2014年，湖南植烟土壤有机质含量均值由33.99g/kg增加至36.31g/kg，属偏高水平。

（2）有机质含量的空间分布特征。湖南植烟土壤有机质含量基本上呈现出由西北—东南方向逐渐升高的趋势。

第二节　湖南土壤耕层有机质时空变化的影响因素

土壤有机质含量受土壤母质、土地利用类型、地形地貌、气候、耕作方式等多方面因素影响，区域土壤有机质的含量有较大的空间变化，不同地区之间甚至同一地区不同植烟地块之间有机质含量都各不相同，不同烟区土壤有机质空间异质性的影响因素也存在差异。因此，探明湖南植烟土壤有机质含量空间变异的影响因素，对于探明烟区土壤肥力状况与指导烟田精准施肥具有重要意义。

本研究通过挖掘植烟土壤普查大样本数据，运用相关分析等方法对土壤有机质含量与土壤养分的相关性进行定量分析，并探讨了海拔、土壤类型、土地利用类型等环境因子对湖南植烟土壤有机质含量的影响，旨在为烟区土壤保育与优质烟叶生产提供参考依据。

一、材料与方法

（一）土壤样品采集与指标测定

从 2014 年 12 月开始，在湖南省 10 个市（州）的 43 个县（市）开展了植烟土壤养分调查工作，共采集土壤样品 4 866 个。对样品经过风干、研磨和过筛处理，采用重铬酸钾滴定法（外加热法）测定土壤有机质含量，采用常规方法测定土壤 pH 和养分指标。

（二）数据分析

采用 DPSv 3.01 统计软件分析土壤有机质与土壤养分的相关性、关联度及其对土壤养分含量的影响。

二、结果与分析

（一）湖南植烟土壤有机质含量与 pH 及养分的相关性分析

利用湖南省植烟土壤普查资料，分析湖南省烟区土壤有机质与 pH 及土壤养分的相关性，研究影响湖南省植烟土壤有机质含量变化的主导土壤养分因子。由表 3 - 5 可知：2014 年湖南省植烟土壤有机质与各项土壤养分的相关系数均达到极显著水平，土壤有机质与全钾、有效锰、有效钼呈极显著负相关，与其他土壤养分均呈极显著正相关，其中碱解氮、全氮、交换性钙、pH 的相关系数较大。将土壤有机质与土壤养分进行灰色关联分析可见，土壤有机质与土壤养分指标关系密切程度为：全氮＞碱解氮＞pH＞全磷＞有效铜＞阳离子交换量＞有效硼＞全钾＞速效钾＞有效锌＞有效磷＞有效硫＞交换性钙＞交换性镁＞有效铁＞有效锰＞有效钼＞氯离子。可见，土壤氮素与土壤有机质的关系最为密切，而对土壤水溶性氯、有效钼、有效锰、有效铁的有效性影响则较小。土壤养分中全氮、碱解氮、全磷、有效磷、全钾、速效钾含量与土壤有机质含量的关系密切，表明湖南省植烟土壤的肥料施用量可能对土壤有机质含量有较大影响。

表 3-5　湖南植烟土壤有机质与土壤养分的相关性及关联度

指标	相关系数	关联系数	指标	相关系数	关联系数
pH	0.379**	0.962	有效铜	0.333**	0.950
碱解氮	0.807**	0.977	有效锌	0.131**	0.934
有效磷	0.068**	0.929	有效硼	0.113**	0.946
速效钾	0.039**	0.935	有效钼	−0.138**	0.901
全氮	0.909**	0.985	有效硫	0.111**	0.926
全磷	0.355**	0.958	交换性钙	0.519**	0.925
全钾	−0.239**	0.939	交换性镁	0.041**	0.924
有效铁	0.135**	0.919	水溶性氯	0.078**	0.880
有效锰	−0.124**	0.908	阳离子交换量	0.144**	0.946

注：**表示在 0.01 水平差异显著。

（二）湖南不同土地类型植烟土壤有机质含量变化

研究湖南烟区不同植烟土壤类型、不同海拔、不同土地利用类型（水田、旱地）植烟土壤有机质含量的差异，分析影响土壤有机质含量变化的主导环境因子。

湖南植烟土壤土地利用类型主要为水田和旱地两种，其中水田以"烟-稻"种植方式为主，旱地以"烟-烟"种植方式为主。2000 年和 2014 年两次植烟土壤普查数据统计结果表明（表 3-6），水田植烟土壤有机质平均含量明显高于旱地植烟土壤，但旱地植烟土壤有机质含量的变异程度和增长幅度要大于水田。2000 年水田植烟土壤有机质平均含量为 37.5g/kg，2014 年增长至39.90g/kg，增幅为 6.49%；2000 年旱地植烟土壤有机质平均含量为 24.89g/kg，2014 年增长至 29.21g/kg，增幅 17.36%。

表 3-6　湖南不同土地利用类型植烟土壤有机质含量变化

类型	2000 年				2014 年				变化幅度/%
	样点数比例/%	平均值/（g/kg）	标准差	CV/%	样点数比例/%	平均值/（g/kg）	标准差	CV/%	
水田	62.36	37.47	9.85	26.27	66.41	39.90	14.02	35.09	6.49
旱地	37.64	24.89	8.79	35.34	33.59	29.21	10.83	36.99	17.36

（三）湖南不同海拔植烟土壤有机质含量变化

将湖南省第一次、第二次植烟土壤普查样点的海拔按（−∞，400m）、

［400m，600m）、［600m，800m）、［800m，1 000m）、［1 000m，+∞）分为 5
个组统计土壤有机质含量的平均值和变异系数，结果表明（表 3 - 7），湖南植
烟土壤主要分布在 400m 以下，两次土壤普查样点数比例分别占到 67.19％、
64.51％。2000—2014 年，5 个海拔组的植烟土壤有机质平均含量均有所增长，
其中（-∞，400m）、［600m，800m）、［800m，1 000m）三个组的有机质平
均含量增长明显，且变异程度也明显增大，其中 600～1 000m 的植烟土壤有
机质平均含量增长幅度最大，增幅在 30％以上。海拔的差异对土地利用方式
的影响较大，400m 以下的烟田以水田为主，400m 以上的烟田以旱地为主，
且随着海拔的升高，旱地数量呈增加趋势，600m 以上旱地植烟土壤的样点数
占到 80％以上。其中 400m 以下植烟土壤有机质平均含量的增长可能与水田
"烟-稻"轮作方式水稻的根残留物较多有关；海拔 400～600m 植烟土壤有机
质含量的变异程度最大，总体上有机质含量的平均水平变化不明显；2000 年
植烟土壤普查海拔 600m 以上的植烟土壤有机质含量呈现随海拔的增高而增长
的趋势，这可能是由于高海拔地区农业耕作较少，土壤环境基本上处于半封闭
状态，各种动、植物残体在微生物作用下分解后基本在原地保存，土壤有机质
基本未受到破坏，同时高海拔地区平均气温较低，有机质分解速度缓慢，也有
利于有机质的积累；2014 年植烟土壤普查海拔 600m 以上植烟土壤有机质含量
的变异程度增大，平均含量均增长到 30g/kg 以上，可能是由于旱地植烟土壤
施肥、作物种类、管理水平等随机因素影响所致。

表 3 - 7　湖南不同海拔植烟土壤有机质含量变化

海拔高度/m	2000 年				2014 年				增减幅度/%
	样点数比例/%	平均值/(g/kg)	标准差	CV/%	样点数比例/%	平均值/(g/kg)	标准差	CV/%	
<400	67.19	36.56	10.53	28.79	64.51	40.03	14.3	35.73	9.49
400～600	12.71	26.42	10.77	40.77	13.58	27.42	10.18	37.12	3.79
600～800	11.46	22.73	5.62	24.72	11.32	30.48	11.09	36.4	34.10
800～1 000	6.42	24.38	5.59	22.95	6.32	31.87	10.31	32.36	30.72
1 000	2.22	28.75	5.86	20.39	4.28	30.45	7.93	26.03	5.91

（四）湖南植烟土壤不同质地有机质含量变化

土壤质地也是影响湖南省植烟土壤有机质含量的重要因素之一。研究表
明，土壤有机质与土壤黏粒含量之间具有显著的正相关性，土壤黏性越好，其
通气性越差，土壤有机质分解速度就越慢，越有利于有机质的积累。2014 年
湖南省植烟土壤普查结果表明（表 3 - 8），湖南省植烟土壤质地以黏土类为

主，占 66.0%，主要为壤质黏土和粉砂质黏土。由于土壤质地总体上比较黏重，通气不畅，好气性微生物活动受到抑制，有机质分解缓慢，因而容易积累。

表 3-8　2014 年湖南植烟土壤不同质地有机质含量变化

土壤质地分类	土壤质地名称	样品比例/%	有机质平均含量/ (g/kg)
壤土类	砂质壤土	1.07	30.30
	壤土	0.66	46.30
	粉砂质壤土	0.76	46.90
黏壤土类	砂质黏壤土	2.36	30.60
	黏壤土	17.00	37.90
	粉砂质黏壤土	12.17	39.70
黏土类	砂质黏土	0.06	21.10
	壤质黏土	41.55	37.50
	粉砂质黏土	21.93	32.00
	黏土	2.32	29.90
	重黏土	0.12	17.30

（五）湖南不同土壤类型植烟土壤有机质含量变化

湖南 2000 年、2014 年两次植烟土壤普查不同类型植烟土壤有机质含量平均值和样本比例统计结果表明（表 3-9），湖南省植烟土壤类型主要为水稻土和黄壤，两种类型土壤样点比例占到 80% 以上，2000 年 6 种主要类型植烟土壤有机质含量平均在 18.10~37.49g/kg 之间，从高到低依次为：水稻土＞黄棕壤＞黑色石灰土＞黄壤、红壤＞紫色土；2014 年 6 种主要类型植烟土壤有机质含量平均在 22.27~41.02g/kg 之间，从高到低依次为：水稻土＞紫色土＞黄壤＞黄棕壤＞红壤＞黑色石灰土。这与黄树会等对云南植烟土壤有机质含量的研究从高到低依次为水稻土、紫色土、黄壤、红壤的结果基本一致。2000—2014 年，湖南植烟土壤有机质平均含量总体上呈增长趋势，不同类型土壤有机质增长幅度从高到低依次为：紫色土＞黄壤＞红壤＞黄棕壤＞水稻土。

表 3-9　湖南不同土壤类型植烟土壤有机质含量变化

土壤类型	2000 年		2014 年		增减幅度/%
	样点数比例/%	平均值/ (g/kg)	样点数比例/%	平均值/ (g/kg)	
水稻土	66.20	37.49	57.70	41.02	9.42
黄壤	18.60	23.29	28.50	30.31	30.14

（续）

土壤类型	2000 年		2014 年		增减幅度/%
	样点数比例/%	平均值/(g/kg)	样点数比例/%	平均值/(g/kg)	
红壤	8.70	23.27	4.60	27.19	16.85
黄棕壤	2.20	26.86	6.80	29.92	11.39
黑色石灰土	2.50	25.78	0.90	22.27	−13.62
紫色土	1.70	18.10	1.30	35.28	94.92

土壤有机质的空间分布是由结构性和随机性因素共同作用的结果，既受成土母质、气候、土壤质地、土地利用等土壤内在因子的影响，也受一些如耕作制度、施肥等土壤外在因素的影响。其中土地利用方式、海拔、土壤质地和土壤类型对土壤有机质时空变异的影响较大，水田植烟土壤有机质平均含量明显高于旱地，但旱地植烟土壤有机质含量的变异程度和增长幅度要大于水田；海拔为 400m 以下和 600～1 000m 的植烟土壤有机质平均含量增长明显，且变异程度也明显增大，其中 600～1 000m 的植烟土壤有机质平均含量增幅在 30%以上；2014 年植烟土壤质地变异程度明显增大，土壤质地以黏土类为主；湖南省植烟土壤类型主要为水稻土和黄壤，2014 年主要土壤类型植烟土壤有机质平均含量从高到低依次为：水稻土＞紫色土＞黄壤＞黄棕壤＞红壤＞黑色石灰土；不同土壤类型有机质平均含量增长幅度从高到低依次为：紫色土＞黄壤＞红壤＞黄棕壤＞水稻土。

（六）湖南省不同耕作制度植烟土壤有机质含量变化

分析比较湖南省烟区"烟-烟""烟-稻"不同耕作制度下植烟土壤有机质含量的差异性，研究植烟土壤有机质含量变化与耕作制度的相关性。湖南省植烟土壤"烟-稻"种植方式的土地利用类型主要为水田，"烟-烟"种植方式的土地利用类型主要为旱地，2000 年和 2014 年两次植烟土壤普查数据统计表明（表 3-10），"烟-稻"种植方式植烟土壤有机质平均含量明显高于"烟-烟"种植方式，但"烟-烟"种植方式植烟土壤有机质含量的变异程度和增长幅度要大于"烟-稻"种植方式。2000 年"烟-稻"种植方式植烟土壤有机质平均含量为 37.5g/kg，2014 年增长至 39.90g/kg，增幅为 6.49%；2000 年"烟-烟"种植方式植烟土壤有机质平均含量为 24.89g/kg，2014 年增长至 29.21g/kg，增幅为 17.36%。

表 3-10　湖南省不同耕作制度植烟土壤有机质含量变化

轮作	2000 年				2014 年				增减幅度/%
	样点数比例/%	平均值/(g/kg)	标准差	CV/%	样点数比例/%	平均值/(g/kg)	标准差	CV/%	
烟-稻	62.36	37.47	9.85	26.27	66.41	39.90	14.02	35.09	6.49
烟-烟	37.64	24.89	8.79	35.34	33.59	29.21	10.83	36.99	17.36

三、小结

（1）土壤有机质与土壤养分指标关系密切程度为：全氮＞碱解氮＞pH＞全磷＞有效铜＞阳离子交换量＞有效硼＞全钾＞速效钾＞有效锌＞有效磷＞有效硫＞交换性钙＞交换性镁＞有效铁＞有效锰＞有效钼＞氯离子。

（2）水田植烟土壤有机质平均含量明显高于旱地植烟土壤，但旱地植烟土壤有机质含量的变异程度和增长幅度要大于水田。

（3）海拔 400m 以下植烟土壤有机质平均含量有增加趋势，海拔 400～600m 植烟土壤有机质含量的变异程度最大，总体上有机质含量的平均水平变化不明显，600m 以上植烟土壤有机质含量呈现随海拔的增高而增长的趋势。

（4）湖南植烟土壤有机质平均含量总体上呈增长趋势，不同类型土壤有机质含量增长幅度从高到低排序依次为：紫色土＞黄壤＞红壤＞黄棕壤＞水稻土。

（5）"烟-稻"种植方式植烟土壤有机质平均含量明显高于"烟-烟"种植方式，但"烟-烟"种植方式植烟土壤有机质含量的变异程度和增长幅度要大于"烟-稻"种植方式。

第三节　湖南土壤耕层活性有机质与土壤养分的相关性

土壤活性有机质即土壤有机质的活性部分，它是指土壤中有效性较高、易被土壤微生物分解矿化、对植物养分供应有直接作用的那部分有机质。土壤活性有机质与总有机质关系密切，而不同烟区土壤活性有机质与有机质的相关性并不确定。因此探明典型生态烟区土壤有机质与活性有机质的分布特征及相关性，对于探明烟区土壤肥力状况与指导烟田精准施肥具有重要意义。

湘西土家族苗族自治州烟区（以下简称湘西自治州烟区）位于湖南省西部，植烟县有龙山、永顺、凤凰、花垣、保靖、古丈、泸溪，土地利用类型主要为旱地，以种植一季烟草为主。湘南永州烟区位于湖南南部，植烟县有宁远、江华、江永、蓝山、新田、道县、东安，土地利用类型主要为水田，以"烟-稻"种植方式为主。两大典型生态烟区是湖南省重要的优质烟区。本节通过对比分析湘西自治州烟区和湘南永州烟区两大典型生态烟区土壤有机质与活性有机质的分布特征，研究典型烟区植烟土壤有机质与活性有机质的相关性，旨在探明两大典型生态烟区土壤有机质的数量和质量状况，为烟区土壤保育与优质烟叶生产提供参考依据。

一、材料与方法

（一）土壤样品采集与指标测定

根据土壤类型状况、土体构型状况及地形状况，2014 年 12 月在湘西自治州烟区共采集土壤样品 1 242 个，在湘南永州烟区共采集土壤样品 689 个。样品采集时采用均匀网格法布置样点，采样点的定位使用差分式 GPS，以基地单元为基本操作单元，13.33～26.67hm² 连片基本烟田为最小采样区（湘西自治州烟区为 13.33hm²、湘南永州烟区为 26.67hm²），每个基地单元采集 60～100 个 0～20cm 耕层土壤样品，在每个样点周围约 0.2hm² 范围内的地块上，用土钻采集 25 个表层土样，合并为一个混合样本，然后风干研磨，过 0.25mm 孔径筛用于样品的测定。对样品经过风干、研磨和过筛处理，采用重铬酸钾滴定法（外加热法）测定土壤有机质含量，采用高锰酸钾氧化法测定土壤活性有机质含量，采用常规方法测定土壤 pH 和养分指标。

（二）数据分析

数据统计分析、数据正态分布性检验和柯尔莫哥洛夫-斯密诺夫检验（K-S检验）通过 SPSS 12.0 完成。土壤有机质的空间插值和图形绘制采用 ArcGIS 9.3 软件的地统计学模块（geostatistical analyst），采用 DPSv 3.01 统计软件分析土壤有机质与土壤养分的相关性、关联度及其对土壤养分含量的影响。

二、结果与分析

（一）湖南典型烟区植烟土壤有机质分布特征

植烟土壤有机质是反映土壤理化性质和肥力水平的重要指标，其含量的高低对烟草的生长发育以及产量和品质有直接的影响。由表 3-11 可知：湘西自治州烟区以旱地烟为主，土壤有机质含量平均值为 28.55g/kg，按照旱地标准，该值处于适宜范围，其中古丈县、泸溪县、保靖县植烟土壤有机质平均含量处于适宜水平，龙山县、永顺县、凤凰县、花垣县植烟土壤有机质含量偏高。根据变异系数（CV）大小，湘西自治州烟区凤凰县和龙山县的土壤有机质含量为中等变异（10%≤CV≤30%），古丈县、泸溪县、保靖县、花垣县、永顺县的土壤有机质含量为强变异（CV>30%）。

表 3-11　湘西自治州烟区与永州烟区土壤有机质含量特征

单位：g/kg

采样地区	平均值	标准差	CV/%	采样地区	平均值	标准差	CV/%
湘西自治州烟区	28.55	10.68	37.41	永州烟区	42.3	13.24	31.30
凤凰县	31.27	9.10	29.10	道县	37.67	14.47	38.42
古丈县	23.13	10.29	44.47	宁远县	42.88	11.97	27.91
泸溪县	23.78	7.75	32.61	东安县	50.82	15.64	30.77
保靖县	23.47	8.25	35.14	江华瑶族自治县	41.59	11.31	27.19
龙山县	27.15	8.10	29.82	新田县	40.70	9.97	24.50
花垣县	32.58	11.44	35.10	蓝山县	51.13	15.21	29.75
永顺县	30.56	12.35	40.40	江永县	34.00	12.48	36.69

永州烟区烟田以水田为主，土壤有机质含量平均值为 42.3g/kg，该值处于高范围，接近极高阈值。其中江永县土壤有机质平均含量处于适宜水平，道县、新田县、宁远县、江华瑶族自治县土壤有机质平均含量处于高的范围，东安县和蓝山县土壤有机质平均含量处于极高的范围。根据变异系数（CV）大小，湘南永州烟区的宁远县、江华瑶族自治县、新田县、蓝山县的土壤有机质含量为中等变异，道县、东安县、江永县的土壤有机质含量为强变异。湘南永州烟区各植烟县土壤有机质平均含量均高于湘西自治州烟区，这可能是由于湘南永州烟区水田烟稻复种方式水稻的根残留物较多，导致土壤有机质的积累。

运用 ArcGIS 地统计学方法对采样点的土壤有机质含量进行空间插值与丰缺评价，湘西自治州烟区丰缺评价结果表明，1 242 个土壤样品中，处于极低—低范围的数目约占 14.41%，主要分布在古丈县、泸溪县、永顺县、龙山县的水田；处于适宜范围的占 33.49%，主要分布在古丈县、保靖县、龙山县的旱地和泸溪县、凤凰县的水田；高范围的占 32.69%，极高范围的占 19.40%，主要分布在龙山县、永顺县、花垣县、凤凰县的旱地和花垣县、永顺县的水田。湘南永州烟区丰缺评价结果表明，689 个土壤样品中，处于极低—低范围的数目占 6.1%，主要分布在道县的部分地区；处于适宜范围的占 23.8%，主要分布在道县、宁远县、江华瑶族自治县、新田县、江永县的烟田；高范围的占 31.93%，主要分布在宁远县、江华瑶族自治县、道县、江永县、新田县；极高范围的占 38.17%，主要分布在东安县、宁远县、蓝山县、江华瑶族自治县、新田县。

（二）湖南典型烟区植烟土壤活性有机质分布特征

土壤活性有机质是有机质中具有较高活性的那部分有机质，其含量和动态变化可以反映土壤有效养分库的大小及其在土壤中的转化，与土壤生产力密切相关。选择湘西自治州烟区的凤凰、花垣、保靖 3 个典型植烟县，永州烟区的道县、蓝山、江华 3 个典型植烟县，根据有机质含量高、中、低不同等级分析植烟土壤活性有机质的含量（333mmol/L KMnO₄），结果表明（表 3 - 12），湘西自治州烟区典型植烟县土壤活性有机质平均含量为 6.25g/kg，其排序为凤凰县＞花垣县＞保靖县；永州烟区典型植烟县的土壤活性有机质平均含量为 7.80g/kg，土壤有机质与活性有机质平均含量均表现为蓝山县＞江华瑶族自治县＞道县。两大典型烟区各典型植烟县土壤活性有机质含量均为强变异。

表 3 - 12　湖南典型烟区植烟土壤活性有机质含量特征

单位：g/kg

采样地区	平均值	标准差	CV/%	采样地区	平均值	标准差	CV/%
湘西自治州烟区	6.25	3.41	54.55	永州烟区	7.80	3.09	39.63
凤凰	7.32	3.50	47.86	道县	7.07	3.31	46.76
保靖	4.64	2.46	52.93	江华	7.84	2.61	33.33
花垣	6.80	3.64	53.48	蓝山	8.51	3.25	38.17

（三）湖南典型烟区土壤有机质与活性有机质的相关性分析

活性有机质控制了土壤的生物过程和决定了向作物提供养分的能力，在指示土壤质量和土壤肥力的变化时比总有机质也更灵敏，成为土壤质量及土壤管理的评价指标之一。湖南省永州和湘西两个典型烟区土壤有机质、活性有机质及养分指标统计结果表明（表 3 - 13），永州烟区土壤有机质含量平均值为 38.68g/kg，活性有机质含量平均值为 7.80g/kg，湘西烟区土壤有机质含量平均值为 29.03g/kg，活性有机质含量平均值为 6.25g/kg；永州烟区土壤有机质含量与活性有机质含量均高于湘西烟区，永州烟区土地利用类型主要为水田，以"烟-稻"复种方式为主，湘西烟区土地利用类型主要为旱地，以种植一季烟草为主。其中永州烟区的土壤 pH、碱解氮、有效磷、全氮、全磷、有效铁、有效铜、交换性钙、氯离子、阳离子交换量平均含量均高于湘西烟区，而其他养分指标则低于湘西烟区。

表 3-13 湘西自治州烟区与湘南永州烟区土壤有机质与养分指标统计

指标	永州烟区				湘西烟区			
	最小值	最大值	平均值	标准差	最小值	最大值	平均值	标准差
有机质/（g/kg）	13.50	79.80	38.68	15.22	6.89	67.50	29.03	14.87
活性有机质/（g/kg）	2.91	16.20	7.80	3.09	1.44	16.60	6.25	3.41
pH（水）	4.68	7.87	6.60	1.03	4.42	8.03	6.22	1.17
碱解氮/（mg/kg）	74.60	343.20	176.06	55.91	42.60	289.90	150.30	56.01
有效磷/（mg/kg）	6.81	104.50	37.20	17.71	0.84	134.30	28.88	22.46
速效钾/（mg/kg）	41.00	470.00	172.75	96.97	35.90	579.30	182.53	112.50
全氮/（g/kg）	0.99	4.40	2.24	0.78	0.54	3.81	1.79	0.77
全磷/（g/kg）	0.32	3.90	0.89	0.47	0.23	1.45	0.70	0.22
全钾/（g/kg）	5.35	26.60	14.31	4.36	8.38	61.30	22.35	9.59
有效铁/（mg/kg）	36.70	394.50	169.94	91.40	9.60	296.00	78.33	72.21
有效锰/（mg/kg）	1.05	114.10	19.33	16.81	2.29	192.80	29.44	34.53
有效铜/（mg/kg）	1.54	14.40	3.66	1.96	0.09	8.61	2.33	1.79
有效锌/（mg/kg）	0.59	10.40	2.55	1.66	0.11	22.75	3.20	2.94
有效硼/（mg/kg）	0.17	1.47	0.58	0.26	0.27	1.52	0.63	0.27
有效钼/（mg/kg）	0.00	0.53	0.06	0.08	0.01	3.18	0.25	0.38
有效硫/（mg/kg）	5.33	130.96	23.84	17.64	5.55	270.86	38.39	46.34
交换性钙/（cmol/kg）	2.97	44.67	19.64	13.13	1.37	33.60	10.11	7.14
交换性镁/（cmol/kg）	0.14	2.67	0.79	0.43	0.27	5.71	1.78	1.45
氯离子/（mg/kg）	0.00	35.83	3.20	7.08	0.00	26.43	1.48	3.96
阳离子交换量/［cmol（+）/kg］	5.10	36.00	17.83	7.15	7.70	31.70	17.43	5.29

　　湘西自治州烟区与永州烟区土壤有机质与活性有机质的相关性分析结果表明（图 3-2），湘西自治州烟区和永州烟区土壤有机质与活性有机质含量均呈线性正相关关系，其中湘西自治州烟区的相关系数为 0.90，永州烟区的相关系数为 0.87，说明土壤活性有机质含量随着土壤有机质含量成比例增加。

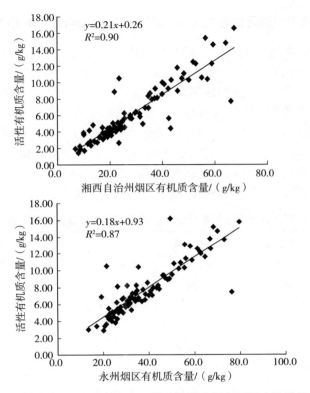

图 3-2　湘西自治州烟区与永州烟区土壤有机质含量与活性有机质的相关性分析

表 3-14　不同含量等级植烟土壤有机质含量与活性有机质的相关性

土地利用类型	级别	有机质含量平均值/（g/kg）	活性有机质含量平均值/（g/kg）	相关系数	直线回归方程
水田	低（<25）	21.00	4.70	0.264	—
	适宜（25～35）	30.40	6.20	0.528**	$y=0.18x+0.84$
	高（>35）	51.10	10.30	0.750**	$y=0.17x+1.62$
旱地	低（<15）	10.81	2.73	0.597**	$y=0.27x-0.15$
	适宜（15～25）	20.68	4.42	0.442*	$y=0.24x-0.63$
	高（>25）	41.68	8.75	0.793**	$y=0.20x+0.22$

注：**表示在 0.01 水平差异显著，下同。

　　两大典型烟区不同含量等级的土壤有机质与活性有机质含量相关性分析结果表明（表 3-14），旱地土壤有机质在低、适宜、高三个等级范围时，土壤有机质与活性有机质均呈显著正相关（$p<0.01$），水田土壤有机质在适宜和高等级范围时，土壤有机质与活性有机质也呈显著正相关（$p<0.01$）。

（四）湖南典型烟区植烟土壤有机质、活性组分与养分的相关性分析

对两个烟区的土壤有机质、活性有机质与养分进行相关性及关联度分析表明（表 3 - 15、表 3 - 16），土壤有机质与土壤养分指标关系密切程度为：全氮＞碱解氮＞全磷＞pH＞有效硼＞有效铜＞阳离子交换量＞有效磷＞交换性钙＞速效钾＞有效锌＞全钾＞有效硫＞交换性镁＞有效铁＞有效锰＞有效钼＞氯离子；土壤活性有机质与土壤养分指标关系密切程度为：全氮＞碱解氮＞全磷＞pH＞有效硼＞有效铜＞阳离子交换量＞速效钾＞有效磷＞交换性钙＞有效锌＞全钾＞有效硫＞交换性镁＞有效铁＞有效锰＞有效钼＞氯离子，土壤有机质、活性有机质均与土壤全氮、碱解氮的相关性最大。

表 3 - 15　湘西自治州烟区与永州烟区土壤有机质与土壤养分的相关性及关联度

指标	相关系数	关联系数	指标	相关系数	关联系数
活性有机质	0.891**	0.940	有效铜	0.507**	0.847
pH	0.363**	0.861	有效锌	0.291**	0.802
碱解氮	0.879**	0.924	有效硼	0.401**	0.851
有效磷	0.312**	0.821	有效钼	－0.103	0.692
速效钾	0.312**	0.817	有效硫	0.095	0.765
全氮	0.900**	0.935	交换性钙	0.622**	0.820
全磷	0.432**	0.866	交换性镁	－0.013	0.760
全钾	－0.182*	0.802	水溶性氯	0.172*	0.666
有效铁	0.136	0.756	阳离子交换量	0.183*	0.824
有效锰	－0.177*	0.737			

注：**表示在 0.01 水平差异显著。

表 3 - 16　湘西自治州烟区与永州烟区土壤活性有机质与土壤养分的相关性及关联度

指标	相关系数	关联系数	指标	相关系数	关联系数
有机质	0.891**	0.939	有效铜	0.460**	0.839
pH	0.320**	0.852	有效锌	0.341**	0.806
碱解氮	0.844**	0.913	有效硼	0.419**	0.846
有效磷	0.291**	0.814	有效钼	－0.062	0.696
速效钾	0.308**	0.814	有效硫	0.099	0.762
全氮	0.866**	0.927	交换性钙	0.548**	0.812
全磷	0.352**	0.858	交换性镁	0.051	0.760
全钾	－0.149*	0.800	水溶性氯	0.155*	0.659
有效铁	0.137	0.750	阳离子交换量	0.146	0.821
有效锰	－0.116	0.743			

注：**表示在 0.01 水平差异显著。

三、小结

（1）湖南典型烟区植烟土壤有机质含量总体偏高，空间变异较大。其中湘西自治州烟区土壤有机质含量平均值为 28.55g/kg，土壤活性有机质平均含量为 6.25g/kg；永州烟区土壤有机质含量平均值为 42.3g/kg，土壤活性有机质平均含量为 7.80g/kg，永州烟区烟田的土壤有机质与活性有机质平均含量明显高于湘西自治州烟区。

（2）湖南典型烟区植烟土壤有机质与活性有机质含量均呈线性正相关关系。其中湘西旱地土壤有机质在低、适宜、高三个等级范围时，土壤有机质与活性有机质均呈显著正相关，相关系数为 0.90；永州水田土壤有机质在适宜和高等级范围时，土壤有机质与活性有机质也呈显著正相关，相关系数为 0.87。

第四节 湖南土壤耕层有机质适宜评价

土壤有机质直接决定着土壤生态系统的组成结构及其与农作物的相互关系。对于一般农作物而言，土壤有机质含量越高，土壤肥力性状越好，作物越容易获得高产稳产。因此近年来我国大规模开展的农田地力提升工作，其核心就是基于种植冬季绿肥、作物秸秆还田、施用农家肥与生物有机肥，以大力提升土壤有机质含量。但对于烤烟而言，土壤有机质含量过高或过低对烤烟生长与品质均不利。此外，不同国家和地区、不同土壤、不同气候条件下烟草生长的有机质适宜范围也是不同的。因此，通过选取湖南典型烟区（湘南和湘西）的代表性植烟田块，分析土壤有机质与烤烟的化学组成、致香物质组成、感官质量之间的关系，利用各类数学模型筛选并建立湖南烟区植烟土壤有机质含量适宜区间，为有效采用适宜的土壤改良措施奠定理论和试验基础。

一、材料与方法

（一）土壤样品采集

以云烟 87 为例，在湘南典型烟区永州选择道县、蓝山县及江华瑶族自治县 3 个县作为代表，每个县选择 3 个乡镇，每个乡镇选择 3～4 个烟站，每个烟站定点 3～4 块烟稻轮作烟田，共计 92 块烟田；在湘西典型烟区选择凤凰县、花垣县及保靖县 3 个县作为代表，每个县选择 3 个乡镇，每个乡镇选择 2～3 个村，根据烟田面积和地形地貌，每村选择 3～5 块旱地烟田，共计 88

块烟田。永州烟区于 6 月 28 日至 7 月 3 日采样，湘西烟区于 7 月 20—25 日采样，并作采样记录。详细记录田块位置 GPS，所属县、乡镇、村名称，采样田块地形地貌特征、近期轮作方式、施肥品种与施肥量、产量，采样人、采样深度、联系人、联系方式等信息。定点田块内多点采样（5～8 点）20cm 左右垄土土壤样品，混合后按照 4 分法取 1.5kg，进行土壤样品分析。

（二）烤烟烟叶采集

在采集土壤样品的对应田块，对烤烟植株上部烟叶（从下至上第 13～14 片）分别进行收获。每个样地各取 600 片（300 株），单独挂牌、编杆、烘烤、堆放，取烤后烟叶样品用于后续烟叶品质分析。

（三）土壤理化性质分析

土壤理化性质测定的主要内容包括有机质含量（重铬酸钾测定）、活性有机质（333mmol/L KMnO$_4$）、全氮、矿化 N、质地、阳离子交换量（CEC）、pH 等，具体测定方法参照《土壤农化分析》。

（四）烤烟化学性质分析

烟叶主要化学成分有总糖、还原糖、总氮、生物碱、钾离子、氯离子等，烤烟化学成分分析检测方法：YC/T 159—2002（总糖、还原糖），YC/T 161—2002（总氮），YC/T 160—2002（烟碱），YC/T 217—2007（钾），YC/T 162—2002（氯）。两糖比为总糖和还原糖的差值，钾氯比是钾和氯的比值，氮碱比是指总氮与烟碱的比值，糖碱比为还原糖与烟碱的比值。

（五）烤烟外观质量评价

烟叶样品前处理参照 YC/T 31—1996 进行，以 GB 2635—1992 烤烟分级为标准，对烤烟的颜色、成熟度、叶片结构、身份、油分、色度等指标进行打分，对外观质量各档次指标赋以不同分值，质量越高，分值越高。

（六）烤烟致香物质分析

准确称量烤烟粉末 10.0g 于 1 000mL 圆底烧瓶，加入 300mL 蒸馏水混合后加入少量沸石，置于同时蒸馏萃取装置的一端，用可控制温度的电热套加热；装置另一端在 250mL 圆底烧瓶中加入 20mL 溶剂二氯甲烷，用恒温水浴加热，水浴温度 65℃。保持两端沸腾状态连续提取 3h，蒸馏结束后冷却 20min。收集二氯甲烷萃取液，加入无水硫酸钠干燥放置过夜。通入氮气吹扫浓缩，密封保存于 4℃冰箱中，待测。采样 GC－MS/O 试验装置检测烟叶中性关键致香物质：β-大马酮、3-羟基、茄酮、新植二烯、巨豆三烯酮-A/B/C/D、2-乙酰基吡咯、糠醛、糠醇、β-二氢大马酮、β-紫罗兰酮、二氢猕猴桃内酯等。

（七）植烟土壤有机质与烤烟品质关系分析

首先，采用 SPSS 软件对所有样品的土壤各理化指标与对应烟田的烤烟上部烟叶的主要品质指标做相关性分析。然后，再结合土壤 pH、CEC 等分类，将烤烟品质各单项指标与土壤有机质含量进行相关性分析，了解有机质对单项指标的影响，同时依据土壤有机质含量进行分类，建立烤烟品质单项指标的有机质适宜区间模型。

二、结果与分析

（一）湖南典型烟区植烟土壤理化性质特征

1. 湖南典型烟区植烟土壤理化特性

由表 3-17 可知：（1）湘南典型烟区永州烟区植烟土壤有机质含量较高，最高值 75.9g/kg，最低值 20.0g/kg，平均值为 45.6g/kg，变异系数为 30%；全氮最高值为 4.58g/kg，最低值为 1.33g/kg，平均值 2.86g/kg；CEC 最高值为 27.6cmol/kg，最低值为 10.2cmol/kg，平均值为 17.8cmol/kg；pH 最高值为 8.11，最低值为 4.65，平均值为 6.8。（2）湘西典型烟区湘西自治州烟区植烟土壤有机质含量中等，均值为 29.1g/kg，最低值 10.3g/kg，最高值达 82.2g/kg，变异较强（44%），土壤全氮平均含量为 1.86g/kg，CEC 为 16.9cmol/kg，80% 的调查样地中土壤 pH 偏酸性，最低为 4.37，个别土壤样品最高值达 8.2。

由图 3-3 可知：湘西典型烟区植烟土壤中总有机质、全氮及 pH 显著低于湘南地区，而土壤 CEC 含量没有显著差异。由图 3-4 可知：湘西典型烟区各县土壤性质也存在明显差异，具体表现为保靖县植烟土壤有机质和全氮含量显著低于凤凰和花垣；花垣县植烟土壤 CEC 显著高于湘西其他 2 个县，而凤凰县植烟土壤 pH 显著高于湘西其他 2 个县。永州蓝山县植烟土壤的有机质含量、全氮、植烟土壤 CEC 和 pH 显著高于其他 2 个县，而其他两县差异不显著。

表 3-17　湖南典型烟区植烟土壤主要理化性质特征

单位：g/kg

项目		江华	道县	蓝山	永州	凤凰	花垣	保靖	湘西州
有机质	最大值	65.3	75.9	71.5	75.9	82.2	67.3	38.4	82.2

（续）

项目		江华	道县	蓝山	永州	凤凰	花垣	保靖	湘西州
有机质	最小值	28.9	20.0	21.3	20.0	15.0	14.8	10.3	10.3
	平均值	42.2	42.1	53.0	45.6	32.1	32.6	22.6	29.1
	变异系数/%	25.9	37.4	21.7	30.0	40	44.4	33.6	44
pH	最大值	7.99	7.87	8.11	8.11	8.21	7.8	7.49	8.21
	最小值	4.70	4.65	5.07	4.65	4.52	4.37	4.46	4.37
	平均值	6.39	6.59	7.45	6.80	6.15	5.39	5.6	5.70
	变异系数/%	19.9	18.1	10.1	17.3	18.5	15.2	17.0	17.5
全氮	最大值	4.18	4.58	4.11	4.58	4.63	3.87	2.22	4.63
	最小值	1.75	1.33	1.44	1.33	1.12	1.17	0.85	0.85
	平均值	2.73	2.63	3.25	2.86	1.97	2.13	1.46	1.86
	变异系数/%	24.9	35	18.8	28	35.5	34.3	26.0	36.6
CEC/(cmol/kg)	最大值	25.7	27.6	26.2	27.6	26.6	27.4	23.8	27.4
	最小值	11.7	10.5	10.2	10.2	10.6	14.6	11.6	10.6
	平均值	17.0	16.5	20.2	17.8	15.6	18.3	16.7	16.9
	变异系数/%	19.2	27.9	15.8	22.9	21.6	14.8	18.7	19.2

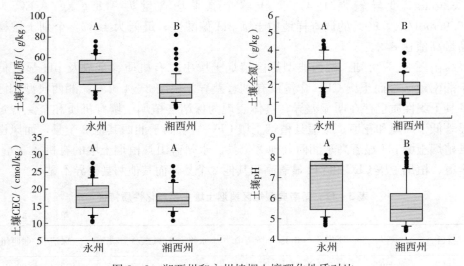

图 3-3　湘西州和永州植烟土壤理化性质对比

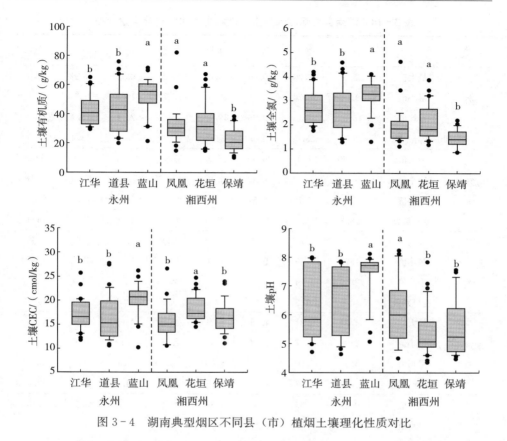

图 3-4　湖南典型烟区不同县（市）植烟土壤理化性质对比

2. 湖南典型烟区烤烟主要化学指标特征分布

由表 3-18 可知：（1）针对永州 3 县烤烟上部烟叶主要化学指标分析发现，江华、道县及蓝山烟叶中的总糖均值分别为 16.5%、21.1% 和 19.4%，还原糖均值分别为 15.5%、19.8% 和 17.5%，总氮均值分别为 2.49%、2.16% 和 2.37%，烟碱均值分别为 3.9%、3.6% 和 3.3%，氯离子含量分别为 0.25%、0.43% 和 0.33%，钾离子均值分别为 2.4%、2.28% 和 2.42%；江华烤烟的糖碱比较低，道县烤烟的糖碱比最高。（2）经对湘西州三县烤烟上部烟叶主要化学指标分析发现，保靖、凤凰和花垣烟叶中的总糖均值分别为 25.8%、23.8% 和 28.1%，还原糖均值分别为 22.4%、18.8% 和 21.6%，总氮均值分别为 2%、2.2% 和 2%，烟碱均值分别为 3.1%、3.6% 和 2.7%，氯离子含量分别为 0.4%、0.5% 和 0.4%，钾离子均值分别为 1.9%、1.9% 和 1.6%；凤凰烤烟的糖碱比较低，花垣烤烟的糖碱比最高。

表 3-18　湖南典型烟区烤烟上部烟叶主要化学成分含量分布

项目		江华	道县	蓝山	永州	保靖	凤凰	花垣	湘西
总糖/%	最大值	23.50	29.30	30.80	30.80	35.5	32.03	33.18	35.5
	最小值	9.60	10.70	7.30	7.30	17.72	14.1	21.16	14.1
	平均值	16.52	21.13	19.36	19.05	25.8	23.8	28.1	25.9
	变异系数	20.4	23.6	28.9	26.7	14.0	18.6	11.4	16.0
还原糖/%	最大值	21.60	27.90	26.50	27.90	31.62	24.37	26.47	31.62
	最小值	9.50	9.70	6.40	6.40	17.37	11.16	17.55	11.16
	平均值	15.54	19.78	17.54	17.67	22.4	18.8	21.6	20.9
	变异系数	18.3	23.9	27.1	25.6	13.7	18.6	10.3	15.9
总氮/%	最大值	3.00	2.72	2.96	3.00	2.38	2.68	2.53	2.68
	最小值	1.97	1.69	1.66	1.66	1.61	1.76	1.68	1.61
	平均值	2.49	2.16	2.37	2.33	2.0	2.2	2.0	2.1
	变异系数	10.6	11.0	13.4	13.1	9.6	11.1	9.9	11.5
烟碱/%	最大值	4.84	5.21	4.65	5.21	4.31	4.98	3.51	4.98
	最小值	2.98	2.57	2.47	2.47	2.06	2.19	1.95	1.95
	平均值	3.90	3.60	3.29	3.60	3.1	3.6	2.7	3.1
	变异系数	12.2	20.7	14.6	17.5	18.4	21.3	14.3	22.4
氯/%	最大值	0.45	1.36	0.58	1.36	0.52	1.86	0.66	1.86
	最小值	0.12	0.09	0.17	0.09	0.24	0.3	0.25	0.24
	平均值	0.25	0.43	0.33	0.34	0.4	0.5	0.4	0.4
	变异系数	32.6	70.5	27.1	59.8	16.8	70.2	18.9	50.4
钾/%	最大值	3.07	3.23	2.95	3.23	2.39	2.52	2.17	2.52
	最小值	1.88	1.77	1.77	1.77	1.27	1.5	1.17	1.17
	平均值	2.40	2.28	2.42	2.36	1.9	1.9	1.6	1.8
	变异系数	10.1	14.8	13.4	13.1	14.3	15.2	13.7	16.6
糖碱比	最大值	6.99	10.32	12.47	12.47	14.1	13.1	15.5	15.5
	最小值	2.00	2.05	1.95	1.95	5.3	3.7	7.4	3.7
	平均值	4.35	6.29	6.15	5.61	8.6	7.0	10.6	8.7
	变异系数/%	29.3	37.3	38.3	39.6	27.1	34.6	17.0	30.3

（二）湖南典型烟区烤烟质量特征

1. 湖南典型烟区烤烟主要外观指标特征分布

由表 3-19 可知：（1）针对永州 3 县烤烟上部烟叶主要外观质量指标分析

发现，蓝山烟区的叶面密度和平衡含水率高于江华和道县；（2）在湘西自治州烟区，花垣烟区的叶面密度和平衡含水率高于保靖。对比湘南烟区和湘西烟区，烟叶外观质量呈明显差异，湘西烟区烟叶的叶面密度明显高于永州烟区，且含梗率较低。

表 3-19 湖南典型烟区烤烟上部烟叶外观质量指标分布

项 目		江华	道县	蓝山	永州	凤凰	花垣	保靖	湘西州
叶面密度/ （g/m²）	最大值	74.9	72.9	83.8	83.8	90.1	88.5	90.3	90.3
	最小值	49.5	54.8	60.8	49.5	61.8	72.6	66	61.8
	平均值	65.6	66.0	69.9	67.2	75.6	81.3	78.8	78.9
	变异系数/ %	12.5	8.1	9.3	10.2	14.7	7.1	11.6	10.7
含梗率/ %	最大值	42.8	40.4	37.7	42.8	38.3	34.6	33.8	38.3
	最小值	30	31	30.8	30	27.1	23.8	26.6	23.8
	平均值	35.5	34.4	34.7	34.8	33.4	27.6	29.3	29.7
	变异系数/ %	11.4	7.4	5.1	8.2	12.2	12.2	8.4	13.4
平衡含 水率/ %	最大值	16.6	14.4	15.3	16.6	14.4	15.4	14.9	15.4
	最小值	11.7	12.6	12.4	11.7	12.1	12.1	12.9	12.1
	平均值	13.4	13.5	14.0	13.6	13.3	14.2	14.1	13.9
	变异系数/ %	10.2	3.8	5.7	7.0	6.6	6.4	4.5	6.3
拉力/ N	最大值	3.5	3.48	3.6	3.6	2.94	2.75	2.09	2.94
	最小值	1.75	1.7	1.59	1.59	1.51	1.77	1.58	1.51
	平均值	2.2	2.4	2.3	2.3	2.0	2.2	1.8	2.0
	变异系数/ %	21.3	19.8	23.5	21.2	26.9	13.0	10.9	18.2

2. 湖南典型烟区烤烟主要致香物质特征分布

对湘南和湘西采样区各选择了 24 个样品，开展致香物质成分分析。测定的成分包括：茄酮、香叶基丙酮、降茄二酮、β-紫罗兰酮、氧化紫罗兰酮、二氢猕猴桃内酯、巨豆三烯酮 1、巨豆三烯酮 2、巨豆三烯酮 3、巨豆三烯酮 4、3-羟基-β-二氢大马酮、3-氧代-α-紫罗兰醇、新植二烯等。把上述致香成分分别归类为类西柏烷类、类胡萝卜素和新植二烯等 3 大类。总体来看，湘南烟区的类胡萝卜素和新植二烯含量高于湘西烟区，而类西柏烷类低于湘西烟区。由表 3-20 可知：（1）在湘南烟区，江华烟区的烟叶类胡萝卜素含量较高，而蓝山烟区的类西柏烷类含量较高。（2）在湘西烟区，凤凰和保靖烟区的烟叶类西柏烷类、类胡萝卜素和新植二烯都较高。

表 3-20 湘南烤烟上部烟叶主要致香物质分布

单位：μg/g

项目		道县	江华	蓝山	永州	凤凰	花垣	保靖	湘西州
类西柏烷类	最大值	0.279	0.232	0.309	0.309	0.298	0.244	0.349	0.349
	最小值	0.106	0.131	0.140	0.106	0.176	0.155	0.159	0.155
	平均值	0.190	0.187	0.213	0.197	0.225	0.199	0.226	0.215
	变异系数/%	30.0	18.1	22.9	24.6	18.3	16.7	26.3	20.8
类胡萝卜素	最大值	4.700	6.465	4.357	6.465	4.666	3.303	3.965	4.666
	最小值	2.671	3.373	2.606	2.606	2.818	1.602	2.467	1.602
	平均值	3.434	4.380	3.618	3.784	3.822	2.437	3.101	3.061
	变异系数/%	18.6	22.8	14.5	21.8	19.9	28.6	17.5	28.5
新植二烯	最大值	41.763	41.428	42.405	42.405	36.447	32.800	37.173	37.173
	最小值	26.103	27.780	29.321	26.103	31.377	26.098	31.574	26.098
	平均值	32.600	34.721	35.476	34.207	34.376	29.704	34.751	32.662
	变异系数/%	11.0	12.4	10.2	11.5	5.6	7.7	5.6	9.6

3. 湖南典型烟区烤烟综合品质分析

参考"中国烟草种植区划评价指标体系研究与建立"中的评价标准，对烤烟各指标进行归一化分析，计算出外观品质和化学品质指标。烤烟外观质量各指标的权重如表 3-21 所示，烤烟各主要化学成分指标权重见表 3-22；依据表 3-23 中标准对烤烟各指标数据进行标准化分析；采用 S 形曲线函数，对外观质量指标和致香物质各成分进行归一化分析。对每项标准化指标乘以各指标权重系数的总和，计算烤烟各品质质量得分。从不同县（市）的分布来看，在永州烟区，道县烟叶化学品质得分较高，致香品质得分以江华烟区较高，物理品质得分则以蓝山烟区较高（图 3-5）。在湘西州烟区，凤凰烟区的化学品质和物理品质都明显低于保靖和花垣烟区，但致香品质较高（图 3-6）；这与凤凰地区植烟土壤有机质含量偏高一致。

表 3-21 烤烟外观质量指标的权重

指标	颜色	成熟度	叶片结构	身份	油分	色度
权重	0.30	0.25	0.15	0.12	0.10	0.08

表 3-22　烤烟各主要化学成分指标权重

指标	烟碱	总氮	还原糖	钾	淀粉	糖碱比	氮碱比	钾氯比
权重	0.17	0.09	0.14	0.08	0.07	0.25	0.11	0.09

表 3-23　烤烟化学成分指标赋值方法

指标	100	100～90	90～80	80～70	70～60	<60
烟碱	2.20～2.80	2.20～2.00 2.80～2.90	2.00～1.80 2.90～3.00	1.80～1.70 3.00～3.10	1.70～1.60 3.10～3.20	<1.60 3.20
总氮	2.00～2.50	2.50～2.60 2.00～1.90	2.60～2.70 1.90～1.80	2.70～2.80 1.80～1.70	2.80～2.90 1.70～1.60	2.80 <1.60
还原糖	18.00～22.00	18.00～16.00 22.00～24.00	16.00～14.00 24.00～26.00	14.00～13.00 26.00～27.00	13.00～12.00 27.00～28.00	<12.00 28.00
钾	≥2.50	2.50～2.00	2.00～1.50	1.50～1.20	1.20～1.00	<1.00
淀粉	≤3.50	3.50～4.50	4.50～5.00	5.00～5.50	5.50～6.00	6.00
糖碱比	8.50～9.50	8.50～7.00 9.50～12.00	7.00～6.50 12.00～13.00	6.00～5.50 13.00～14.00	5.50～5.00 14.00～15.00	<5.00 15.00
氮碱比	0.95～1.05	0.95～0.80 1.05～1.20	0.80～0.70 1.20～1.30	0.70～0.65 1.30～1.35	0.65～0.60 1.35～1.40	<0.60 1.40
钾氯比	≥8.00	8.00～6.00	6.00～5.00	5.00～4.50	4.50～4.00	<4.00

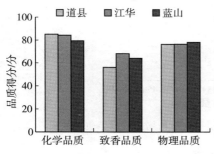

图 3-5　永州烟区烤烟品质对比分析

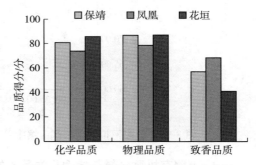

图 3-6　湘西州烟区烤烟品质对比分析

（三）土壤有机质含量与烤烟品质关联

1. 土壤有机质含量与烤烟物理品质的关系

依据土壤总有机质含量高低，将土壤样品划分为 10 段（20～25g/kg、25～30g/kg、30～35g/kg、35～40g/kg、40～45g/kg、45～50g/kg、50～55g/kg、55～60g/kg、60～65g/kg 和 >65g/kg）分别进行统计分析。（1）在湘南典型烟区，发现不管是酸性土壤还是碱性土壤，植烟土壤总有机质含量与烤烟品质呈明显的抛物线关系，其中在碱性土壤上这种关系更高（图3-7）。（2）由于湘西州烟区80％以上的土壤为酸性土壤，所以只对酸性土壤有机质含量与烤烟品质关系进行分析。在酸性土壤上，烤烟的物理品质与有机质含量呈现显著的负相关关系（图3-8）。

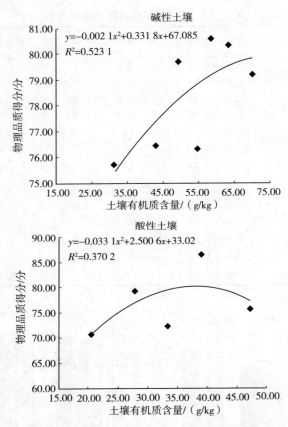

图3-7 分段模拟湘南植烟土壤中总有机质含量与烤烟物理品质的关系

2. 土壤有机质含量与烤烟化学品质的关系

由图3-9可知，与烤烟物理品质相比，在湘南典型烟区，不管是酸性土壤还是碱性土壤，土壤有机质含量与烤烟化学品质之间的抛物线关系更为显著，其中酸性土壤上有机质含量与烤烟化学品质的关系更高。由图3-10可知，湘西典型烟区，有机质含量与烤烟化学品质之间也呈现明显的抛物线关系。

3. 土壤有机质含量与烤烟感官品质的关系

由图3-11可知，在湘南典型烟区，碱性土壤上，土壤有机质含量与烤烟感官品质之间有明显的抛物线关系；而在酸性土壤上，有机质含量与烤烟感官品质之间关系不明显。由图3-12可知，湘西典型烟区，土壤有机质含量与烤烟感官品质之间有明显的负相关关系。

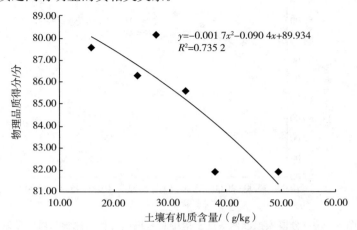

图 3-8　分段模拟湘西酸性土壤中总有机质含量与物理品质的关系

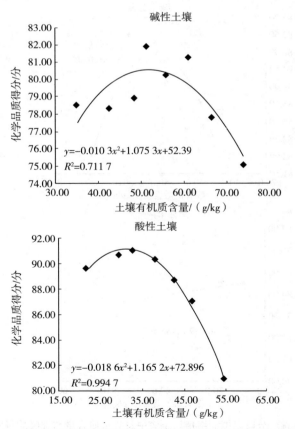

图 3-9　分段模拟湘南植烟土壤中总有机质含量与化学品质的关系

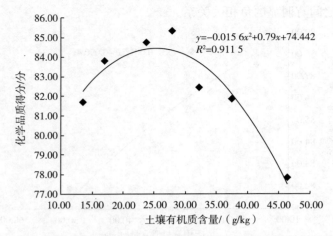

图 3-10　分段模拟湘西酸性土壤中总有机质含量与化学品质的关系

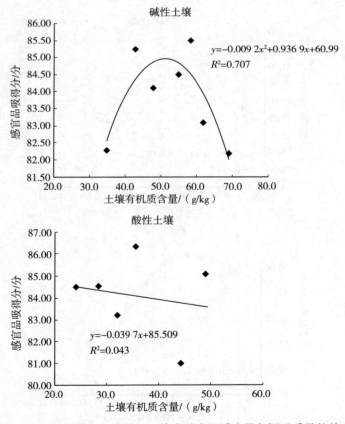

图 3-11　分段模拟湘南植烟土壤中总有机质含量与评吸质量的关系

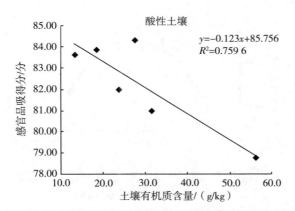

图 3-12 分段模拟湘西酸性土壤中总有机质含量与感官品质的关系

4. 土壤有机质含量与烤烟致香品质的关系

由图 3-13 可知，在湘南典型烟区，不管是酸性土壤还是碱性土壤，有机质含量与烤烟致香品质之间也呈现抛物线关系，其中酸性土壤上有机质含量与致香品质的关系更高。由图 3-14 可知，在湘西典型烟区，酸性土壤上有机质含量与烤烟致香品质之间也呈现明显的抛物线关系。

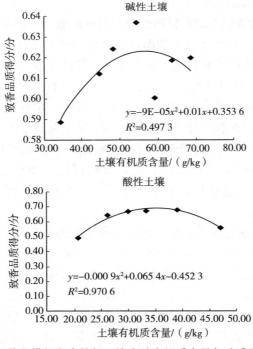

图 3-13 分段模拟湘南植烟土壤中总有机质含量与致香品质的关系

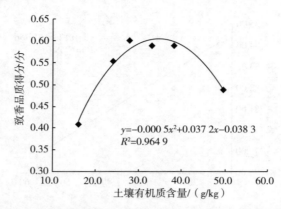

图 3-14 分段模拟湘西酸性土壤中总有机质含量与致香品质的关系

5. 土壤有机质含量与烤烟综合品质的关系

参考"中国烟草种植区划评价指标体系研究与建立"中的评价标准，按照外观质量权重 0.06，物理质量权重 0.06，化学质量权重 0.22，感官质量权重 0.66 进行评价。由于综合质量指标中无致香物质品质的权重，通过咨询烟草相关专家，本研究从感官质量中扣出来 0.16 作为致香品质权重，然后计算出不同样点的烟草综合品质得分。

6. 湘南代表性植烟土壤有机质含量与烤烟综合质量的关系

针对永州烟区，依据土壤的酸碱性，分别研究了碱性土壤（pH＞7）和酸性土壤（pH＜7）土壤总有机质含量与烤烟品质的关系。进一步按土壤总有机质含量高低划分为 10 段（20～25，25～30，30～35，35～40，40～45，45～50，50～55，55～60，60～65 和＞65g/kg），分析土壤有机质含量与烤烟品质的关系，发现不管是酸性土壤还是碱性土壤，有机质含量与烤烟品质呈明显的抛物线关系（图 3-15）。根据土壤总有机质含量与烤烟品质（外观、化学品质和致香得分）的模型关系可以看出，永州碱性土壤中有机质含量在50～55g/kg 区间，烤烟品质最好；在酸性土壤上，有机质含量在 33～38g/kg 区间，烤烟品质最好。

7. 湘西植烟土壤有机质含量与烤烟综合质量的关系

在湘西烟区调查的 88 个田块中，80% 的土壤为酸性，本研究只对酸性土壤有机质含量与烤烟品质的关系进行分析。进一步按土壤总有机质含量高低划分为 8 段（10～15，15～20，20～25，25～30，30～35，35～40，40～45 和＞45g/kg），分析土壤有机质含量与烤烟品质的关系。根据土壤总有机质含量与烤烟品质（化学品质、外观指标和致香指标）建立的模型关系可以看出，土壤有机质含量在 20～25g/kg 区间，烟草品质（化学品质、物理品质和致香

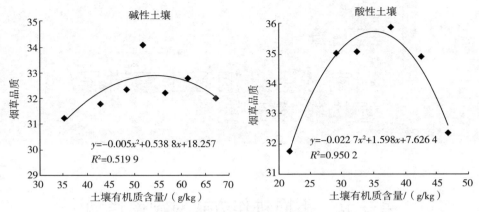

图 3-15 湘南植烟土壤总有机质含量与烤烟品质的关系

指标）没有显著变化，当土壤总有机质含量＞25g/kg 时，烤烟品质随有机质含量增加呈抛物线下降趋势（图 3-16）。

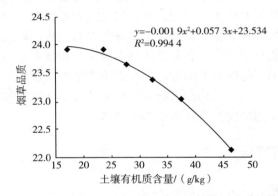

图 3-16 湘西酸性土壤总有机质含量与烤烟品质的关系

三、小结

（1）在湘南典型烟区，江华烟区的烟叶类胡萝卜素含量较高，而蓝山烟区的类西柏烷类含量较高。在湘西烟区，凤凰和保靖烟区的烟叶类西柏烷类、类胡萝卜素和新植二烯含量都较高。

（2）植烟土壤有机质含量与烤烟品质呈明显的抛物线关系。在永州烟区：碱性土壤中有机质含量在 50～55g/kg 区间，烤烟品质最好；在酸性土壤上，有机质含量在 33～38g/kg 区间，烤烟品质最好。在湘西烟区：酸性土壤有机质含量适宜区间为 20～25g/kg，烤烟品质较好。

第四章

湖南浓香型烟区土壤耕层重构技术研究

第一节　不同耕作方式对湖南烤烟产量及品质的影响

耕作与土地生产力密切相关，土壤耕层中的养分影响作物养分的吸收与利用，良好的耕层结构有利于水、肥、气、热之间相互协调。疏松的土壤环境有利于烤烟根系的延伸和发育，保障烤烟良好的生长趋势。耕层深度与耕作方式有关，构建良好的耕层结构，有利于协调作物生长和根系分布，同时耕层的深浅是决定烤烟根系下扎的重要因素，进而影响烤烟的产量和品质。通过引进垂直深耕技术，研究不同耕层构建措施对烟稻复种区烟叶产量和质量的影响，以期为烟稻复种区筛选最佳的耕作模式提供参考。

一、材料与方法

（一）试验地点

试验地设置在长沙浏阳市永安镇下大屋（113°22′2″E，28°17′17″N），土壤类型为水稻土，质地为壤质沙土，基础性状：pH7.56、有机质含量 30.55g/kg、全氮含量 1.65g/kg、全磷含量 0.94g/kg、全钾含量 20.54g/kg、碱解氮含量 136.84mg/kg、有效磷含量 70.23mg/kg、速效钾含量 87.00mg/kg。供试烤烟品种为 G80，烟草专用肥料和尿素等由当地烟草部门统一提供。

（二）试验设计

试验采用单因素试验设计，设 3 个耕作方式：T1，垂直深耕（30cm）；T2，当地常规铧式犁翻耕（15cm）；T3，当地常规直接旋耕（12cm），每个耕作方式设 3 个重复小区，每个小区面积为 289m²（17.2m×16.8m）。耕作器械为自走式垂直深耕深松机，调节耕作深度为 30cm。2017 年 12 月 1 日进行垂直深耕，2018 年 3 月 23 日起垄栽烟，7 月 16 日完成烟叶的采收，大田生育期 115d。

二、结果与分析

（一）耕作措施对烤烟的影响

1. 耕作措施对烤烟生育期的影响

由表 4-1 可见，不同耕作方式对烟株的生长发育时期并无显著影响，各处理均正常成熟落黄。

表 4-1　不同耕作方式对烤烟生育期的影响

处理	移栽期/（日/月）	缓苗期/（日/月）	团棵期/（日/月）	现蕾期/（日/月）	下部叶采烤（第一次）/（日/月）	下部叶采烤（第二次）/（日/月）	中部叶采烤/（日/月）	顶部叶采烤/（日/月）
T1	23/3	3/4	11/5	12/5	12/6	20/6	3/7	16/7
T2	23/3	5/4	11/5	12/5	12/6	20/6	3/7	16/7
T3	23/3	4/4	10/5	11/5	12/6	20/6	3/7	16/7

2. 农艺性状差异

由表 4-2 可见，在移栽 60～80d 后，垂直深耕 30cm 处理烟株生长发育的趋势与速率优于其余两个处理。同时，垂直深耕处理有利于烟株植株根系的生长发育和植株根系下扎深度，使得植株在后期生长发育中更具有优势。

表 4-2　不同耕作方式对烤烟农艺性状的影响

移栽后时间	处理	株高/cm	有效叶数/片	叶长/cm	叶宽/cm	最大叶面积/cm²	茎围/cm	根系下扎深度/cm	侧根数/根	最粗侧根直径/mm
20d	T1	5.70a	10.4a	22.10a	12.30a	173.21a	2.50a	4.65a	—	—
	T2	5.60a	9.7b	23.90a	13.30a	203.50a	2.40a	3.90b	—	—
	T3	5.80a	9.0c	24.60a	12.50a	194.60a	2.20a	3.90b	—	—
40d	T1	36.90c	17.8a	51.80c	32.30a	1 063.27b	9.10a	23.87a		
	T2	42.30a	18.1a	55.10a	31.70a	1 133.15a	9.20a	19.62b		
	T3	40.40ab	16.8a	52.70ab	30.40a	1 061.2ab	8.90a	19.37b		
60d	T1	94.20b	20.8a	68.50a	31.75a	1 388.83a	10.70a	43.55a	30.25a	9.75a
	T2	100.20a	20.9a	69.90a	36.80a	1 633.58a	10.85a	39.25b	26.00a	8.87a
	T3	93.60a	20.6a	69.30a	35.30ab	1 555.41a	10.38a	38.75b	28.25a	8.63a

（续）

移栽后时间	处理	株高/cm	有效叶数/片	叶长/cm	叶宽/cm	最大叶面积/cm²	茎围/cm	根系下扎深度/cm	侧根数/根	最粗侧根直径/mm
	T1	101.20a	15.4a	70.30a	32.60a	1 457.13a	10.8a	45.95a	47.25a	10.06a
80d	T2	100.50a	14.5a	70.70a	32.80a	1 475.28a	10.89a	40.0b	37.25b	7.92b
	T3	94.30a	15.2a	67.50a	32.10a	1 377.82a	10.53a	37.88b	24.25b	8.81b

3. 烟株生物量差异

由表 4-3 可见，在移栽 20d 时，不同处理的根系重量和植株总重量呈现显著性差异，但叶重、茎重差异不显著。在移栽 40～80d 时，各处理间的各部位重量未达到显著差异，但各部位重量总趋势都呈现为 T1 大于 T2、T3，在移栽 80d 时呈现出显著差异。

表 4-3　不同耕作方式对植株鲜重的影响

移栽后时间	处理	叶重/g	茎重/g	根重/g	总重/g
	T1	16.10a	3.10a	3.33a	36.43a
20d	T2	21.50a	3.93a	2.13ab	27.56ab
	T3	27.90a	5.20a	1.40b	20.600b
	T1	372.50a	112.90a	20.30a	505.70a
40d	T2	354.45a	103.84a	21.03a	479.42a
	T3	291.70a	85.00a	24.70a	401.40a
	T1	880.56a	455.93a	155.84a	1 492.33a
60d	T2	757.25a	415.44a	166.53a	1 361.84a
	T3	846.04a	377.46a	138.35a	1 339.22a
	T1	926.68a	444.20a	193.43a	1 564.81a
80d	T2	798.08ab	431.07a	174.17a	1 403.32ab
	T3	694.20b	380.33b	178.00a	1 252.75b

由表 4-4 可见，移栽 20d 和 40d 时，T1 的茎重、根重、总重（干物质）与 T2 和 T3 呈现显著差异。在移栽 80d 时，T1、T2 在叶重、茎重与 T3 呈现显著差异，根重中 T1 与其他处理呈现显著或极显著差异。

表 4-4　不同耕作方式对植株干重的影响

移栽后时间	处理	叶重/g	茎重/g	根重/g	总重/g
20d	T1	2.25a	0.49a	0.64a	3.47a
	T2	1.53a	0.25b	0.55a	2.35ab
	T3	1.38a	0.26b	0.19b	1.83b
40d	T1	38.15a	8.30a	4.78a	51.23a
	T2	29.40ab	8.50a	4.15ab	42.05ab
	T3	24.45b	6.00b	2.48b	32.93b
60d	T1	145.92a	70.55a	46.32a	262.79a
	T2	109.16a	69.62a	43.53a	236.48a
	T3	141.13a	56.84a	38.51a	222.31a
80d	T1	131.65a	74.09a	90.21a	295.95a
	T2	117.16a	77.02a	76.10b	270.28a
	T3	107.31b	72.18a	86.52ab	266.01a

（二）营养元素含量差异

1. 对植株根系 N、P、K 元素含量的影响

由表 4-5 可见，T1 根系中 K、P 元素含量在移栽后期都高于 T2、T3，N 元素含量以 T1 最低，T3 最高。

表 4-5　不同耕作方式对植株根系 N、P、K 元素含量的影响

处理	K/（g/kg）		P/（g/kg）		N/（g/kg）	
	60d	80d	60d	80d	60d	80d
T1	40.53a	36.70a	4.48a	3.89a	36.92a	32.45a
T2	35.84a	33.67a	4.13a	3.76a	36.92a	34.18a
T3	35.57a	33.15a	4.04a	3.81a	36.65a	34.38a

2. 对植株茎中 N、P、K 元素含量的影响

由表 4-6 可见，T1 处理烟株茎中 N、P、K 元素含量在植株生长后期均高于 T2、T3。

表 4-6　不同耕作方式对植株茎中 N、P、K 含量的影响

处理	K/（g/kg）		P/（g/kg）		N/（g/kg）	
	60d	80d	60d	80d	60d	80d
T1	61.09a	54.52a	4.55b	4.62a	36.62a	37.04a

（续）

处理	K/（g/kg）		P/（g/kg）		N/（g/kg）	
	60d	80d	60d	80d	60d	80d
T2	54.39a	35.79a	4.20b	4.09a	37.00a	33.15ab
T3	48.19a	52.75a	5.49a	4.06a	37.62a	28.25b

3. 对植株叶中 N、P、K 元素含量的影响

由表 4-7 可见，在移栽后期，烟株叶中 N、P、K 元素的含量，T1 都要高于 T2、T3。

表 4-7　不同耕作方式对植株叶中 N、P、K 含量的影响

处理	K/（g/kg）		P/（g/kg）		N/（g/kg）	
	60d	80d	60d	80d	60d	80d
T1	47.86a	33.39a	5.70a	4.77a	62.31a	51.77a
T2	38.51b	30.38a	4.47a	3.74a	41.28b	38.21a
T3	36.63b	32.66a	4.96a	4.62a	65.93a	43.89a

（三）耕作措施对烤烟产量和质量的影响

1. 耕作措施对烤烟经济性状及水稻周年经济效益的影响

由表 4-8 可见，T1 在物理指标、经济性状的各方面都要优于其他处理。T1 处理的产量比 T2 和 T3 处理分别高出 5.19％和 7.44％；烤烟新增平均产值为 512.28 元/亩，周年（烤烟＋水稻）新增平均产值为 597.37 元/亩。

表 4-8　不同耕作方式对烤烟经济性状及水稻周年经济效益的影响

处理	烤烟					水稻			周年（烤烟＋水稻）		
	产量/（kg/亩）	产值/（元/亩）	新增产值/（元/亩）	均价/（元/kg）	上等烟率/%	产量/（kg/亩）	均价/（元/kg）	产值/（元/亩）	产量/（kg/亩）	产值/（元/亩）	新增产值/（元/亩）
T1	148.76	4 617.51	—	31.04	45.33	538.23	2.61	1 404.78	686.99	6 022.29	—
T2	141.42	4 120.97	＋416.54	29.14	43.36	512.75	2.56	1 312.64	654.17	5 433.61	＋508.68
T3	138.46	3 929.50	＋608.01	28.38	41.97	514.24	2.58	1 326.74	652.70	5 256.24	＋686.05

注：烤烟每亩人工翻耕成本为 120 元，垂直深耕代耕成本为 200 元/亩，新增投入为 80 元/亩，新增产值一栏指的是垂直深耕（T1）与常规耕作（T2 和 T3）相比所增加的产值。

2. 烟叶物理特性及化学成分差异

如表 4-9 所示，在不同的耕作方式中，不同处理烟叶物理指标有差异，在 C3F 等级烟叶中，叶长呈现为 T1＞T2＞T3，叶宽呈现为 T3＞T1＞T2，开

片度呈现为 T3＝T2＞T1，单叶重呈现为 T1＞T2＞T3，含梗率表现为 T2＞T3＞T1，叶片厚度呈现为 T1＞T3＞T2。

表 4-9　不同耕作方式对烟叶物理指标的影响

等级	处理	叶长/cm	叶宽/cm	开片度	单叶重/g	含梗率/%	叶片厚度/mm
	T1	64.60a	25.33a	0.39	12.34	32.50	0.124
C3F	T2	61.73b	25.20a	0.41	11.44	32.94	0.091
	T3	61.53b	25.40a	0.41	10.50	32.58	0.098

如表 4-10 所示，在 C3F 等级烟叶中，总糖含量呈现为 T1＞T3＞T2，还原糖含量呈现为 T3＞T1＞T2，烟碱含量呈现为 T1＞T3＞T2，氯含量呈现为 T3＞T1＞T2，且 T1 钾含量高于 T2 处理 10.25％。

表 4-10　不同处理烤烟化学指标

等级	处理	总糖/%	还原糖/%	烟碱/%	氯/%	钾/%
	T1	29.37a	19.64a	2.16a	0.433ab	3.12a
C3F	T2	22.94b	14.53b	1.90a	0.359b	2.83ab
	T3	26.19b	20.97a	1.94a	0.556a	2.32b

3. 烟叶外观质量差异

由表 4-11 可知，各处理颜色指标的得分表现为 T1＞T2＝T3，各处理成熟度指标得分表现为 T1＞T3＞T2，各处理叶片结构得分表现为 T1＞T3＞T2，各处理身份指标得分表现为 T1＞T2＞T3，各处理油分指标得分表现为 T1＞T2＞T3，各处理色度指标得分表现为 T1＞T2＞T3，各处理外观质量总分表现为 T1＞T2＞T3。

表 4-11　不同耕作方式对烤后烟叶外观质量的影响

等级	处理	颜色	成熟度	叶片结构	身份	油分	色度	外观质量总分
	T1	8.20	8.19	8.23	8.27	8.27	7.84	81.83a
C3F	T2	8.09	8.05	8.15	8.26	8.24	7.76	80.93b
	T3	8.09	8.06	8.19	8.04	8.20	7.72	80.67b

4. 烟叶评吸质量差异

由表 4-12 可知，T1 的评吸总分较 T2 和 T3 处理分别提高 2.35％和 1.65％，这种差异主要体现在 T1 的香气质、香气量、杂气、刺激性、柔细度、甜度、余味和浓度等评吸指标要优于 T2 和 T3。可见，垂直深耕可提高烟叶评吸质量，以 T1 的评吸总分最高。

表 4 - 12　不同耕作方式对烤后烟叶评吸质量的影响

等级	处理	香气质	香气量	杂气	刺激性	透发性	柔细度	甜度	余味	浓度	劲头	总分
	T1	6.5	6.2	6.1	6.2	6.1	6.1	6.2	6.2	5.9	5.5	61.65
C3F	T2	6.3	6.1	5.9	6.0	6.1		6.2	6.0	5.8	5.6	60.23
	T3	6.4	6.0	6.1	6.1	6.0	6.0	6.0	6.1	5.8	5.7	60.65

三、小结

（1）不同耕作方式对烤烟前期的影响无显著差异，垂直深耕对于烟株后期的生长发育更为有利。垂直深耕与常规耕作相比，有利于植株根系的生长发育和根系下扎深度，使得植株在后期的生长发育中更具有优势。

（2）在烟株的生长发育过程中，垂直深耕能有效提高烟株的生物量，特别是烟株根系干物质积累量。垂直深耕方式较之于常规耕作方式对于提高烤后烟叶产量和质量、均价、上等烟比例等经济性状也有优势。

（3）垂直深耕有利于提高烤后 C3F 等级烟叶的叶长和单叶重，同时有利于提高烤后烟叶中总糖含量和钾含量，且一定程度地提高了烟叶的外观质量和评吸质量。

（4）垂直深耕增加了烤烟产量和产值，且对后茬水稻产量有一定的促进作用。

第二节　垂直深耕深度对湖南土壤质量及浓香型烟叶品质的影响

湖南烟稻复种区土壤耕层深度较浅，变幅为 8.2～16.4cm，均值为 12.60cm。多年不合理的耕作模式使土壤犁底层上移，加剧了植烟土壤质量的下降，严重影响着烟草生长。本项目拟结合湖南烟稻复种区土壤环境，致力于改善耕层土壤特性、提升种植效率，揭示垂直深耕对烟叶生长的影响机制，旨为湖南烟稻复种区合理耕层构建提供一个可供参考的理论依据。

一、材料与方法

（一）试验地点和材料

试验地选择在湖南省浏阳市永安镇（28°17′17″N，113°22′2″E），是湖南省典型的烟稻复种区之一，该区域年降水量 1 700～2 200mm，光照资源丰富，昼夜温差小。试验地土壤类型为水稻土，土壤质地为壤质砂土，常年稻烟水旱轮作，土壤基础养分为：pH 7.97，有机质含量 23.08g/kg，全氮含量 1.44 g/kg，全磷含量 0.76g/kg，全钾含量 19.70g/kg，碱解氮含量 126.63mg/kg，有效磷含量 46.61mg/kg，速效钾含量 99.99mg/kg。

供试烟草品种为 G80，尿素和烟草专用基肥、钾肥（硝酸钾、硫酸钾）和提苗肥由当地烟草公司统一提供。土柱取样器型号为 50cm 土柱取样器（QTZ－1 式便携取样器，长度 50cm、直径 7.5cm），耕作器械为自走式垂直深耕深松机。

（二）试验设计

本试验采用单因素随机区组设计，以传统旋耕（耕作深度为 12cm）为对照（CK），设置三个不同深度垂直深耕处理：垂直深耕 20cm（T1）、垂直深耕 30cm（T2）、垂直深耕 40cm（T3），共 4 个处理，每个处理 3 次重复。所有生产管理技术措施均按照当地烤烟生产技术手册执行。

试验所用基肥为烟草专用基肥，用量为 87kg/亩，肥料配方为 N∶P_2O_5∶K_2O＝8∶10∶11；具体到小区用量＝（用量×小区面积）/$667m^2$。

二、结果与分析

（一）垂直深耕深度对植烟土壤理化特性的影响

1. 植烟土壤物理特性

由图 4－1 可知，垂直深耕降低了 0～40cm 土层的土壤容重，增加了土壤孔隙度，降低了土层土壤的紧实度。

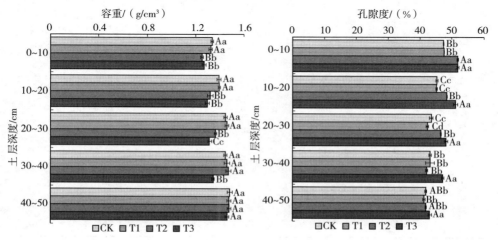

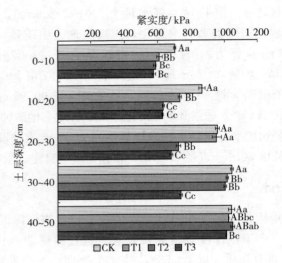

图 4-1　土壤物理性状

注：同土层不同大写字母表示同一指标同一变异来源在 1% 水平上差异显著，不同小写字母表示同一指标同一变异来源在 5% 水平上差异显著，下同。

2. 植烟土壤养分状态

由表 4-13 可知，各垂直深耕处理与 CK 相比，在其各自的耕作深度内都显著降低了土壤 pH 并使其处于烤烟生长的最优 pH 范围内。垂直深耕能显著增加土壤有机质含量，显著增加土壤全氮、全磷、全钾、碱解氮、有效磷和速效钾含量。

表 4-13　土壤 pH、有机质及养分含量的比较

指标	处理	0～10cm	10～20cm	20～30cm	30～40cm	40～50cm
pH	CK	8.03a	8.10a	7.90a	8.03a	8.10a
	T1	7.73ab	7.50b	8.10a	8.17a	8.13a
	T2	7.70ab	7.40b	7.20b	8.00a	7.80a
	T3	7.50b	7.23b	7.47b	7.07b	7.83a
有机质/ (g/kg)	CK	28.46a	22.71b	21.57bc	27.84a	23.94a
	T1	31.65a	26.04ab	18.95c	20.86bc	23.61a
	T2	27.76a	25.71ab	23.14b	22.79ab	21.43a
	T3	27.53a	27.39a	31.48a	16.04c	23.05a
全氮/ (g/kg)	CK	2.65a	1.56b	1.05b	1.13a	1.03b
	T1	2.86a	2.04a	0.87b	1.22a	1.03b
	T2	1.74b	1.15c	1.42a	1.44a	1.43ab
	T3	1.85b	1.58b	1.64a	1.16a	1.71a

（续）

指标	处理	0~10cm	10~20cm	20~30cm	30~40cm	40~50cm
全磷/ (g/kg)	CK	0.94a	0.81b	0.58b	0.50a	0.46c
	T1	1.05a	0.85b	0.55b	0.43a	0.39c
	T2	1.26a	0.80b	0.82a	0.54a	0.90a
	T3	0.97a	1.00a	0.84a	0.52a	0.69b
全钾/ (g/kg)	CK	23.72a	21.01a	23.86a	23.49a	23.30a
	T1	26.68a	25.51a	25.18a	25.12a	23.34a
	T2	26.01a	26.22a	24.44a	20.52a	22.41a
	T3	22.60a	25.26a	25.78a	24.23a	21.94a
碱解氮/ (mg/kg)	CK	140.99a	234.76a	130.37b	101.64b	162.67a
	T1	177.98a	169.69ab	100.79c	82.01c	72.09b
	T2	133.53a	113.73b	125.40b	137.56a	100.45b
	T3	139.89a	132.86b	160.12a	80.35c	118.68b
有效磷/ (mg/kg)	CK	52.15b	38.19c	22.30c	11.54b	17.82b
	T1	74.43a	46.77b	25.55bc	7.40b	8.03d
	T2	66.24a	41.31bc	35.24a	47.54a	22.45a
	T3	65.38ab	79.55a	29.64b	9.67b	13.04c
速效钾/ (mg/kg)	CK	486.67b	410.00b	276.67b	208.33b	186.67a
	T1	488.33b	425.00b	280.00b	248.33b	176.67a
	T2	555.00a	443.33ab	421.67a	281.67a	174.33a
	T3	560.00a	473.33a	415.00a	291.67a	178.33a

（二）垂直深耕深度对烤烟的影响

1. 不同处理对烤烟农艺性状的影响

从表4-14可以看出，T2处理对烟株的株高和茎围提升幅度最大。

表4-14　烤烟农艺性状

移栽后 时间	处理	最大叶长/ cm	最大叶宽/ cm	最大叶面积/ cm²	株高/ cm	茎围/ cm
45d	CK	55.1b	27.5b	958.4b	53.8c	8.2bc
	T1	59.9a	33.5a	1 274.9a	59.5b	8.2c
	T2	60.8a	33.2a	1 276.0a	67.2a	8.5a
	T3	58.9a	34.6a	1 302.5a	64.9a	8.4ab

（续）

移栽后时间	处理	最大叶长/cm	最大叶宽/cm	最大叶面积/cm²	株高/cm	茎围/cm
60d	CK	61.3c	27.8c	1 081.4c	94.3c	8.2b
	T1	68.0b	33.5ab	1 356.8b	115.2a	9.1a
	T2	73.3a	34.2ab	1 589.3a	114.5a	9.3a
	T3	73.5a	35.1a	1 401.4b	107.4b	9.1a
75d	CK	68.8b	27.8b	1 280.5b	106.2b	8.8c
	T1	73.4a	33.5ab	1 365.6b	117.5a	9.1bc
	T2	76.0a	35.8a	1 727.8a	119.1a	10.3a
	T3	74.0a	37.4a	1 472.3b	108.2b	9.5b

2. 不同处理对烤烟干鲜重的影响

由表 4-15 可知，垂直深耕耕作能显著增加烟叶的干鲜重，且垂直深耕30cm 的处理最能有效促进烟株生长发育。

表 4-15　烤烟干鲜重

移栽后时间	处理	鲜重			干重		
		叶重/g	茎重/g	根重/g	叶重/g	茎重/g	根重/g
45d	CK	406.8b	175.7b	41.4b	35.4b	13.3b	5.7c
	T1	424.1a	235.2a	41.1b	50.6a	17.5ab	9.4ab
	T2	486.3a	212.1ab	64.4a	47.2a	17.7a	11.5a
	T3	414.0a	194.7ab	43.9b	34.8b	14.3ab	8.8b
60d	CK	581.1b	306.2b	69.7c	86.7c	41.4c	28.2c
	T1	660.7ab	442.8a	97.7b	106.3b	62.1b	42.6b
	T2	749.0a	520.6a	127.0a	137.4a	85.0a	73.3a
	T3	614.1ab	450.1a	95.0b	105.5b	68.0b	48.5b
75d	CK	575.6c	476.0c	68.3c	87.6c	59.2c	34.7b
	T1	658.4b	604.6ab	70.9c	89.1c	72.2b	32.6b
	T2	825.1a	675.0a	161.4a	151.0a	103.9a	62.0a
	T3	708.7b	562.9bc	96.0b	109.0b	78.7b	46.5b

3. 烤烟氮元素吸收差异

由表 4-16 可知，各处理烤烟氮元素总积累量、烤烟各器官氮元素积累量和各器官氮元素含量均呈现先上升后下降的趋势，各处理均高于 CK 处理且均以 T2 处理最高。

表 4-16　不同处理烤烟各器官氮元素含量及积累量

处理	氮元素总积累量/mg	各器官氮元素积累量			各器官氮元素含量		
		根/mg	茎/mg	叶/mg	根/(mg/g)	茎/(mg/g)	叶/(mg/g)
CK	1 015.10d	175.90c	303.53d	535.67d	5.07c	5.13b	6.12c
T1	1 302.03c	171.80d	377.53c	752.70c	5.27b	5.23b	8.45b
T2	2 415.12a	338.77a	588.70a	1 487.67a	5.46a	5.71a	9.85a
T3	1 642.66b	250.17b	449.63b	942.87b	5.38a	5.67a	8.65b

4. 烤烟磷元素吸收差异

由表 4-17 可知，各处理烤烟磷元素总积累量、烤烟各器官磷元素积累量和各器官磷元素含量均呈现先上升后下降的趋势，且大致均以 T2 处理最高。

表 4-17　不同处理烤烟各器官磷元素含量及积累量

处理	磷元素总积累量/mg	各器官磷元素积累量			各器官磷元素含量		
		根/mg	茎/mg	叶/mg	根/(mg/g)	茎/(mg/g)	叶/(mg/g)
CK	1 854.30d	68.43c	122.63d	179.97d	1.97b	2.07b	2.06c
T1	2 432.27c	64.00d	163.67c	207.53c	1.97b	2.27a	2.33b
T2	4 491.49a	135.93a	245.30a	395.17a	2.19a	2.32a	2.62a
T3	3 035.15b	101.40b	182.57b	273.93b	2.18a	2.36a	2.51ab

5. 根系生长情况

由表 4-18 可知，烟株在垂直深耕 30cm 的土壤根系下扎深度最深，根系体积最大，侧根数最多，侧根直径最粗。

表 4-18　不同处理烟株根系生长情况

移栽后时间	处理	根系下扎深度/cm	根系体积/cm³	侧根数/根	最粗侧根直径/mm
45d	CK	19.0c	40.1c	10.3c	6.1b
	T1	23.5b	42.7bc	12.3b	8.6a
	T2	25.7a	52.4a	15.0a	9.4a
	T3	23.6b	46.8ab	14ab	9.2a
60d	CK	30.5b	81.0b	30.7bc	10.7a
	T1	32.1b	84.0b	25.3c	8.9a
	T2	38.6a	125.8a	56.3a	11.9a
	T3	31.5b	95.9b	34.7b	8.9a

（续）

移栽后时间	处理	根系下扎深度/cm	根系体积/cm³	侧根数/根	最粗侧根直径/mm
75d	CK	32.3b	59.3c	23.7b	11.1ab
	T1	31.9b	72.0bc	28.0b	9.0b
	T2	43.6a	141.1a	55.7a	13.8a
	T3	35.2b	86.9b	35.3b	9.3b

（三）垂直深耕深度对烤烟品质的影响

1. 烟叶物理特性差异

从表 4 - 19 可见，在 B2F 等级烟叶中，各处理叶长表现为 T2＞T1＞CK＞T3，各处理叶宽表现为 T2＞T1＞CK＞T3，各处理单叶重表现为 T2＞T1＞CK＞T3，各处理含梗率表现为 T1＞T2＞CK＞T3。

在 C3F 等级烟叶中，各处理叶长表现为 T2＞T1＞CK＞T3，各处理叶宽表现为 T2＞T1＞T3＞CK，各处理单叶重表现为 T2＞T3＞T1＞CK，各处理含梗率表现为 T2＞T1＞CK＞T3，各处理叶片厚度表现为 T2＞T3＞T1＞CK。

表 4 - 19 烤烟叶片物理特性

等级	处理	叶长/cm	叶宽/cm	单叶重/g	含梗率/%	厚度/mm
B2F	CK	66.3b	15.0b	9.5b	3.25b	0.102b
	T1	69.4ab	17.9a	12.2a	4.07a	0.112a
	T2	71.8a	18.3a	12.5a	3.78ab	0.128a
	T3	59.8c	12.8c	8.4c	2.74c	0.119a
C3F	CK	71.5a	21.0b	11.4b	4.13b	0.089c
	T1	71.8a	22.5ab	11.7ab	4.51a	0.095b
	T2	72.1a	23.8a	12.6a	4.63a	0.131a
	T3	71.3a	21.8ab	12.1a	4.00b	0.119ab

2. 烟叶化学成分差异

表 4 - 20 是 B2F 等级和 C3F 等级烟叶初烤的各项化学指标。B2F 等级烟叶化学成分可用性指数最高的为 T2 处理，其次为 T3 处理，可用性指数最低的为 CK 处理。

C3F 等级烟叶化学成分可用性指数最高的为 T2 处理，其次为 T3 处理，可用性指数最低的为 CK 处理，且显著低于其他各处理。

表 4 - 20 不同处理初烤烟叶化学成分

等级	处理	总糖/%	还原糖/%	总氮/%	烟碱/%	钾含量/%	氯离子/%	氮碱比	糖碱比	可用性指数/%
B2F	CK	30.66b	24.30b	1.91b	3.47a	2.74c	0.42d	0.55c	7.00b	70.14a
	T1	30.03b	25.08ab	1.94a	3.36b	2.83ab	0.57a	0.58b	7.48b	71.25a
	T2	33.68a	26.44a	1.96a	2.88c	2.88a	0.49b	0.68a	9.18a	74.65a
	T3	32.05ab	25.15ab	1.90b	3.33b	2.80bc	0.47c	0.57b	7.55b	73.64a
C3F	CK	28.04c	22.54b	2.35b	3.22b	3.23b	0.46a	0.73b	6.99c	72.22b
	T1	31.62ab	26.46a	2.24c	3.40a	3.17a	0.43a	0.66c	7.79b	78.69a
	T2	32.15a	26.66a	2.46a	3.01c	3.47a	0.45a	0.82a	8.87a	81.25a
	T3	30.96b	27.53a	2.29bc	3.18b	3.23b	0.43a	0.72b	8.65a	80.78a

3. 烟叶外观质量差异

由表 4 - 21 可知，烟叶外观质量总分各处理的表现为 T2＞T3＞T1＞CK。

表 4 - 21 不同处理烤后烟叶的外观质量

等级	处理	颜色	成熟度	叶片结构	身份	油分	色度	外观质量总分
C3F	CK	8.13	7.93	8.20	7.86	8.25	7.37	79.87c
	T1 ·	8.20	7.98	8.32	7.92	8.33	7.51	80.66b
	T2	8.31	8.11	8.36	8.15	8.40	7.63	81.82a
	T3	8.20	7.97	8.28	8.14	8.37	7.55	80.92b

4. 烟叶评吸质量差异

由表 4 - 22 可知，T2 的评吸总分较 CK、T1、T3 分别高 2.70%、1.83%、2.17%，这种差异主要体现在 T2 的香气质、香气量、杂气、刺激性、柔细度、甜度、余味和浓度等评吸指标要优于 CK、T1 和 T3 处理。可见，T2 处理可提高烟叶评吸质量，并因此获得最高评吸总分。

表 4 - 22 不同处理烤后烟叶的评吸质量

等级	处理	香气质	香气量	杂气	刺激性	透发性	柔细度	甜度	余味	浓度	劲头	总分
C3F	CK	6.2	5.9	5.9	5.9	5.7	6.2	5.9	6.0	5.8	5.6	59.45
	T1	6.3	6.1	5.9	6.0	5.8	6.0	6.0	6.0	5.8	5.5	59.95
	T2	6.4	6.2	6.0	6.2	5.8	6.2	6.1	6.1	5.8	5.5	61.05
	T3	6.3	6.1	5.8	6.0	5.8	6.1	6.0	5.8	5.7	5.6	59.75

5. 深耕深度对烤烟经济性状及作物周年产量的影响

由表4-23可知，垂直深耕对烤后烟叶的产量和质量影响较好，且有利于后季作物增产。垂直深耕30cm的烤烟经济效益最高，新增产值明显高于垂直深耕20cm和40cm；并且，从烤烟和水稻的产量和产值来看，垂直深耕30cm所产生的综合经济效益最高。

表4-23　不同处理的经济性状及作物周年产量

处理	烤烟产量/ (kg/hm²)	烤烟产值/ (元/hm²)	新增产值/ (元/hm²)	均价/ (元/kg)	上等烟率/ %	水稻产量/ (kg/hm²)	作物周年产量/ (kg/hm²)
CK	2 181.45	52 834.72	—	24.22	34.21	7 408.52	9 589.97
T1	2 263.95	56 259.16	2 224.44	24.85	34.82	7 591.33	9 855.28
T2	2 360.40	62 385.37	8 350.65	26.43	36.37	7 741.80	10 102.20
T3	2 284.80	59 838.91	5 804.19	26.19	35.98	7 413.75	9 698.55

注：垂直深耕按照每亩200元计算（包括人工、油耗和垂直深耕深松机的费用），正常旋翻耕按照每亩120元一个人工成本计算，新增的费用为80元/亩即1 200元/hm²，增加产值＝烤烟产值－CK产值－新增费用。

三、小结

（1）垂直深耕降低了土壤容重和紧实度，提高了土壤孔隙度。30cm处理对于降低土壤容重、提高土壤孔隙度以及降低土壤紧实度效果最好。

（2）垂直深耕可显著降低土壤pH，其中垂直深耕30cm对于改善土壤酸碱环境效果最好；各垂直深耕处理均能提升土壤有机质含量，垂直深耕30cm和40cm处理在20～30cm土层对土壤有机质含量、全氮、全磷含量提升效果显著，对土壤全钾含量提升效果不明显；垂直深耕30cm对土壤碱解氮、有效磷和速效钾含量的提升效果最显著，更能满足烤烟对养分的需求。

（3）垂直深耕处理均能显著提高烟株在各生育期的株高、茎围和干物质量以及最大叶长、叶宽、叶面积，并且使烟株对氮素和磷素的吸收能力也有显著提升，其中耕作深度30cm处理的提升效果最好。

（4）垂直深耕能够显著增加烤后烟叶的叶长、叶宽、单叶重和厚度；垂直深耕30cm能显著提升烤后烟叶的总糖、还原糖、总氮、钾含量，并显著降低烟碱含量，且能显著提高烤后C3F等级烟叶的外观质量和评吸质量；各垂直深耕处理均提高了烤烟的产量和上等烟比例，其中耕作深度30cm处理表现最好；垂直深耕处理对当年水稻产量也有提升作用，深耕30cm水稻产量较常规耕作提高了4.50%。

综上，以垂直深耕深度 30cm，有利于土壤理化特性的改善，促进优质烟叶生长。

第三节　垂直深耕后水肥管理对湖南土壤质量及浓香型烟叶品质的影响

水旱轮作种植模式易使水田地下水位上升，土壤氧化还原电位下降，在排水不畅的情况下，容易形成冷浸田，土壤结构遭到破坏，进而影响作物的生长与产量的形成。开沟排水和起垄等耕作措施是改善冷浸田土壤理化性质的重要技术。目前，在烟稻复种种植模式下，对于垂直深耕后开沟深度对烟株生长和土壤质量的影响，尚缺乏系统研究。因此，利用大田试验研究垂直深耕后不同起垄时间、深浅开沟措施对烟株产量和土壤化学性质的影响，为湖南烟稻复种区选择合理的耕作措施提供参考。

一、材料与方法

（一）试验地点

试验于 2018 年 3—8 月在郴州市桂阳县仁义乡梧桐村汪山组进行，试验地地理位置：25°46′01″N，112°41′15″E，海拔 250m。桂阳县属亚热带湿润季风气候，年平均气温 17.2℃，年平均日照时数 1 705.4h，年平均降水量 1 385.2mm，冬季偏暖，雨雪甚少。试验田块土壤属于鸭屎泥，质地为壤土，其基本理化性状为：pH 7.58，全氮含量 2.01g/kg，全磷含量 1.25g/kg，全钾含量 24.17g/kg，有机质含量 49.65g/kg，碱解氮含量 155.59mg/kg，有效磷含量 49.79mg/kg，速效钾含量 408.16mg/kg。

（二）试验设计及田间管理

选取往年发生积水的植烟田块，试验采用两因素试验设计，因素 1 为翻耕和起垄时间（A），设（1）垂直深耕后翻耕＋移栽前 7～15d 起垄（常规对照），（2）垂直深耕后翻耕＋立即起垄；因素 2 为排水与否（B），设排水（在烟垄的垂直方向开深沟）和不排水两个水平，围沟深度 30.5cm，垄沟深度 21.5cm，具体处理组合如下：

T1：垂直深耕后翻耕＋不开沟＋移栽前 7～15d 起垄（常规对照）；

T2：垂直深耕后翻耕＋立即起垄＋不开沟；

T3：垂直深耕后翻耕＋开沟＋移栽前 7～15d 起垄；

T4：垂直深耕后翻耕＋立即起垄＋开沟；

T5：垂直深耕后翻耕＋不开沟＋移栽前 7～15d 起垄（常规对照）＋不施肥（空白对照）。

3 月中下旬移栽烤烟，小区面积为 66.7m²。所有生产管理技术措施均和当地烤烟生产技术手册一致。

二、结果与分析

（一）烟株农艺性状

由表 4-24 可知，开沟后立即起垄有助于烟叶的生长。

表 4-24　不同处理对烟株农艺性状的影响

移栽后时间	处理	株高/cm	叶片数/片	最大叶长/cm	最大叶宽/cm	最大叶面积/cm²
20d	T1	15.92b	11.3b	34.46b	16.68b	366.55b
	T2	17.83ab	11.9ab	39.13a	20.12a	502.91a
	T3	18.50a	11.5ab	39.03a	19.20a	478.34a
	T4	17.98ab	12.4a	36.88a	19.35a	455.70a
	T5	11.33c	9.1c	22.92c	9.45c	137.67c
40d	T1	37.65b	12.2a	50.90b	27.14b	883.23b
	T2	44.36a	12.5a	56.64a	29.77a	1 072.82a
	T3	44.00a	13.0a	55.45a	28.20ab	994.43a
	T4	38.23b	12.8a	55.70a	29.96a	1 059.16a
	T5	14.34c	8.5b	30.44c	12.54c	242.64c
60d	T1	82.90b	16.6b	64.26a	26.26ab	1 070.09b
	T2	91.70a	18.1a	64.99a	27.07ab	1 116.77ab
	T3	88.00ab	18.6a	64.38a	26.04b	1 064.28b
	T4	91.00a	18.9a	65.09a	27.48a	1 135.98a
	T5	32.10c	12.9c	35.70b	14.39c	326.75c

（二）对烤烟根系生长的影响

由表 4-25 可知，开沟后立即起垄处理有助于烟株根系的生长。

表 4 - 25　烤烟根系下扎深度

移栽后时间	处理	根系下扎深度/cm
20d	T1	8.53bc
	T2	8.23c
	T3	8.93ab
	T4	9.20a
	T5	5.60d
40d	T1	28.07ab
	T2	27.83ab
	T3	24.87bc
	T4	31.87a
	T5	21.70c
60d	T1	30.93b
	T2	35.17ab
	T3	32.37b
	T4	37.00a
	T5	24.07c

（三）烤烟干物质积累

由表 4 - 26 可知，在移栽后 20d 和 40d 时，开沟后立即起垄有助于烟株干物质总量的积累。

表 4 - 26　烤烟干物质积累量比较

移栽后时间	处理	根/g	茎/g	叶/g	总干重/g
20d	T1	1.22c	2.99a	7.93a	12.14a
	T2	1.89b	2.65a	6.95b	11.49a
	T3	1.78b	2.06a	5.36c	9.20b
	T4	2.23a	2.72a	7.27b	12.22a
	T5	0.24d	0.56b	2.44d	3.24c
40d	T1	6.57bc	9.31bc	26.34a	42.21b
	T2	11.05ab	14.99a	29.29a	55.32ab
	T3	11.66ab	6.94c	29.02a	47.62ab
	T4	14.27a	11.47ab	33.75a	59.48a
	T5	1.66c	1.93d	6.98b	10.57b

（续）

移栽后时间	处理	根/g	茎/g	叶/g	总干重/g
	T1	43.41a	9.31bc	23.00b	75.72a
	T2	28.72a	14.99a	35.95a	79.66a
60d	T3	43.48a	6.94c	22.36b	72.67a
	T4	32.92a	11.47ab	27.08b	71.47a
	T5	9.33b	1.93d	6.98c	18.23b

（四）土壤养分差异

由表 4-27 可知，在移栽后 20d，T4 处理的 pH 最低但最接近适宜范围，T4 处理的有机质含量最高，T2 处理的有效磷含量最高，T4 处理的有效磷含量其次；在移栽后 40d，T2 处理的 pH 最低但最接近适宜范围，T3 处理的有机质含量最高，T4 处理有效磷含量仅低于对照，显著高于其余施肥处理；在移栽后 60d，T4 处理的 pH 最低但最接近适宜范围，T4 处理的有机质、有效磷含量最高。

表 4-27　土壤养分含量

移栽后时间	处理	pH	有机质含量/（g/kg）	有效磷含量/（mg/kg）
	T1	7.66b	105.71b	55.85c
	T2	7.78a	35.46d	91.46a
20d	T3	7.57c	36.03cd	50.80d
	T4	7.49d	166.40a	78.05b
	T5	7.70b	40.16c	40.25e
	T1	7.67b	37.72b	49.31d
	T2	7.52c	34.89c	50.30d
40d	T3	7.94Aa	42.82Aa	67.78Cc
	T4	7.66Bb	35.06Bc	83.22Bb
	T5	7.58Bbc	36.37Bbc	99.81Aa
	T1	7.58Bb	35.80Bc	59.31Cc
	T2	7.66AaB	40.50ABb	64.37Bb
60d	T3	7.41Cc	38.63Bbc	55.80Dd
	T4	7.32Dd	44.97Aa	71.40Aa
	T5	7.70Aa	38.29Bbc	51.02Ee

（五）烤烟经济效益分析

由表 4-28 可知，T4 处理的产量、产值均高于其余处理，均价以 T2、T4 处理最高，上中等烟比例以 T2 处理最高。综合来看，T4 处理的经济性状较其余处理均有优势，说明开沟后立即起垄有助于提高烟株的经济性状指标。

表 4-28　烤烟经济效益分析

处理	产量/（kg/亩）	产值/（元/亩）	均价/元	上等烟比例/%	上中等烟比例/%
T1	141.65	3 909.04	27.60	76.49	98.19
T2	140.24	3 944.77	28.13	80.85	98.28
T3	148.46	4 055.58	27.32	67.72	98.10
T4	158.74	4 465.98	28.13	73.17	98.09
T5	—	—	—	—	—

三、小结

垂直深耕后，翻耕深开沟并且立即起垄有利于提高烟草的株高、叶片面积及最大叶面积，而不开沟会显著降低烟草大田生育期的各项农艺性状。在移栽后各个时期，深开沟＋立即起垄处理的根系下扎深度均为各处理最高，且显著高于不开沟处理，这说明翻耕后深开沟并且立即起垄有利于烤烟根系的下扎，并更有利于土壤养分的释放。从经济性状看，T4 的产量产值和均价均为各处理中最高，经济性状在所有处理中表现最好，说明深开沟后立即起垄有助于提高烟株的经济性状。

第四节　垂直深耕下湖南浓香型烟叶生产的年际稳定性研究

垂直深耕是在传统耕作的基础上，进一步深松耕层土壤，能够打破犁底层，改善土壤耕层结构，提高土壤肥力，从而促进作物的生长发育，进而提高作物产量。大田试验研究表明，垂直深耕后可以改善土壤理化特征，促进烟草的生长发育，为进一步探究垂直深耕后对年际间植烟土壤和烟叶产量构成的影响，拟从土壤物理特性、养分特征、根系发育和经济性状等方面入手，研究垂直深耕后不同年际间的变化差异，为湖南稻作烟区垂直深耕下的耕层重构技术提供依据。

一、材料与方法

（一）试验地点

试验地为长沙浏阳市永安镇下大屋（113°22′2″E，28°17′17″N），土壤类型为水稻土，质地为壤质砂土，养分情况：pH 7.56、有机质含量 30.55g/kg、全氮含量 1.65g/kg、全磷含量 0.94g/kg、全钾含量 20.54g/kg、碱解氮含量 136.84mg/kg、有效磷含量 70.23mg/kg、速效钾含量 87.00mg/kg。供试烤烟品种为 G80，烟草专用肥料和尿素等由当地烟草部门统一提供。

（二）试验设计

试验采用单因素试验设计，设 3 个耕作方式，分别为垂直深耕（T1），当地常规耕作方式：铧式犁翻耕（T2）和直接旋耕（T3），每个耕作方式设 3 个小区，每个小区面积为 289m²（17.2m×16.8m）。耕作器械为自走式垂直深耕深松机（广西五丰有限公司），采用垂直深耕技术，调节耕作深度为 30cm。

2017 年 12 月 1 日进行垂直深耕后，2018 年 3 月 23 日起垄栽烟，7 月 16 日完成烟叶的采收，大田生育期 115d；2019 年 3 月 28 日起垄栽烟，7 月 20 日完成烟叶的采收；所有生产管理技术措施均按照当地烤烟生产技术手册执行。

二、结果与分析

（一）土壤物理特性的变化

由图 4-2 可知，垂直深耕的土壤容重、土壤孔隙度和土壤紧实度在年际间变化差异不明显，从土壤的耕层深度来看，2019 年较 2018 年下降了约 2cm。

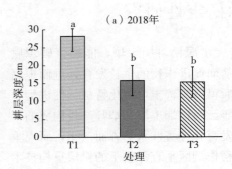

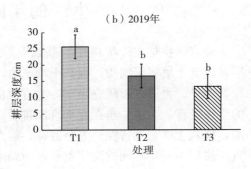

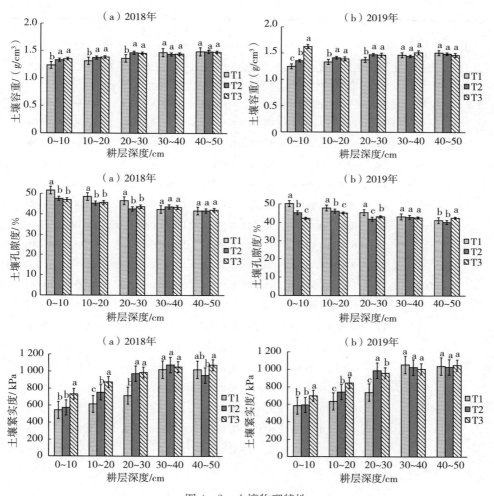

图 4 - 2　土壤物理特性

从表 4 - 29 可以看出，从不同年份间的变化程度来看，两年间土壤团聚体稳定性指数的变化幅度很小，基本上差异不明显，但总体来看，2019 年的土壤团聚体稳定性指数较 2018 年略有下降。

表 4 - 29　不同处理土壤团聚体的稳定指数

年份	耕层深度/ cm	处理	土壤团聚体稳定指数			
			MWD/mm	$R_{0.25}$/%	GMD/mm	分形维数（FD）
2018	0～10	T1	0.94±0.07Aa	98.21±1.09Aa	1.27±0.03Aa	1.61±0.25Bb
		T2	0.90±0.02Ab	93.14±1.32Bb	1.13±0.09Bb	2.20±0.17Aa
		T3	0.90±0.04Ab	92.33±1.24Bb	1.12±0.02Bb	2.30±0.04Aa

（续）

年份	耕层深度/cm	处理	土壤团聚体稳定指数			
			MWD/mm	$R_{0.25}$/%	*GMD*/mm	分形维数（*FD*）
2018	10～20	T1	0.93±0.01Aa	96.25±1.18Aa	1.23±0.05Aa	1.86±0.13Bc
		T2	0.91±0.01Aa	93.66±1.11Ab	1.15±0.04Bb	2.23±0.08Ab
		T3	0.87±0.01Bb	88.54±1.01Bc	0.98±0.04Bb	2.50±0.08Aa
	20～30	T1	0.91±0.01Aa	97.17±1.22Aa	1.17±0.03Aa	1.68±0.17Bb
		T2	0.89±0.01ABb	93.25±1.03Bb	1.08±0.05ABb	2.20±0.09Aa
		T3	0.87±0.01Bb	90.16±1.01Bc	1.01±0.03Bb	2.36±0.06Aa
	30～40	T1	0.88±0.03Aa	93.22±1.11Aa	1.07±0.01Aa	2.16±0.019Aa
		T2	0.87±0.01Aa	92.30±1.02Aa	1.02±0.04Ab	2.19±0.06Aa
		T3	0.87±0.02Aa	93.41±1.35Aa	1.07±0.01Aa	2.06±0.04Ab
	40～50	T1	0.87±0.02Aa	90.54±1.17Aa	1.03±0.07Aa	2.28±0.103Aa
		T2	0.85±0.01Aab	89.32±1.09Aa	0.95±0.02Aa	2.33±0.017Aa
		T3	0.84±0.01Ab	89.34±1.26Aa	0.94±0.06Aa	2.36±0.01Aa
2019	0～10	T1	0.93±0.06Aa	97.21±1.10Aa	1.28±0.04Aa	1.68±0.28Bb
		T2	0.90±0.02Ab	92.24±1.22Bb	1.24±0.08Bb	2.25±0.27Aa
		T3	0.89±0.04Ab	91.35±1.22Bb	1.14±0.01Bb	2.35±0.04Aa
	10～20	T1	0.92±0.01Aa	95.35±1.01Aa	1.21±0.04Aa	1.82±0.15Bc
		T2	0.91±0.01Aa	92.54±1.02Ab	1.14±0.04Bb	2.18±0.09Ab
		T3	0.86±0.01Bb	87.34±1.01Bc	0.94±0.04Bb	2.48±0.08Aa
	20～30	T1	0.90±0.01Aa	96.23±1.24Aa	1.11±0.04Aa	1.61±0.07Bb
		T2	0.86±0.01ABb	93.14±1.13Bb	1.05±0.05ABb	2.14±0.09Aa
		T3	0.85±0.01Bb	89.31±1.11Bc	1.01±0.04Bb	2.22±0.08Aa
	30～40	T1	0.89±0.02Aa	92.92±1.05Aa	1.08±0.01Aa	2.15±0.019Aa
		T2	0.86±0.01Aa	91.20±1.02Aa	1.02±0.01Ab	2.16±0.06Aa
		T3	0.86±0.02Aa	91.21±1.05Aa	1.06±0.01Aa	2.06±0.04Ab
	40～50	T1	0.86±0.03Aa	89.54±1.06Aa	1.03±0.07Aa	2.30±0.05Aa
		T2	0.84±0.02Aab	88.42±1.09Aa	0.95±0.02Aa	2.31±0.02Aa
		T3	0.83±0.02Ab	88.34±1.11Aa	0.94±0.06Aa	2.35±0.01Aa
变幅	0～10	T1	−0.01	−1.00	0.01	0.07
		T2	0.00	−0.90	0.11	0.05
		T3	−0.01	−0.98	0.02	0.05
	10～20	T1	−0.01	−0.90	−0.02	−0.04

（续）

年份	耕层深度/cm	处理	土壤团聚体稳定指数			
			MWD/mm	$R_{0.25}$/%	GMD/mm	分形维数（FD）
变幅	10～20	T2	0	−1.12	−0.01	−0.05
		T3	−0.01	−1.20	−0.04	−0.02
	20～30	T1	−0.01	−0.94	−0.06	−0.07
		T2	−0.03	−0.11	−0.03	−0.06
		T3	−0.02	−0.85	0	−0.14
	30～40	T1	0.01	−0.30	0.01	−0.01
		T2	−0.01	−1.10	0	−0.03
		T3	−0.01	−2.20	−0.01	0
	40～50	T1	−0.01	−1.00	0	0.02
		T2	−0.01	−0.90	0	−0.02
		T3	−0.01	−1.00	0	−0.01

（二）土壤养分含量的变化

由表 4 - 30 可知，不同年际间，2019 年垂直深耕的土壤 pH、碱解氮和速效钾含量略有下降，土壤有机质含量增加明显，其他养分含量略有增加。

表 4 - 30　不同处理土壤养分含量

年份	处理	pH	有机质/(g/kg)	全氮/(g/kg)	全磷/(g/kg)	全钾/(g/kg)	碱解氮/(mg/kg)	有效磷/(mg/kg)	速效钾/(mg/kg)
2018	T1	7.75a	24.23a	1.72a	0.74c	24.55a	120.27a	40.36c	146.67a
	T2	7.52a	25.12a	1.54b	0.82b	25.55a	123.61a	43.69b	93.67b
	T3	7.22b	25.94a	1.40c	0.91a	24.57a	127.25a	51.55a	136.66a
2019	T1	7.65a	28.35a	1.75a	0.78b	26.55a	118.35b	42.15b	142.32a
	T2	7.59a	24.22a	1.66b	0.74b	27.51a	126.17ab	41.68b	120.28b
	T3	7.32b	23.45a	1.75a	0.89a	25.87a	131.55a	48.76a	141.65a
变幅	T1	−0.10	4.12	0.03	0.04	2.00	−1.92	1.79	−4.35
	T2	0.07	−0.90	0.12	−0.08	1.96	2.56	−2.01	26.61
	T3	0.10	−2.49	0.35	−0.02	1.30	4.30	−2.79	4.99

（三）烤烟根系生长的差异

由表 4 - 31 可知，垂直深耕在年际间均能显著促进烤烟根系的生长发育。

表 4 - 31　烤烟根系特征（60d）

年份	处理	根系下扎深度/cm	根系体积/cm³	侧根数/根	最粗侧根直径/mm
2018	T1	43.6a	—	30.3a	9.8a
	T2	39.3b	—	26.0a	8.9a
	T3	38.8b	—	28.3a	8.6a
2019	T1	39.9a	86.0a	37.0a	12.0a
	T2	29.0b	61.9c	26.3b	9.1b
	T3	23.4c	72.4b	25.7b	6.6c
变幅	T1	−3.7	—	6.7	2.2
	T2	−10.3	—	0.3	0.2
	T3	−15.4	—	−2.6	−2.0

（四）烤烟生物量的差异

由表 4 - 32 可知，2019 年的烟株鲜重与 2018 年相比，总体上鲜重变小，但垂直深耕的变化幅度要小于常规耕作。

表 4 - 32　烟株鲜重（60d）

年份	处理	叶重/g	茎重/g	根重/g	总重/g
2018	T1	880.5a	455.9a	155.8a	1 492.3a
	T2	757.2a	415.4a	166.5a	1 339.2a
	T3	846.0a	377.4a	138.3a	1 361.8a
2019	T1	678.8a	498.3a	73.3a	1 250.4a
	T2	550.3b	351.6b	67.7b	969.6b
	T3	584.3b	369.5b	63.2b	1 017.0b
变幅	T1	−201.7	42.4	−82.5	−241.9
	T2	−206.9	−63.8	−98.8	−369.6
	T3	−261.7	−7.9	−75.1	−344.8

由表 4 - 33 可知，在不同的耕作方式中，不同处理间的干物质量在 2018 年无显著差异，但在 2019 年，垂直深耕的叶、茎和总重均高于常规耕作。2019 年的干物质量与 2018 年相比均变小。

表 4 - 33　干物质量（60d）

年份	处理	叶重/g	茎重/g	根重/g	总重/g
	T1	145.9a	70.5a	46.3a	262.7a
2018	T2	109.1a	69.6a	43.5a	222.3a
	T3	141.1a	56.8a	38.5a	236.4a
	T1	101.3a	67.6a	32.4a	201.3a
2019	T2	85.1b	55.8ab	29.6a	170.5b
	T3	81.9b	51.0b	30.3a	163.2b
	T1	−44.6	−2.9	−13.9	−61.4
变幅	T2	−24.0	−13.8	−13.9	−51.8
	T3	−59.2	−5.8	−8.2	−73.2

（五）烤烟经济性状的差异

由表 4 - 34 可知，2019 年与 2018 年相比，各处理产量均有所增加，但因均价下降，导致产值减少，但垂直深耕产值的变化幅度要明显小于常规耕作。

表 4 - 34　不同耕作方式对烤烟经济性状的影响

年份	处理	产量/ （kg/hm²）	产值/ （元/hm²）	均价/ （元/kg）	上等烟率/ %
	T1	2 231.4a	69 262.6a	31.04	48.33a
2018	T2	2 121.3ab	63 935.8ab	30.14	43.36b
	T3	2 076.9b	54 788.5b	26.38	33.97c
	T1	2 656.4a	65 827.5a	24.78	52.14a
2019	T2	2 331.5b	56 422.7b	24.20	40.38b
	T3	2 255.3b	50 203.4b	22.26	35.42b
	T1	425.0	−3 435.1	−6.26	3.81
变幅	T2	210.2	−7 513.1	−5.94	−2.98
	T3	178.4	−4 585.1	−4.12	1.45

三、小结

（1）垂直深耕的土壤容重、土壤孔隙度和土壤紧实度在年际间的变化差异不明显，土壤团聚体稳定性指数的变化幅度很小，但 2019 年土壤团聚体稳定性指数较 2018 年略有下降。从土壤的耕层深度来看，2019 的耕层深度较 2018 年下降了约 2cm。

（2）2019 年垂直深耕的土壤 pH、碱解氮和速效钾含量较 2018 年略有下降，土壤有机质含量增加明显，其他养分含量略有增加。

（3）2018 年和 2019 年烤烟根系下扎深度均呈显著差异，且垂直深耕处理的烤烟根系下扎深度显著高于常规耕作处理，2019 年烤烟根系下扎深度略有下降，但下降幅度小于常规耕作。2019 年烤烟侧根数量和根系最粗直径均显著高于常规处理，说明垂直深耕在年际间均能显著促进烤烟根系的生长发育。

（4）烟株鲜重和干物质量在年际间略有下降，但垂直深耕的鲜重变化幅度要小于常规耕作。

2019 年与 2018 年相比，各处理产量有所增加，但因均价下降，导致产值减少，但垂直深耕产值的变化幅度要明显小于常规耕作。

综上，垂直深耕后对年际间烟叶生产均具有促进作用，其年际变化幅度要低于常规耕作，说明垂直深耕后年际间烟叶生产的稳定性较好。

第五章

湖南浓香型烟区土壤耕层有机质提升技术研究

第一节　不同有机物料对湖南土壤耕层有机质及养分含量的影响

　　土壤有机质是土壤肥力和土壤生产力的核心。土壤构架、土壤结构、土壤物理特性、土壤微生物活动、土壤养分和水分涵养能力等都与土壤有机质相关。土壤有机质不仅是土壤的基本骨架和土壤中各种生物的碳源和能源，更是土壤养分增容与平衡施肥的缓冲体；1％的土壤有机质含量相当于含有18kg/亩的养分，有机质含量从2％下降到1.5％，保肥能力下降14％；土壤有机质含量从1％提升到3％，土壤的保水能力增加6倍。土壤有机质还是土壤保肥能力的主要贡献者。土壤有机质组分很复杂，通常可分为腐殖质和非腐殖质。土壤活性有机质是土壤有机质的活跃部分，会随时空条件和植物、微生物的影响而变化，其形态和空间位置对植物和微生物具有较高的活性。因此研究外源有机物料（稻草、绿肥和饼肥等）对植烟土壤容重、田间持水量、团聚体、阳离子交换量、有机质含量、腐殖质各组分变化、活性有机质、各级团聚体有机质、有机氮矿化的影响，对指导稻草还田、种植绿肥翻压还田和合理施用饼肥意义重大。

一、材料与方法

（一）试验地点

　　湘南典型烟区：试验点位于永州市蓝山县土市镇贺家村（烟农：贺顺标）和江华瑶族自治县白芒营镇新社湾村（烟农：蒋太运）。

　　湘西烟区：试验点位于湘西土家族苗族自治州凤凰县千工坪乡通板村（烟农：滕建平）和花垣县道二乡科技园（烟农：田代平）。

　　试验烟田近3年没有安排过肥料试验，交通便利，排灌方便，其土质、肥力在当地烟区具有代表性。烟田面积约 2 亩。2015 年 10 月做好准备工作，2016 年开始试验，连续开展两年小区定位试验。供试土壤基本理化性状如表 5-1。

表 5-1 试验小区土壤基本理化性状

项目	湘南典型烟区（永州）		湘西典型烟区（湘西自治州）	
	蓝山	江华	花垣	凤凰
有机质/（g/kg）	68.18	43.62	17.28	20.34
pH	7.68	6.58	6.93	6.21
全氮/（g/kg）	4.57	2.57	1.28	1.29
全磷/（g/kg）	1.34	1.70	0.69	0.78
全钾/（g/kg）	8.28	12.45	13.68	28.01
碱解氮/（mg/kg）	224.18	180.08	84.53	124.95
速效磷/（mg/kg）	37.52	88.97	12.77	22.45
速效钾/（mg/kg）	287.50	350.00	275.00	65.00
阳离子交换量/（cmol/kg）	22.44	18.46	15.33	9.75

（二）试验设计

（1）湘南典型烟区（蓝山和江华）试验设计：5 个处理：

T1：纯化肥基肥（70kg/亩）；

T2：纯化肥（63kg/亩）+三饼合一饼肥（20kg/亩）；

T3：纯化肥（65kg/亩）+稻草还田（风干稻草，350kg/亩，切碎成 10～15cm 长的碎段还田）；

T4：纯化肥（38kg/亩）+油菜绿肥掩埋（鲜料，约 1 700kg/亩）；

T5：纯化肥（56kg/亩）+三饼合一饼肥（40kg/亩）。

每个处理重复 3 次，15 个小区，小区随机区组排列，小区标准设置为 12.5m 长、4.8m 宽，每小区 100 株烤烟。小区之间由田埂隔开，在 3 年定位试验期间保持不变。湘南烟区各处理总氮用量相同（包括有机氮和无机氮），均为 9.6kg/亩，肥料配方为 $N：P_2O_5：K_2O=1：0.8：2.8$。专用基肥（纯化肥配制）的养分含量为 $N：P_2O_5：K_2O=8：15.4：7.3$。饼肥的养分含量为 $N：P_2O_5：K_2O=2.1：2.6：4$。

（2）湘西典型烟区（花垣和凤凰）试验设计：5 个处理：

T1：纯化肥处理（64kg/亩）；

T2：纯化肥（60kg/亩）+三饼合一饼肥（15kg/亩）；

T3：T2+箭筈豌豆绿肥；

T4：T2+黑麦草绿肥；

T5：纯化肥（60kg/亩）＋三饼合一饼肥（30kg/亩）（花垣由于试验田面积所限，没有设置此处理）。

每个处理重复 3 次，小区随机区组排列，小区标准设置为 10m 长、4.8m 宽，每小区 80 株烤烟。小区间由田埂隔开，在 2 年定位试验期间保持不变。各处理总氮用量（包括有机氮和无机氮）相同，均为 7.6kg/亩，肥料配方为 $N：P_2O_5：K_2O=1：1.28：3.11$。纯化肥基肥养分含量为 $N：P_2O_5：K_2O=8：15.4：7.3$，饼肥养分含量为 $N：P_2O_5：K_2O=2.1：2.6：4$。

（三）试验土壤取样

湘南试验点于烤烟杀杆前（7 月 5 日）和晚稻收获后（11 月 3 日）、湘西试验点在烤烟收获后（9 月 1 日）分小区取环刀样（每小区取 3 个环刀）测定土壤容重、孔隙度等物理性状；取大块土壤样测定土壤团聚体及各级团聚体土粒有机质含量，按处理取混合土样，测定土壤速效养分和有机质含量与组成。烤烟移栽后 30d、60d、90d 和烟叶收获后，按处理分别取土壤（按"×"路线在小区内至少 9 点取样，混合后得到小区样）混合样进行土壤有机质含量和组成、土壤养分、土壤有机氮矿化分析。研究外源物料对土壤有机质组成及矿化特性的影响，包括土壤容重、持水能力、阳离子交换量等物理性状；土壤团聚体及其组成，土壤各级团聚体有机质含量；土壤有机质含量及组分，活性有机质含量；土壤有机氮矿化特性等。

（四）分析方法

土壤容重、田间持水量：环刀法。

土壤活性有机质含量：高锰酸钾氧化法。

土壤全氮含量：半微量开氏消煮法。

土壤有机质含量：重铬酸钾滴定法—外加热法。

土壤腐殖质分组：焦磷酸钠混合液提取—重铬酸钾法。

土壤有机氮矿化特性：可矿化氮＝土壤矿化氮和初始氮之和—初始氮。

土壤团聚体：非水稳定性大团聚体—干筛法，水稳定性大团聚体—湿筛法。

土壤阳离子交换量（CEC）：EDTA-铵盐快速法。

二、结果与分析

（一）不同有机物料对植烟土壤有机质含量的影响

烟草生长期间植烟土壤有机质含量的动态变化，显示了投入土壤的有机物料的降解和烟株根系生长的变化过程。由图 5-1 可知，蓝山、江华土壤的有机质含量较原始土样总体呈下降趋势，但稻草、油菜还田处理基本高于对照（CK）处理，在烟草移栽后1~2个月（4—5月）土壤有机质含量会有一个峰值出现，这可能与有机物料的矿化分解和烟株根系生长的综合作用有关。相较CK而言，稻草和油菜还田处理能在一定程度上提高植烟土壤有机质含量。凤凰和花垣植烟土壤有机质含量的变化则呈先升后降的变化趋势，但总体变化不大。绿肥还田处理的土壤有机质含量整体高于CK，并会在烟草移栽后1~2个月（5—6月）出现一个峰值。

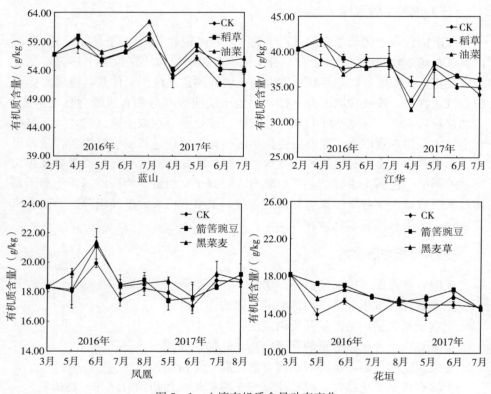

图5-1　土壤有机质含量动态变化

植烟土壤有机质含量的变化结果（图5-2）显示，蓝山2016年烟草收获期（7月），稻草还田、油菜还田处理和CK的土壤有机质含量分别为59.45g/kg、62.50g/kg和60.30g/kg，油菜还田处理较CK提高了3.65%；2017年分别为54.02g/kg、56.10g/kg、51.45g/kg，稻草、油菜还田处理较CK分别提高5.00%和9.04%，各处理间差异均达极显著水平。2016年水稻收获后（11月），稻草、油菜还田处理的土壤有机质含量分别提高了0.50%和6.03%，2017年分别提高了1.87%、1.91%，但各处理间差异不显著。江华2017年烟草收获期的稻草、油菜还田和 CK 处理的土壤有机质含量分别为 36.07g/kg、34.94g/kg 和 33.89g/kg，还田处理分别提高了 6.43％和 3.10％，与 CK 差异显著，但还田处理间差异不显著。水稻收获后，土壤有机质含量分别提高了 4.08％和 5.10％，油菜还田处理与其他处理差异显著。综上，稻草、油菜还田能在一定程度上提高植烟土壤有机质含量，且油菜优于稻草，这可能与油菜和稻草的 C/N 不同、分解强度不同等有关。蓝山稻草和油菜还田处理对土壤有机质含量的提高效果不明显，这可能与蓝山土壤有机质含量较高，短期内不容易再增加等有关。

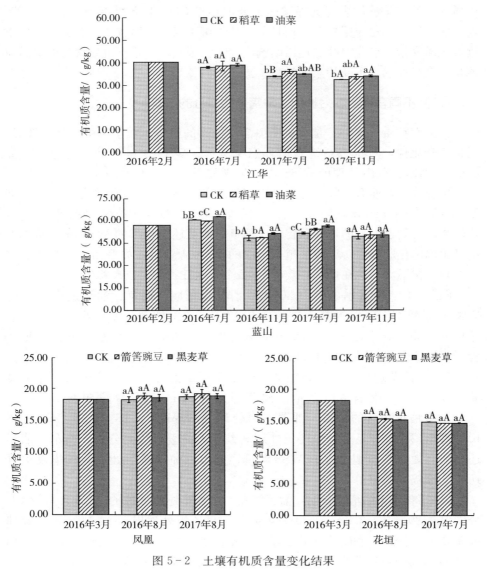

图 5-2　土壤有机质含量变化结果

凤凰 2016 年烟草收获期（8 月），箭筈豌豆、黑麦草还田处理和 CK 处理的土壤有机质含量分别为 18.78g/kg、18.54g/kg 和 18.21g/kg，绿肥还田处理较 CK 的土壤有机质含量分别提高 3.13％和 1.81％；2017 年分别为 19.15、18.77、18.65g/kg，绿肥还田处理较 CK 的土壤有机质含量分别提高 2.68％和 0.64％，各处理间差异均不显著。与原始土壤相比较，绿肥还田处理的有机质含量分别提高了 4.59％和 2.51％，箭筈豌豆处理提高的幅度大于黑麦草处理，这可能与箭筈豌豆和黑麦草的 C/N 和分解特性有关。花垣植烟土壤有机质含量的变化整体表现为绿肥还田处理小于 CK，且各处理间差异不显著。这可能与绿肥还田年限较短，而且与旱地土壤中绿肥的腐解速率有关，导致土壤有机质含量的变化对绿肥还田的响应缓慢。因此，土壤有机质含量的提高应该是一个长期的、不断积累的过程。

（二）不同有机物料对植烟土壤腐殖质组分的影响

水溶性物质（WSS）是有机质中活性极高的组分，在土壤中吸附、解吸、迁移、转化快，对生态系统碳循环意义重大。WSS 含量的动态变化过程如图 5-3 所示，蓝山处理的 WSS 含量呈现先升高，在烟草移栽后 2 个月（5 月）出现峰值，而后下降的趋势；江华处理的 WSS 含量整体变化不大，在烟草移栽后 1~2 个月出现峰值。可见，在烟草旺长期间，还田处理的 WSS 含量均较高，有利于养分的迁移和转化。稻草、油菜还田处理的 WSS 含量基本上都高于单施化肥处理。凤凰县植烟土壤的 WSS 含量呈现先升后降的趋势、花垣县则变化不大，均在烟草移栽后 1~2 个月（旺长期）出现峰值。

图 5-4 结果显示，蓝山 2017 年烟草收获期，稻草、油菜还田处理的 WSS 含量较 CK 分别提高 5.08％、8.47％，还田处理与 CK 差异显著，但还田处理间差异不显著。2016 年水稻收获后，稻草、油菜还田处理的 WSS 含量较 CK 分别提高 10.00％、10.00％，2017 年分别提高 3.41％、10.23％，油菜还田处理提高幅度大于稻草还田处理，但各处理间差异不显著。江华 2017 年烟草收获期，油菜还田处理的 WSS 含量较 CK 提高了 20％，水稻收获后的稻草、油菜还田处理分别提高 18.18％、11.36％，还田处理与 CK 差异显著，但还田处理间差异不显著。综上分析，稻草、油菜还田能有效提高植烟土壤的 WSS 含量，蓝山以油菜还田处理、江华以稻草还田处理提高效果好。

凤凰 2016 年烟草收获期，箭筈豌豆、黑麦草还田处理的 WSS 含量较 CK 分别提高 29.4％、5.88％，2017 年箭筈豌豆还田处理提高 14.29％，各处理间差异不显著，箭筈豌豆还田处理提高幅度大于黑麦草还田处理。花垣 2016 年烟草收获期的箭筈豌豆、黑麦草还田处理较 CK 分别提高 26.67％、

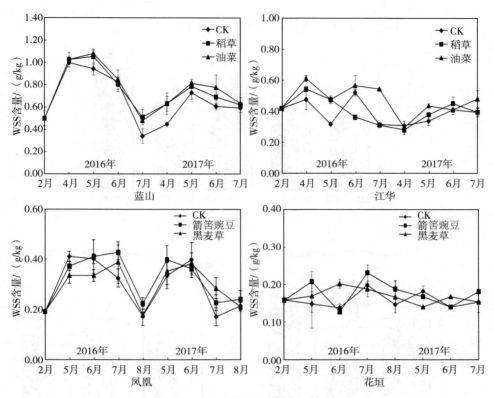

图 5-3　土壤水溶性物质含量动态变化

13.33%，2017 年箭筈豌豆还田处理提高 20.00%，提高幅度同样表现为箭筈豌豆还田＞黑麦草还田。凤凰、花垣绿肥还田能在一定程度上提高植烟土壤的 WSS 含量，但效果不显著，以箭筈豌豆还田提高幅度大。

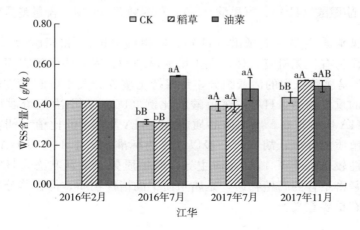

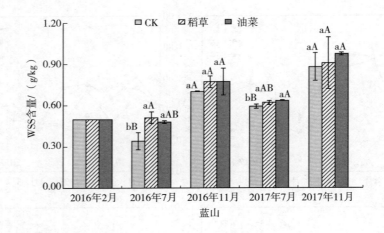

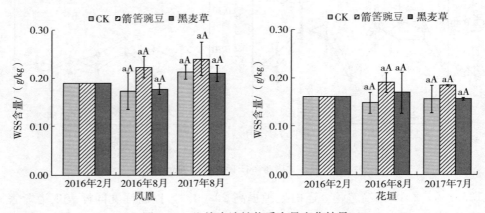

图 5-4　土壤水溶性物质含量变化结果

（三）胡敏酸（HA）、富里酸（FA）和胡敏素（HM）含量差异

土壤腐殖质主要由胡敏酸（HA）、富里酸（FA）和胡敏素（HM）组成，它们作为有机无机复合体，在土壤酸碱缓冲、养分协调等方面具有重要作用。HA 是腐殖质中的活跃组分，是保持土壤养分及水分和促进良好团粒结构形成的重要物质，HA 占腐植酸的比例（PQ）大小决定着腐殖质品质的优劣，HA 比例越高，腐殖质品质越好。HA 与 FA 的比值（胡富比）也能衡量腐殖质的好坏，胡富比一般以 1 作为标准，大于 1 表明 HA 占主导，腐殖质活性较低；小于 1，FA 占主导，腐殖质处于活跃状态。HM 是与土壤矿物质紧密结合的腐殖物质，是腐殖质中的惰性物质，但在养分保持和碳截获方面有重要意义。

表5-2　植烟土壤腐殖质含量变化（蓝山）

地点	取样时间/ （年-月）	处理	HA/ （mg/g）	FA/ （mg/g）	HM/ （mg/g）	胡富比	PQ
蓝山	2016-2	原始样	6.66	4.33	41.88	1.54	0.61
	2016-4	CK	7.22	5.66	30.25	1.27	0.56
		稻草	8.05	5.49	23.88	1.46	0.59
		油菜	6.11	5.11	36.19	1.20	0.54
	2016-5	CK	7.01	9.19	28.46	0.76	0.43
		稻草	6.90	8.21	30.49	0.84	0.46
		油菜	8.35	6.06	32.35	1.38	0.58
	2016-6	CK	7.37	4.89	29.71	1.51	0.60
		稻草	7.09	5.74	26.76	1.23	0.55
		油菜	8.00	5.11	30.75	1.56	0.61
	2016-7	CK	7.86	4.22	35.84	1.86	0.65
		稻草	7.79	3.84	31.27	2.03	0.67
		油菜	7.37	6.77	30.06	1.09	0.52
	2016-11	CK	5.91	5.04	32.30	1.17	0.54
		稻草	6.37	5.09	28.46	1.25	0.56
		油菜	6.55	6.95	30.84	0.94	0.49
	2017-4	CK	5.82	7.62	35.13	0.76	0.43
		稻草	5.89	6.31	35.05	0.93	0.48
		油菜	5.78	5.06	36.02	1.14	0.53
	2017-5	CK	5.96	7.15	36.74	0.83	0.45
		稻草	5.57	6.98	37.59	0.80	0.44
		油菜	5.25	6.33	38.38	0.83	0.45
	2017-6	CK	8.07	6.67	32.72	1.21	0.55
		稻草	7.65	8.05	34.27	0.95	0.49
		油菜	7.86	8.06	34.58	0.98	0.49
	2017-7	CK	7.62	7.91	32.49	0.96	0.49
		稻草	7.13	8.00	33.60	0.89	0.47
		油菜	7.55	8.04	32.68	0.94	0.48
	2017-11	CK	7.56	8.18	20.78	0.92	0.48
		稻草	7.70	8.81	22.81	0.87	0.47
		油菜	6.96	7.96	23.33	0.87	0.47

表5-3 植烟土壤腐殖质含量变化（江华）

地点	取样时间/ （年-月）	处理	HA/ （mg/g）	FA/ （mg/g）	HM/ （mg/g）	胡富比	PQ
江华	2016-2	原始样	5.97	4.36	20.92	1.37	0.58
	2016-4	CK	6.34	2.05	19.32	3.09	0.76
		稻草	7.23	2.24	21.52	3.24	0.76
		油菜	7.23	3.20	20.39	2.26	0.69
	2016-5	CK	7.01	2.57	19.57	2.73	0.73
		稻草	7.23	2.99	19.81	2.42	0.71
		油菜	6.79	2.68	20.44	2.53	0.72
	2016-6	CK	8.35	1.77	17.59	4.72	0.83
		稻草	6.79	5.05	20.12	1.34	0.57
		油菜	7.23	5.57	20.13	1.30	0.56
	2016-7	CK	6.10	3.93	17.81	1.55	0.61
		稻草	7.44	3.26	18.92	2.28	0.69
		油菜	7.30	2.57	16.68	2.84	0.74
	2017-4	CK	5.60	3.82	19.60	1.47	0.59
		稻草	5.05	4.89	19.62	1.03	0.51
		油菜	5.57	4.48	16.65	1.24	0.55
	2017-5	CK	4.48	2.66	22.34	1.69	0.63
		稻草	5.04	3.56	20.60	1.42	0.59
		油菜	5.39	4.79	19.77	1.13	0.53
	2017-6	CK	7.44	5.77	20.80	1.29	0.56
		稻草	7.51	5.59	13.36	1.34	0.57
		油菜	7.30	6.08	19.14	1.20	0.55
	2017-7	CK	6.75	5.33	10.08	1.27	0.56
		稻草	7.24	6.07	19.90	1.19	0.54
		油菜	6.54	5.65	19.20	1.16	0.54
	2017-11	CK	4.92	5.89	12.75	0.84	0.46
		稻草	5.56	6.84	13.65	0.81	0.45
		油菜	5.24	5.69	19.53	0.92	0.48

表5-4 植烟土壤腐殖质含量变化（凤凰）

地点	取样时间/ （年-月）	处理	HA/ （mg/g）	FA/ （mg/g）	HM/ （mg/g）	胡富比	PQ
凤凰	2016-2	原始样	3.89	2.78	8.42	1.40	0.58

（续）

地点	取样时间/ （年-月）	处理	HA/ （mg/g）	FA/ （mg/g）	HM/ （mg/g）	胡富比	PQ
凤凰	2016-5	CK	4.19	4.07	5.88	1.03	0.51
		箭筈豌豆	4.63	3.50	7.00	1.32	0.57
		黑麦草	4.52	3.93	8.01	1.15	0.53
	2016-6	CK	5.78	2.93	6.71	1.97	0.66
		箭筈豌豆	4.56	4.79	7.46	0.95	0.49
		黑麦草	4.16	4.53	7.04	0.92	0.48
	2016-7	CK	2.97	3.39	4.97	0.88	0.47
		箭筈豌豆	3.06	2.96	6.68	1.04	0.51
		黑麦草	2.40	2.68	5.48	0.90	0.47
	2016-8	CK	4.85	4.30	6.42	1.13	0.53
		箭筈豌豆	3.74	7.26	6.13	0.52	0.34
		黑麦草	4.24	6.15	6.10	0.69	0.41
	2017-5	CK	2.76	3.92	6.00	0.70	0.41
		箭筈豌豆	3.04	3.97	6.07	0.77	0.43
		黑麦草	2.46	3.98	5.22	0.62	0.38
	2017-6	CK	3.22	4.81	5.36	0.67	0.40
		箭筈豌豆	3.18	4.96	5.63	0.64	0.39
		黑麦草	3.22	5.11	5.70	0.63	0.39
	2017-7	CK	3.56	5.30	7.97	0.67	0.40
		箭筈豌豆	3.68	5.44	8.03	0.68	0.40
		黑麦草	3.63	5.58	8.40	0.65	0.39
	2017-8	CK	3.24	4.99	8.10	0.65	0.39
		箭筈豌豆	3.15	5.30	8.29	0.59	0.37
		黑麦草	3.09	5.02	7.55	0.61	0.38

表 5-5　植烟土壤腐殖质含量变化（花垣）

地点	取样时间/ （年-月）	处理	HA/ （mg/g）	FA/ （mg/g）	HM/ （mg/g）	胡富比	PQ
花垣	2016-2	原始样	2.78	2.89	9.10	0.96	0.49
	2016-5	CK	1.68	2.87	7.33	0.58	0.37
		箭筈豌豆	2.11	3.21	9.04	0.66	0.40
		黑麦草	2.39	2.82	7.69	0.85	0.46

（续）

地点	取样时间/ （年-月）	处理	HA/ （mg/g）	FA/ （mg/g）	HM/ （mg/g）	胡富比	PQ
花垣	2016-6	CK	3.65	0.89	7.92	4.09	0.80
		箭筈豌豆	3.65	1.61	8.80	2.26	0.69
		黑麦草	1.82	2.62	8.81	0.69	0.41
	2016-7	CK	1.09	2.48	5.44	0.44	0.30
		箭筈豌豆	2.86	0.61	7.41	4.67	0.82
		黑麦草	1.91	1.87	6.54	1.02	0.50
	2016-8	CK	0.88	2.84	6.21	0.31	0.24
		箭筈豌豆	2.04	1.89	6.31	1.08	0.52
		黑麦草	2.18	2.01	6.33	1.09	0.52
	2017-5	CK	2.20	3.92	7.77	0.56	0.36
		箭筈豌豆	2.24	4.05	7.90	0.55	0.36
		黑麦草	1.89	3.90	5.73	0.48	0.33
	2017-6	CK	1.85	3.93	5.99	0.47	0.32
		箭筈豌豆	1.99	3.05	7.55	0.65	0.39
		黑麦草	1.85	2.58	8.00	0.72	0.42
	2017-7	CK	1.64	3.57	8.27	0.46	0.31
		箭筈豌豆	1.67	3.71	8.28	0.45	0.31
		黑麦草	1.67	3.54	8.27	0.47	0.32

由表5-2、表5-3、表5-4和表5-5可知：凤凰、花垣处理的腐殖质胡富比和PQ值均较蓝山、江华处理小，凤凰、花垣土壤的腐殖质品质整体劣于蓝山、江华。相较CK，凤凰、花垣处理的HA、HM含量呈下降趋势，FA含量呈增加趋势，但总体变化不大。烟草收获期，凤凰各处理间的腐殖质含量差异不显著，花垣处理的腐殖质含量表现为箭筈豌豆还田＞黑麦草还田＞CK，2017年箭筈豌豆还田处理相较CK，HA、FA、HM含量分别提高了1.83%、3.92%、0.12%。可见，凤凰、花垣绿肥还田处理对土壤腐殖质的影响不明显，这可能与腐殖质本身的稳定性有关，而且腐殖质对短期的试验响应缓慢，但胡富比和PQ均有降低趋势，说明土壤腐殖质有增强活性的趋势，可能是不同物料添加了土壤中的有机碳含量，增进了有机碳的循环，对腐殖质产生了激活作用，使腐殖质中的碳更多地参与到有机碳循环中。

（四）不同有机物料对植烟土壤活性有机质的影响

活性有机质是土壤中易被微生物分解利用、有效性较高、对植物养分供应有最直接作用的那部分有机质。Logninow 等根据不同浓度过量的高锰酸钾（33mmol/L、167mmol/L、333mmol/L）氧化土壤有机质的数量将其分成高活性有机质、中活性有机质、活性有机质、非活性有机质 4 种不同的级别。

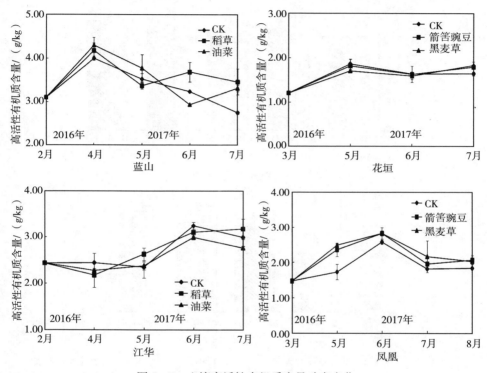

图 5-5　土壤高活性有机质含量动态变化

由图 5-5 可知，蓝山、江华稻草、油菜还田处理的高活性有机质含量整体都高于 CK 处理，在烟草生长期间，蓝山处理的高活性有机质含量呈下降趋势，在烟草移栽后 1 个月出现峰值，高活性有机质含量在烟草生长前期以油菜还田处理较高，后期以稻草还田处理较高，这可能与不同有机物料分解特性有关。江华处理的高活性有机质含量则呈上升趋势，在烟草移栽后 3 个月出现峰值，此时以 CK 处理含量最高，可能是单施化肥使生物量增加较多，归还到土壤中的残茬和凋落物等有机物质较多，导致了土壤高活性有机质含量的增加。凤凰、花垣绿肥还田处理的高活性有机质含量总体上高于 CK，总体呈现先升高，在烟草移栽后 1～2 个月出现峰值后下降，在烟草收获期略有升高的趋势，后期的增加可能与根系生长和微生物活动等有关。

由图 5-6 可以看出，蓝山烟草收获期还田处理的高活性有机质含量较 CK 均显著提高，2016 年和 2017 年稻草、油菜还田处理的高活性有机质含量较 CK 分别提高 23.87％、26.13％和 25.36％、19.93％，还田处理间差异不显

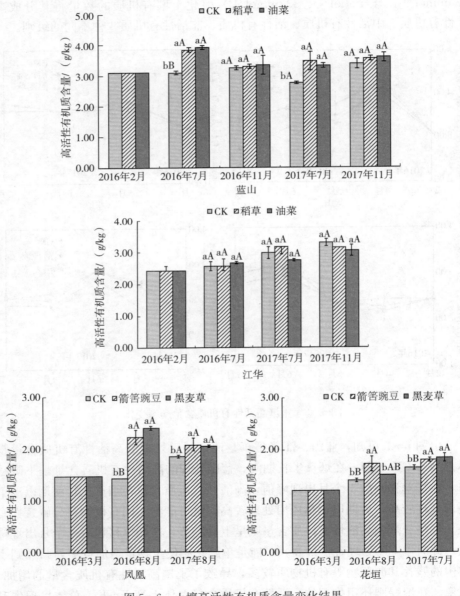

图 5-6　土壤高活性有机质含量变化结果

著；相较 CK，还田处理的高活性有机质含量均有提高，CK 处理有所降低。水稻收获后，各处理的高活性有机质含量表现为油菜还田＞稻草还田＞CK，但差异不显著，2016 年和 2017 年稻草、油菜还田处理分别提高 1.54％、2.77％和 5.04％、6.23％，2017 年的提高幅度更大；相较 CK，2016 年和 2017 年稻草、油菜还田处理分别提高 6.45％、7.74％和 14.19％、15.48％，连续还田处理提高幅度更大，油菜较稻草的提高效果好。江华烟草收获期的土壤高活性有机质含量 2016 年油菜还田处理较 CK 有所提高，提高比例为4.28％，2017 年稻草还田处理有所提高，提高比例为 6.38％，但处理间差异不显著；相较 CK，各处理均有所提高，2016 年和 2017 年稻草、油菜还田处理分别提高 5.76％、10.29％和 30.45％、13.58％，2017 年提高比例更高，稻草还田处理提高比例明显增加，可能是稻草分解周期长，后期积累的有机物质更多所致。在水稻收获后，还田处理的高活性有机质含量均较 CK 低，但处理间差异不显著；相较 CK，稻草、油菜还田处理分别提高 29.63％、25.51％，以稻草还田处理提高幅度大，这与蓝山处理的结果不一致，可能在不同肥力基础上、在不同地点试验结果有差异。

凤凰烟草收获期，与 CK 相比，还田处理的高活性有机质含量均显著提高，2016 年和 2017 年箭筈豌豆、黑麦草还田处理分别提高 55.24％、67.83％和 12.43％、10.27％，但还田处理间差异不显著；相较 CK，2016 年和 2017年箭筈豌豆、黑麦草还田处理分别提高 50.00％、62.16％和 40.54％、37.84％。花垣烟草收获期，与 CK 相比，2016 年箭筈豌豆、黑麦草还田处理的高活性有机质含量分别提高 22.70％、7.09％，箭筈豌豆还田处理与其他处理差异显著，与 CK 差异极显著，2017 年分别提高 9.09％、11.52％，还田处理与 CK 差异极显著，但还田处理间差异不显著；相较 CK，2016 年和 2017年箭筈豌豆、黑麦草还田处理分别提高 41.80％、23.77％和 49.18％、50.82％。

（五）对土壤中活性有机质的影响

土壤中活性有机质含量的动态变化（图 5-7）显示，蓝山、江华烟草生长期的土壤中活性有机质含量整体呈下降趋势，在烟草移栽后 1～2 个月出现峰值，各处理与原始土相比均有不同程度的提高。凤凰、花垣处理的中活性有机质含量整体有升高趋势，在烟草移栽后 3 个月出现峰值，在烟草收获期，还田处理高于 CK，与 CK 相比，各处理均有不同程度的提高。

由图 5-8 可知，蓝山土壤的中活性有机质含量在 2016 年烟草收获期，油菜还田处理较 CK 提高了 12.30％，但差异不显著，2017 年稻草、油菜还田处理较 CK 提高了 2.38％、7.37％，还田处理间差异显著，油菜还田处理与其

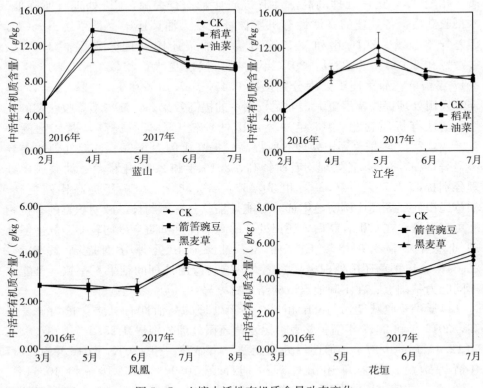

图 5-7　土壤中活性有机质含量动态变化

他处理差异极显著；相较 CK，2017 年稻草、油菜还田处理分别提高 68.15%、76.33%。水稻收获后，各处理间差异不明显，相较 CK，2016 年和 2017 年稻草、油菜还田处理分别提高 15.48%、14.77% 和 19.22%、14.23%。江华处理的中活性有机质含量在 2016 年烟草收获期油菜还田处理较 CK 极显著提高了 26.6%，2017 年烟草收获期和水稻收获后各处理间差异不明显；相较 CK，2017 年稻草还田处理提高了 5.43%。

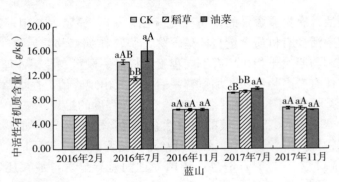

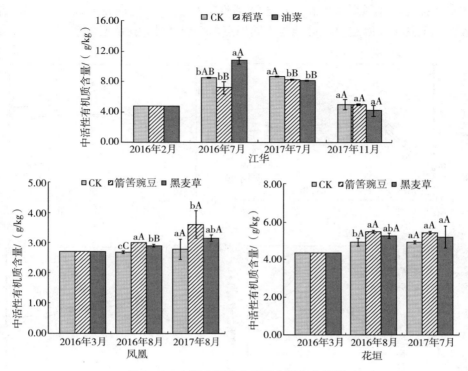

图5-8　土壤中活性有机质含量变化结果

凤凰烟草收获期的中活性有机质含量在2016年箭筈豌豆、黑麦草还田处理较CK分别提高12.31%、8.21%，2017年分别提高30.22%、13.67%，箭筈豌豆还田处理与CK差异均达显著水平；相较CK，2016年和2017年箭筈豌豆、黑麦草还田处理的中活性有机质含量分别提高11.48%、7.41%和34.07%、17.04%，2017年提高幅度更大，箭筈豌豆还田处理的提高幅度大于黑麦草处理，以箭筈豌豆效果佳。花垣烟草收获期各处理的中活性有机质含量表现为箭筈豌豆还田＞黑麦草还田＞CK，2016年和2017年还田处理分别提高11.79%、7.32%和10.79%、6.11%，各处理间差异不显著；相较CK，2016年和2017年箭筈豌豆、黑麦草还田处理的中活性有机质含量分别提高27.02%、21.94%和25.64%、20.32%，箭筈豌豆提高幅度大于黑麦草。

（六）对土壤活性有机质的影响

由图5-9可知，蓝山、江华处理的土壤活性有机质含量在烟草生长期呈现先升高，后缓慢下降的趋势，但还田处理基本上都高于CK，较原始土有所提高。凤凰、花垣绿肥还田处理的活性有机质含量基本高于CK，较原始土整体有所提高，凤凰烟草生长期的土壤活性有机质含量呈现先升高后下降的趋势，花垣则呈下降趋势，可能与不同地点的气候条件、土壤环境有关。

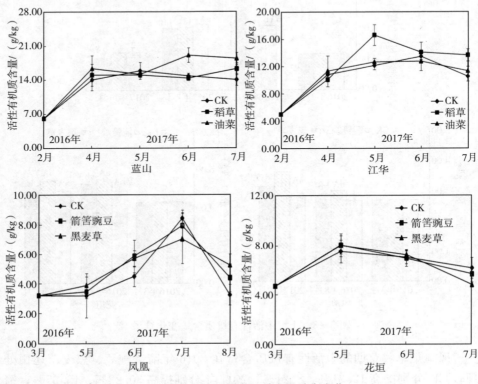

图 5-9　土壤活性有机质含量动态变化

由图 5-10 可知，蓝山烟草收获期的土壤活性有机质含量在 2016 年稻草、油菜还田处理较 CK 分别提高 14.22%、5.71%，稻草还田处理与 CK 差异显著，2017 年分别提高 16.14%、31.36%，油菜还田处理与 CK 差异显著；相较 CK，2016 年和 2017 年稻草、油菜还田处理的土壤活性有机质含量分别提高 194%、172% 和 171%、200%。水稻收获后，各处理间的土壤活性有机质含量差异不显著，在 2016 年和 2017 年稻草、油菜还田处理较 CK 提高了 2.82%、7.96% 和 10.92%、13.90%，油菜提高幅度大于稻草，连续还田处理提高幅度更大；相较 CK，2016 年和 2017 年稻草、油菜还田处理分别提高 30.88%、37.42% 和 27.78%、31.21%。江华烟草收获期的土壤活性有机质含量在 2016 年仅油菜还田处理较 CK 有提高，提高了 3.07%，且差异不显著，2017 年稻草、油菜还田处理分别提高了 30.03%、7.72%，稻草还田处理与其他处理差异显著；相较 CK，2016 年和 2017 年稻草、油菜还田处理的土壤活性有机质含量分别提高 114.63%、121.84% 和 173.35%、126.45%。水稻收获后的土壤活性有机质含量仅稻草还田处理较 CK 提高了 2.11%，且处理间差异不显著；相较 CK，稻草、油菜还田处理则分别提高 16.23%、9.42%。

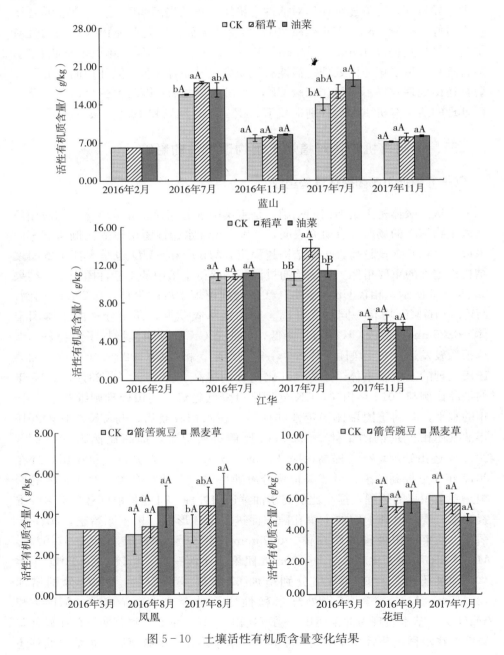

图 5-10　土壤活性有机质含量变化结果

凤凰烟草收获期的土壤活性有机质含量在 2016 年箭筈豌豆、黑麦草还田处理较 CK 分别提高 13.00％、45.67％，各处理间差异不显著，2017 年箭筈豌豆、黑麦草还田处理分别提高 34.66％、60.74％，黑麦草还田处理与其他处理差异显著，可见连续还田对活性有机质含量的提高幅度更大，黑麦草还田效果更好。相较 CK，2016 年和 2017 年箭筈豌豆、黑麦草还田处理的活性有机质含量分别提高 4.63％、34.88％和 35.49％、61.73％。花垣烟草收获期，箭筈豌豆、黑麦草还田处理的活性有机质含量均低于 CK，但处理间差异不显著，还田处理效果不明显。相较 CK，2016 年和 2017 年箭筈豌豆、黑麦草还田处理的活性有机质含量分别提高 15.82％、21.94％和 19.83％、1.69％。

三、不同有机物料对植烟土壤物理特性的影响

（一）植烟土壤团聚体结构组成

土壤团聚体是土壤结构的基础，是土壤中水分储存、养分转化、物质循环和微生物活动的场所。有研究表明，＞0.25mm 水稳性团聚体的比例与土壤肥力成正比，其含量越高，土壤结构越稳定，MWD 和 GMD 也是表征土壤团聚结构稳定性的重要指标。本试验通过湿筛法获得土壤中的水稳性团聚体，结果如表 5-6 所示。相较 CK，蓝山、江华处理植烟土壤团聚体＞0.25mm 比例、MWD 和 GMD 均有不同程度升高。蓝山烟草收获期，还田处理的土壤团聚体＞0.25mm 比例较 CK 均有所降低，可能是 CK 处理明显增加了生物量，烟草根系较发达，对土壤团聚体产生一定的影响。相较 CK，2016 年稻草、油菜还田处理的土壤团聚体＞0.25mm 比例分别提高 23.07％、22.23％，2017 年的提高比例与 2016 年相同，CK 处理则有降低趋势，还田处理则维持了 2016 年的水平，有利于团聚体稳定性的保持。在水稻收获后，与 CK 相比，2016 年油菜还田处理的团聚体＞0.25mm 比例有所提高，提高比例为 18.02％，2017 年还田处理均有所提高，提高比例为 5.48％、4.71％，稻草还田处理在 2017 年才见提高效果，可能与稻草分解速率慢、周期长有关，对团聚体的影响是一个积累的过程，提高比例高于油菜还田处理，可能是稻草富含更多纤维素和木质素，更利于增加土壤孔隙，促进团聚体形成。相较原始土，2017 年稻草、油菜还田处理的团聚体＞0.25mm 比例分别增加 38.63％、37.62％。MWD 和 GMD 变化趋势与＞0.25mm 团聚体比例一致，相较 CK，2017 年稻草、油菜还田处理的 MWD 分别增加 62.22％、57.78％，GMD 分别增加 129.17％、114.58％。江华处理水稳性团聚体＞0.25mm 比例、MWD 和 GMD 大小基本表现为油菜还田＞稻草还田＞CK，在烟草收获期不存在显著差异性，在水稻收获后存在不同程度的差异水平。在水稻收获后，稻草、油菜还

田处理＞0.25mm团聚体比例较CK分别提高4.04％、10.35％，各处理间差异显著，油菜还田处理与其他处理差异达到了极显著水平，*MWD*和*GMD*也是油菜还田处理有极显著提高，分别提高了15.63％和31.70％，油菜还田处理效果较优。相较CK，烟草收获期稻草、油菜还田处理＞0.25mm团聚体比例分别提高11.32％、12.64％，水稻收获后则提高44.27％、53.01％。综上，蓝山和江华稻草、油菜还田有效提高了植烟土壤团聚体＞0.25mm比例、*MWD*和*GMD*，改善了团聚体的数量组成，提高了土壤结构的稳定性。

表5-6　土壤团聚体稳定性特征

地点	取样时间/ （年-月）	处理	＞0.25mm/ ％	MWD/ mm	GMD/ mm
蓝山	2016-2	原始样	64.27	0.90	0.48
	2016-7	CK	89.54aA	1.48aA	1.19aA
		稻草	79.10bA	1.22bA	0.81bA
		油菜	78.56bA	1.19bA	0.79bA
	2016-11	CK	57.26aA	0.81aA	0.39aA
		稻草	49.33aA	0.74aA	0.32aA
		油菜	67.58aA	0.92aA	0.63aA
	2017-7	CK	82.53aA	1.41aA	1.00aA
		稻草	79.10bAB	1.22bB	0.81bAB
		油菜	78.56bB	1.19bB	0.79bB
	2017-11	CK	84.47aA	1.30aA	0.93aA
		稻草	89.10aA	1.46aA	1.10aA
		油菜	88.45aA	1.42aA	1.03aA
江华	2016-2	原始样	55.46	0.83	0.40
	2017-7	CK	60.34aA	0.92aA	0.48aA
		稻草	61.74aA	0.96aA	0.49aA
		油菜	62.47aA	0.95aA	0.51aA
	2017-11	CK	76.90cB	1.28bB	0.82bB
		稻草	80.01bB	1.36bAB	0.91bB
		油菜	84.86aA	1.48aA	1.08aA
凤凰	2016-3	原始样	15.04	0.28	0.09
	2016-8	CK	16.16aA	0.31bA	0.14aA
		箭筈豌豆	19.77aA	0.33bA	0.13aA
		黑麦草	27.20aA	0.45aA	0.17aA

（续）

地点	取样时间/ （年-月）	处理	>0.25mm/ %	*MWD*/ mm	*GMD*/ mm
凤凰	2017-8	CK	14.83aA	0.26aA	0.13aA
		箭筈豌豆	14.73aA	0.26aA	0.13aA
		黑麦草	16.47aA	0.29aA	0.15aA
花垣	2016-3	原始样	52.34	0.73	0.36
	2016-8	CK	39.04aA	0.60aA	0.21aA
		箭筈豌豆	46.76aA	0.68aA	0.32aA
		黑麦草	57.33aA	0.82aA	0.44aA
	2017-7	CK	51.21aA	0.72aA	0.36aA
		箭筈豌豆	53.09aA	0.75aA	0.39aA
		黑麦草	57.87aA	0.83aA	0.44aA

注：数据后标有不同小写字母者表示差异达到显著水平（$P<0.05$），标有不同大写字母者表示差异达到极显著水平（$P<0.01$）。

凤凰、花垣处理的植烟土壤团聚体>0.25mm 比例、*MWD* 和 *GMD* 均有不同程度升高，各处理间表现为黑麦草还田>箭筈豌豆还田>CK，但差异均不显著。凤凰 2016 年箭筈豌豆、黑麦草还田处理与 CK 相比，土壤团聚体>0.25mm 比例分别提高 22.34%、68.32%，2017 年黑麦草还田处理提高 11.05%。相较 CK，2016 年箭筈豌豆、黑麦草还田处理团聚体>0.25mm 比例提高 31.45%、80.85%，2017 年黑麦草还田处理提高 9.51%。*MWD* 和 *GMD* 变化趋势与>0.25mm 比例一致，以黑麦草还田效果好。花垣 2016 年箭筈豌豆、黑麦草还田处理与 CK 相比，团聚体>0.25mm 比例分别提高 19.77%、46.85%，2017 年提高 3.67%、13.00%。相较 CK，2016 年黑麦草还田处理提高 9.53%，2017 年箭筈豌豆、黑麦草还田处理提高 1.43%、10.57%。*MWD* 和 *GMD* 变化趋势与>0.25mm 团聚体比例一致。综上，凤凰、花垣绿肥还田在一定程度上提高了土壤团聚体稳定性，黑麦草还田效果较佳，可能是黑麦草富含纤维素，能有效疏松土壤，促进了团聚结构的形成。

（二）植烟土壤容重

土壤容重是反映土壤物理环境的重要指标，直接影响土壤的水分运输、土壤通气性、土壤孔隙度和土壤结构性。一般，土壤容重越小，越有利于构建良好的土壤结构，营造适宜的土壤物理环境。由图 5-11 可以看出，蓝山、江华植烟土壤 CK 处理相比原始土容重呈增加趋势，单施化肥未能起到有效降低容重的作用，蓝山稻草、油菜还田处理比 CK 容重降低，表现为油菜还田<稻草

还田＜CK，江华还田处理略高于 CK，处理间差异不显著，还田效果不明显。蓝山烟草收获期，还田处理的容重与 CK 差异达极显著水平，2016 年稻草、油菜还田处理较 CK 土壤容重分别降低 8.82％、11.76％，还田处理间差异不显著，2017 年降低幅度为 18.45％、22.33％，还田处理间差异显著，可见，油菜还田较稻草好，连续还田效果更明显。水稻收获后，各处理间差异不显著，2017 年稻草、油菜还田处理较 CK 土壤容重分别降低 0.95％、2.86％。凤凰、花垣绿肥还田有效降低了植烟土壤容重，还田处理较原始土明显降低，凤凰 2017 年黑麦草还田处理较 CK 容重降低 2.73％，箭筈豌豆、黑麦草还田处理分别降低了 6.78％、9.32％；花垣 2017 年黑麦草还田处理较 CK 土壤容重降低 1.88％，相较 CK，箭筈豌豆、黑麦草还田处理分别降低了 18.94％、21.21％，黑麦草还田处理与其他处理差异显著，可见黑麦草还田效果较好。

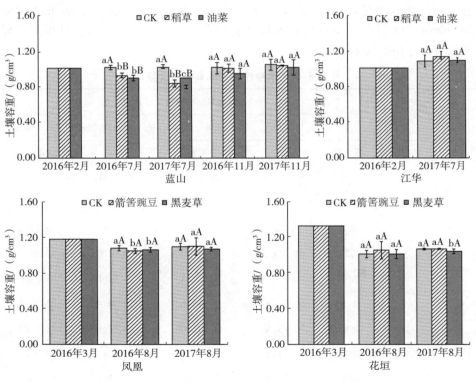

图 5-11　植烟土壤容重变化

（三）不同外源有机物料对植烟土壤团聚体有机质的影响

团聚体中的有机质是反映土壤团聚体结构稳定性和功能的重要指标，增加团聚体有机质含量，可以提高团聚体的稳定性。由表 5 - 7 可知：蓝山油菜、稻草还田处理土壤各粒径团聚体中有机质含量基本高于 CK，表现为油菜还田＞稻草还田＞CK，说明有机物料还田提高了团聚体各粒径中的有机质含量，而在江华提高效果不明显。与 CK 相比，蓝山＞2mm 粒径团聚体中有机质含量有所提高，在＜2mm 粒径中提高效果不明显，江华则无明显效果，可能缘于不同试验点还田效果不一样。蓝山 2017 年水稻收获后，与 CK 相比，稻草、油菜还田处理的＞2mm 粒径团聚体中有机质含量分别提高 3.55％、7.49％，在 2～0.25mm 粒径中提高 6.09％、10.57％，0.25～0.053mm 粒径中提高 4.22％、6.89％，＜0.053mm 粒径中仅油菜还田处理提高 5.98％，油菜还田处理与 CK 均达到显著水平。与 CK 相比，稻草、油菜还田处理仅＞2mm 粒径团聚体中有机质含量有提高，提高比例为 0.14％、3.91％，油菜还田处理提高比例较高，优于稻草还田。江华各处理与 CK 相比，团聚体中有机质含量均有不同程度的降低，2017 年水稻收获后，与 CK 相比，稻草、油菜还田处理＞2mm 粒径团聚体中有机质含量分别提高 4.74％、0.67％，但处理间差异不显著，还田效果不明显。

表 5 - 7　水稳性团聚体有机质含量

地点	取样时间/（年-月）	处理	各级团聚体土壤有机质含量/（g/kg）			
			2mm	2～0.25mm	0.25～0.053mm	＜0.053mm
蓝山	2016 - 2	原始样	53.92	59.75	64.95	48.23
	2016 - 7	CK	56.06bA	55.87bB	61.01bB	42.84cC
		稻草	58.31aA	62.25aA	57.57bB	52.00aA
		油菜	59.09aA	62.33aA	71.19aA	48.91bB
	2016 - 11	CK	55.76aA	59.94bB	59.61cC	46.19bB
		稻草	60.11aA	66.75aA	70.76bB	39.83cC
		油菜	59.54aA	65.82aA	81.30aA	50.73aA
	2017 - 7	CK	55.73aA	57.31bAB	57.07bB	42.46aA
		稻草	57.14aA	59.25aA	60.82aA	42.57aA
		油菜	52.84bB	57.02bB	58.42bAB	41.19bB
	2017 - 11	CK	52.15bA	51.20bA	49.96bA	48.79bA
		稻草	54.00abA	54.32abA	52.07abA	47.49bA
		油菜	56.03aA	56.61aA	53.40aA	51.71aA

（续）

地点	取样时间/（年–月）	处理	各级团聚体土壤有机质含量/（g/kg）			
			2mm	2～0.25mm	0.25～0.053mm	<0.053mm
江华	2016–2	原始样	40.57	43.58	41.20	28.23
		CK	33.30cB	37.07abA	33.72bB	24.02cC
	2017–7	稻草	36.80aA	41.06aA	36.36aA	26.46aA
		油菜	34.20bB	32.56bA	34.87abAB	25.50bB
		CK	30.98aA	35.83aA	30.16aA	27.23aA
	2017–11	稻草	32.45aA	35.84aA	27.09aA	29.93aA
		油菜	31.19aA	33.99aA	28.78aA	25.93aA
凤凰	2016–3	原始样	19.91	21.61	16.61	11.70
		CK	21.57cC	23.34cB	14.91bB	11.12bB
	2016–8	箭筈豌豆	35.85aA	25.16bAB	23.82aA	10.68bB
		黑麦草	22.26bB	27.40aA	23.16aA	13.58aA
		CK	21.05aA	22.53aA	17.87aA	14.17aA
	2017–8	箭筈豌豆	21.24aA	26.72aA	17.86aA	13.27bA
		黑麦草	20.62aA	24.62aA	14.99aA	13.33bA
花垣	2016–3	原始样	17.28	15.99	15.53	12.85
		CK	15.78bB	16.89bB	19.09aA	14.68aA
	2016–8	箭筈豌豆	18.83aA	19.94aA	18.00bB	12.18bB
		黑麦草	15.79bB	14.37cC	12.19cC	9.40cC
		CK	17.19bB	17.53aA	14.26aA	11.91aA
	2017–7	箭筈豌豆	17.85aA	16.39bA	12.89bA	11.45aA
		黑麦草	17.06bB	16.4bA	13.23bA	11.56aA

凤凰、花垣各种处理后植烟土壤各粒径团聚体中的有机质含量存在一定差异，与CK相比，还田处理主要提高了＞0.25mm粒径团聚体中有机质含量，＜0.25mm粒径团聚体中有机质含量则有不同程度的降低。凤凰2017年烟草收获期，相较CK，箭筈豌豆、黑麦草还田处理＞2mm粒径团聚体中有机质含量分别提高6.68%、3.56%，在2～0.25mm粒径中提高23.64%、13.93%，箭筈豌豆还田处理的提高幅度大于黑麦草，可能是箭筈豌豆较黑麦草易分解，向土壤输入更多的有机碳，被团聚体固持，但还田处理间差异不显著。＜0.25mm粒径团聚体有机质含量则有一定的降低，可能与小团聚体数量的减少有关，有机质通过胶结作用促进了大团聚的形成，有利于土壤结构稳定

性的加强。相较 CK，仅箭筈豌豆还田处理＞2mm 和 2～0.25mm 粒径团聚体有机质含量有所提高，提高比例为 0.90％和 18.60％，箭筈豌豆还田处理对 2～0.25mm 粒径团聚体中有机质含量的影响更大，还田效果优于黑麦草。花垣 2017 年烟草收获期，与原始土相比，＞2mm 粒径团聚体有机质含量仅箭筈豌豆还田处理提高了 3.30％，对于 0.25～2mm 粒径团聚体，箭筈豌豆、黑麦草还田土壤有机质含量较常规处理有一定程度降低；而箭筈豌豆还田处理提高了＞2mm 粒径团聚体有机质含量 3.84％，可见箭筈豌豆还田的效果较好。

（四）不同外源有机物料对植烟土壤矿化氮的影响

土壤氮是植物吸收氮素的主要来源，作物吸收的氮素中有 50％以上来自土壤中氮矿化所释放累积的氮量，即矿化氮，这一比例即使在增施氮肥的情况下也不会降低。土壤中 92％～98％的氮以有机态的形式存在，大部分必须转化为无机氮才能被作物吸收利用，土壤有机氮的矿化这一过程是由利用有机物质作为能源的异养土壤微生物进行的，土壤有机氮的矿化数量和强度决定其对植物吸收氮素的供应能力。

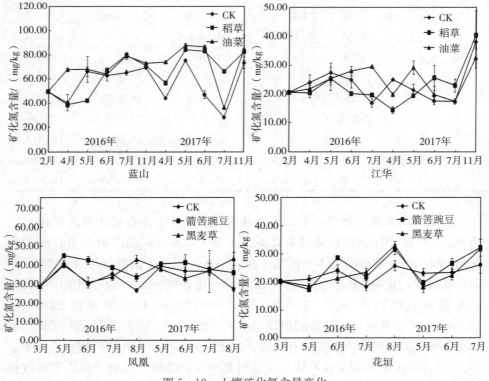

图 5 - 12　土壤矿化氮含量变化

由图 5-12 可以看出，蓝山、江华植烟土壤矿化氮含量在烟草生长期表现出前期先升高后期缓慢下降的趋势，水稻收获后，均有所增加。前期以油菜还田处理的矿化氮含量升高快，后期稻草还田处理矿化氮含量较高，可能是不同物料分解速率不同所致。与 CK 相比，蓝山 2016 年烟草收获期，稻草、油菜还田处理的矿化氮含量显著提高 22.32%、21.46%，但还田处理间差异不显著；2017 年则提高 134.90%、28.49%，各处理间差异极显著。2016 年水稻收获后，稻草、油菜还田处理的矿化氮含量分别提高 2.65%、5.31%，其中油菜还田处理与 CK 差异达到了极显著水平；2017 年提高 12.70%、15.93%，但处理间差异不显著。与 CK 相比，2016 年水稻收获后，稻草、油菜还田处理的矿化氮含量分别提高 43.02%、46.73%，2017 年提高 65.97%、70.73%，油菜还田处理提高幅度大于稻草。江华 2016 年烟草收获期，稻草、油菜还田处理相较 CK 矿化氮含量提高了 17.01%、74.69%，各处理间差异显著，油菜还田处理与其他处理差异极显著；2017 年提高 31.60%、0.34%，稻草还田处理与其他处理差异极显著。水稻收获后，稻草还田处理的矿化氮含量提高了 6.00%，与 CK 相比，稻草、油菜还田处理分别提高了 96.12%、57.86%。综上，稻草、油菜还田均能有效提高植烟土壤矿化氮含量，不同地点表现出不同程度的提高效果，蓝山以油菜还田效果佳，江华以稻草还田效果佳，可能在不同生态条件下还田效果不一致，也可能与当地土壤质地以及基础肥力有关。

凤凰、花垣植烟土壤矿化氮含量呈现先升后降再升高的趋势，分别在烟草旺长期和收获期出现峰值。烟草旺长期，随着气温的升高，土壤微生物活动增强，加快了有机物料的分解矿化，导致矿化氮含量增加，后期增加则可能与根系活动有关。凤凰 2016 年烟草收获期，箭筈豌豆、黑麦草还田处理相较 CK 矿化氮含量分别增加 26.45%、62.23%，各处理间差异极显著；2017 年增加 32.70%、60.30%，各处理间差异显著，还田处理与 CK 差异极显著。与 CK 相比，2016 年箭筈豌豆、黑麦草还田处理后矿化氮含量分别增加 18.14%、51.57%，2017 年增加 26.54%、52.86%。花垣 2016 年烟草收获期，箭筈豌豆、黑麦草还田处理相较 CK 矿化氮含量分别增加 23.15%、28.66%，还田处理与 CK 差异显著，但还田处理间差异不显著；2017 年增加 23.39%、21.61%，差异趋势与 2016 年一致。与 CK 相比，2016 年箭筈豌豆、黑麦草还田处理后矿化氮含量分别增加 56.79%、63.81%，2017 年增加 59.70%、57.39%。综上，凤凰、花垣绿肥还田能提高植烟土壤矿化氮含量，表现为黑麦草＞箭筈豌豆。

四、小结

（1）绿肥、稻草还田可显著提高植烟土壤水溶性物质含量，其中，蓝山油菜效果好于稻草，江华稻草效果好于油菜。

（2）绿肥、稻草还田可有效提高植烟土壤活性有机质含量，其中蓝山、江华稻草效果大于油菜；凤凰、花垣均表现为黑麦草大于箭筈豌豆大于CK。

（3）绿肥、稻草还田能有效提高植烟土壤＞0.25mm粒径水稳性团聚体比例、MWD和GMD，改善土壤团聚体的数量组成，有利于提高土壤结构的稳定性。蓝山以油菜、江华以稻草提高幅度大；凤凰和花垣表现为黑麦草＞箭筈豌豆。

（4）绿肥、稻草还田能降低土壤容重和提高土壤的持水能力，油菜较稻草好，黑麦草较箭筈豌豆好。

（5）绿肥、稻草还田可提高团聚体中有机质含量。蓝山为油菜还田＞稻草还田＞CK，油菜还田效果显著，但江华提高效果不明显。凤凰、花垣绿肥还田主要提高了＞0.25mm粒径团聚体中的有机质含量，凤凰、花垣以箭筈豌豆还田效果较好。

（6）绿肥、稻草还田能提高植烟土壤矿化氮含量。蓝山以油菜还田效果佳，江华以稻草还田效果佳。凤凰、花垣表现为黑麦草＞箭筈豌豆。

（7）土壤有机质含量的提高是一个长期、逐步积累的过程，在短期内不同有机物料对提高土壤有机质含量的效果不显著。同时，在本试验研究中，由于饼肥的施用量有限，且集中施用在根际，主要是影响烟株根际的微环境，对烟田土壤理化特性的影响非常有限，所以，两个饼肥用量处理的试验结果未在总结中列出，也未做相应的比较和分析。

第二节　不同有机物料对湖南烤烟根际微生物功能多样性和酶活性的影响

本节以湘南典型烟区高有机质土壤为对象，研究不同有机物料对烟草根际微生物功能多样性、酶活性的影响，结合分析施用不同有机物料对烤烟烟叶产量、品质以及综合性产值指标的影响，探讨不同有机物料下烟草根际微生物生态功能与烟叶品质的关系，以期为改良土壤性质、提高烟叶品质提供科学施肥依据。

一、材料与方法

（一）试验地概况

试验于2016年3月在永州市蓝山县土市镇坦头村烟田进行（25°31′29.3″N，112°13′42″E）。当地属中亚热带季风湿润气候区，光照充足，雨量充沛，无霜期长，年平均气温 17.8℃，以稻烟轮作为主。试验地土壤基本性质为 pH 7.8、有机质含量 68.2g/kg、全氮含量 4.57g/kg、全磷含量 1.34g/kg、全钾含量 8.28g/kg、碱解氮含量 224.18mg/kg、速效磷含量 37.52mg/kg、速效钾含量 287.50mg/kg、阳离子交换量 22.44cmol/kg。

（二）试验设计

试验设纯化肥（CK）、稻草还田（SK）、油菜绿肥翻压（YK）、饼肥（BK）共 4 个处理。各处理总氮用量均为 147kg/hm²，肥料配比为 N：P_2O_5：K_2O＝ 1：0.9：2.8。烟草专用基肥 N：P_2O_5：K_2O＝8：10：11，饼肥 N：P_2O_5：K_2O＝2.1：2.4：2.6。饼肥生产的主要原料是油菜籽饼，经过完全腐熟处理，由湖南泰谷生物科技股份有限公司生产。各处理的具体施肥计划见表 5－8。SK：将稻草铡断为 0～20cm 碎段，在烟草移栽前 15d 均匀抛撒田面，用旋耕机将稻草与土壤打烂搅拌，翻耕深度 15～20cm。稻草的氮含量 7g/kg，当季氮矿化率以 23％计，保持与 CK 等氮量则减少专用基肥用量 100kg/hm²，用过磷酸钙和钾肥（硫酸钾）补足因此减少的磷钾量（不计稻草中的磷钾量），追肥施用同 CK。YK：于 2015 年 10 月播种油菜，在烟草移栽前 15d 翻压，油菜绿肥鲜料产量 25 500kg/hm²，翻耕后随即进行耙地和镇压，以加速绿肥腐解过程。油菜鲜料氮含量 3g/kg，当季氮矿化率以 50％计，保持与 CK 等氮量则减少专用基肥用量 480kg/hm²，并用过磷酸钙和钾肥（硫酸钾）补足因此减少的磷钾量（不计油菜中的磷钾量），追肥施用同 CK。BK：饼肥（腐熟）在烟草移栽前做穴肥施入，饼肥含氮量 21g/kg，当季氮矿化率以 100％计，保持与 CK 等氮量则减少专用基肥用量 157kg/hm²，考虑随饼肥带入的磷钾量，用过磷酸钙和钾肥（硫酸钾）补足磷钾的净减少量，追肥施用同 CK。

表 5－8　各处理具体施肥情况

处理	物料添加量/（kg/hm²）	专用基肥/（kg/hm²）	过磷酸钙/（kg/hm²）	钾肥/（kg/hm²）	提苗肥/（kg/hm²）	专用追肥/（kg/hm²）
CK	0	1 050	150	300	90	450
SK	5 250	950	225	330	90	450
YK	25 500	570	540	405	90	450
BK	600	893	150	286	90	450

注：CK：对照（纯化肥处理），SK：稻草秸秆还田，YK：油菜绿肥翻压，BK：饼肥。

试验采取随机区组设计，3 个重复。小区面积为 60m²，每小区 100 株烟草。供试烟草品种为云烟 87，烟苗移栽日期为 3 月 17 日，田间管理按照当地优质烟生产技术规程实施。

（三）根际土壤样品采集

于烟草移栽后 37d（4 月 24 日）、68d（5 月 25 日）和 113d（7 月 10 日）采集烟草根际土壤样品。每个小区随机挖取三株烟草，用抖土法收集根际土壤，装袋编号放入冰盒带回实验室测定根际脲酶、过氧化氢酶和微生物功能多样性等指标。

（四）烟叶样品采集

烟叶成熟后采收、烘烤和分级。各小区分别采收，烟叶单独扎杆编号。取上部烟叶中的 B2F 等级烟叶，低温（≤50℃）烘干后用粉碎机磨成粉末，测定其总氮、还原糖以及烟碱的含量。

（五）分析方法

微生物群落功能多样性采用 BIOLOG 生态板测定。操作方法为：称取相当于 5g 风干土壤的鲜土加入盛有 45mL 灭菌生理盐水（8.5g/kg）三角瓶中，室温振荡 30min 后静置。在超净台上，操作之前，先把三角瓶中的土壤溶液摇一摇，静置 3min 后，吸取 1mL 上层土壤悬浮液至 9mL 无菌生理盐水中，混匀，再吸取 1mL 混合液至 9mL 无菌生理盐水中，混匀再用排枪吸取稀释液至 96 孔生态板，25℃ 恒温避光培养，72h 后在 580nm 波长下测定吸光度值（OD），参照 Zhong 的方法计算表征根际微生物活性的 AWCD 值（average well color development，平均颜色变化率）、根际微生物多样性指数中的 Shannon 丰富度指数（H）和 McIntosh 均匀度指数（U）。过氧化氢酶、脲酶的测定分别采用高锰酸钾滴定、靛酚蓝比色法，烟叶的总氮、还原糖、烟碱测定采用行业标准方法 YC/T 161—2002、YC/T 159—2002、YC/T 468—2013 连续流动法测定。各处理小区烟叶烤制后按照国家烟草分级标准 GB 2635—1992 进行分级，各级别烟叶价格参照当地烟叶收购价格，由此计算烟叶的产量、产值、均价和中上等烟比例。

（六）数据分析

采用 Microsoft Excel 进行图表绘制，运用 SPSS 17.0 进行统计分析，多重比较方法采用新复极差（SSR）法。

二、结果分析

（一）烤烟根际酶活性变化

在烟苗移栽后的不同时期，有机物料对烟草根际酶活性影响不同（表 5 - 9）。

与单施化肥对照相比，稻草还田处理的烟草根际脲酶活性在移栽后37d、68d、113d均表现为显著提升；油菜翻压处理在移栽后37d可显著降低烟草根际脲酶活性，但在移栽后68d和113d则可显著提升根际脲酶活性；饼肥处理可显著降低移栽后37d的烟草根际脲酶活性，但移栽后113d的根际脲酶活性与对照无显著差异。与对照相比，不同有机物料处理对烟草根际过氧化氢酶活性没有明显影响。

表5-9　不同有机物料在各时期对烟草根际土壤酶活性的影响

酶活	处理	37d	68d	113d
脲酶活性/ $[mg(NH_4^+N)/(g \cdot d)]$	CK	1.82±0.07b*	1.49±0.05c	1.70±0.14c
	SK	2.13±0.09a	1.97±0.23bc	2.55±0.05a
	YK	1.58±0.10c	2.58±0.07a	2.30±0.07ab
	BK	1.41±0.06c	2.32±0.47ab	1.82±0.41bc
过氧化氢酶活性/ $[mg(0.3\% H_2O_2)/(g \cdot 20min)]$	CK	2.03±0.06a	1.93±0.01a	2.34±0.02a
	SK	2.07±0.05a	2.10±0.03a	2.26±0.04a
	YK	2.10±0.02a	1.94±0.04a	2.33±0.00a
	BK	2.05±0.01a	2.12±0.05a	2.35±0.05a

注：*表中同列不同小写字母表示处理间在$P<0.05$水平上显著。CK：纯化肥，SK：稻草还田，YK：油菜绿肥翻压，BK：饼肥。下同。

（二）烤烟根际微生物活性变化

由图5-13可知，AWCD可以评判土壤微生物群落的碳源利用能力。如该图所示，在移栽后37d，饼肥处理显著提升了烟草根际微生物AWCD值；到移栽后68d，所有处理的根际微生物AWCD值均迅速上升，其中施用有机物料处理的烟草根际微生物活性均显著高于单施化肥的对照处理。在烟草成熟

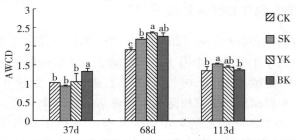

图5-13　不同有机物料在各时期对烟草根际微生物活性的影响

注：CK：纯化肥，SK：稻草还田，YK：油菜绿肥翻压，BK：饼肥；柱图上方不同小写字母表示处理间差异在$P<0.05$水平上显著，下同。

期后期（移栽后 113d），各处理的根际微生物 AWCD 值均迅速下降，其中稻草还田处理下的烟草根际微生物活性显著高于对照。

（三）不同有机物料对根际微生物多样性的影响

随着烟草的生长发育，烟草根际微生物群落丰富度指数（Shannon）和均匀度指数（McIntosh）均呈现先上升后下降的规律（表 5-10）。与对照相比，在烟草移栽后 37d，油菜绿肥翻压显著提升了烟草根际微生物群落的 Shannon，而稻草还田和饼肥处理对其无显著影响；在烟草移栽后 68d，油菜翻压和饼肥处理均显著提升了烟草根际微生物群落 Shannon 多样性；在烟草移栽后 113d，稻草还田处理显著提升了烟草根际微生物群落 Shannon 多样性，而其他处理对其无显著影响。就微生物群落均匀度而言，在烟草移栽后 37d 和 68d，油菜翻压和饼肥处理均显著提升了微生物群落 McIntosh；在烟草移栽后 113d，不同有机物料均显著提高了根际微生物群落的 McIntosh。总体来看，稻草还田处理到了烟草成熟后期（113d）仍然对烟草根际微生物群落多样性有显著影响，而油菜绿肥翻压和饼肥处理在从伸根期到成熟期的三个采样时期均不同程度地提高了烟草根际微生物群落多样性。

表 5-10　各时期不同有机物料对烟草根际微生物多样性指数的影响

处理	丰富度指数（Shannon）			均匀度指数（McIntosh）		
	37d	68d	113d	37d	68d	113d
CK	2.99±0.07b	4.65±0.02c	3.37±0.01b	7.22±0.18b	12.58±0.56b	8.22±0.15b
SK	3.06±0.08b	4.76±0.01bc	3.52±0.02a	6.89±0.06b	13.37±0.45ab	9.50±0.10a
YK	3.24±0.01a	4.88±0.12ab	3.45±0.01ab	8.71±0.35a	13.94±0.85a	9.30±0.13a
BK	3.13±0.09ab	4.95±0.02a	3.39±0.01b	8.59±0.39a	13.43±0.15a	9.32±0.33a

（四）烟草根际微生物群落主成分分析

对不同采样时期各处理培养 72h 的根际微生物碳源代谢能力进行主成分分析，提取特征值大于 1 的有 7 个因子，选取前 2 个主成分因子进行分析。其中 PC1（主成分 1）贡献率为 39.0%，PC2（主成分 2）贡献率为 14.8%。从图 5-14 可知，采样时期对烟草根际微生物群落的贡献率分离影响较大。进一步分析根际微生物对不同碳源的利用情况发现，与 PC1 具有较高相关性的碳源有 17 个，主要包括糖类 6 个、酸类 3 个、酯类 3 个（表 5-11）；与 PC2 具有较高相关性的碳源有 4 个，其中酸类、酯类、胺类、氨基酸类等碳源各 1 个。因此，碳源类型利用差异是引起不同处理烟草根际微生物群落变异的重要因素，其中糖类碳源对烟草根际微生物群落在 PC1 和 PC2 分异上占主导作用。

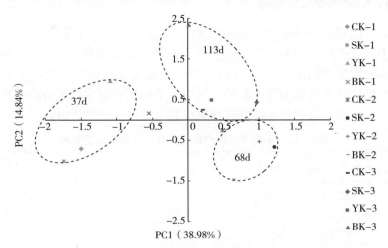

图 5-14　各处理在不同时期烟草根际微生物群落的主成分分析

注：-1 表示移栽后 37d；-2 表示移栽后 68d；-3 表示移栽 113d。

表 5-11　主要碳源的主成分载荷因子

不同碳源	PC1	不同碳源	PC2
苯乙基胺（胺类）	0.896	吐温 40（酯类）	0.725
a-环式糊精（糖类）	0.893	D-半乳糖醛酸（酸类）	-0.684
葡萄糖-1-磷酸盐（糖类）	0.865	腐胺（胺类）	0.674
丙酮酸甲酯（酯类）	0.859	L-苯基丙氨酸（氨基酸类）	0.607
D-半乳糖内酯（酯类）	0.844	—	—
a-丁酮酸（酸类）	0.802	—	—
D，L-a-甘油（醇类）	0.785	—	—
肝糖（糖类）	0.779	—	—
I-赤藻糖醇（醇类）	0.771	—	—
y-羟基丁酸（酸类）	0.769	—	—
甘氨酰-L-谷氨酸（氨基酸）	0.762	—	—
D-纤维二糖（糖类）	0.751	—	—
a-D-乳糖（糖类）	0.722	—	—
吐温 80（酯类）	0.668	—	—
β-甲基 D-葡萄糖苷（糖类）	0.651	—	—
D-甘露醇（醇类）	0.616	—	—
5-羟基苯甲酸（酸类）	0.613	—	—

注：特征向量绝对值≥0.6。

（五）烟叶化学成分差异

与施用纯化肥对照相比，有机物料处理的烤后烟叶还原糖含量呈下降趋势，其中饼肥处理的还原糖含量显著低于对照，但有机物料处理对烟叶烟碱、总氮含量的影响不明显（表 5-12）。与还原糖含量趋势相一致，不同有机物料处理的糖碱比也表现为降低趋势，其中油菜翻压和饼肥处理的糖碱比显著低于对照。有机物料处理对烤后烟叶的氮碱比没有产生明显影响。

表 5-12　不同有机物料对上部烟叶化学成分的影响

处理	还原糖/%	烟碱/%	总氮/%	糖碱比	氮碱比
CK	25.8±0.3a	3.2±0.1a	1.7±0.2a	8.2±0.2a	0.5±0.0a
SK	24.5±0.2ab	3.1±0.2a	1.7±0.1a	7.9±0.1ab	0.6±0.1a
YK	23.8±0.3ab	3.3±0.3a	1.8±0.3a	7.3±0.1b	0.5±0.1a
BK	22.5±0.5b	3.5±0.3a	1.6±0.2a	6.4±0.3c	0.5±0.1a

（六）不同有机物料对烟叶经济性状的影响

施用有机物料对烤烟烟叶产量影响不显著，但明显提高了上等烟或上中等烟的比例，从而提高了烟叶产值；其中稻草还田、油菜翻压处理的上等烟比例、上中等烟比例、产值均显著高于对照，以稻草还田处理的效果为最优（表 5-13）。与对照（单施化肥）相比，稻草还田处理烤烟上中等烟比例和产值分别提高了 9.2%、29.4%；油菜翻压处理则分别提高了 5.5%、19.8%。

表 5-13　不同有机物料对烤烟经济性状的影响

处理	产量/（kg/亩）	产值/（元/亩）	上等烟比例/%	上中等烟比例/%
CK	127.6±2.9a	2 462.9±105.7a	56.1±1.9b	86.5±3.1c
SK	133.8±3.7a	3 188.1±121.2b	61.2±3.2a	94.5±4.9a
YK	130.8±4.2a	2 951.7±157.4bc	59.7±2.1a	90.8±2.6ab
BK	129.0±5.6a	2 747.8±201.3ac	58.1±3.3ab	87.9±4.9bc

三、小结

实施水稻秸秆还田或油菜绿肥掩埋替代部分化肥能显著提升烟草生育后期根际微生物功能多样性和脲酶活性，从而改善植株后期生理代谢活性，有利于烟草成熟期间烟叶品质的形成，因而最终提高了烟叶的上中等烟比例及其产值。研究结果一定程度上揭示了施用有机物料提升烟叶品质的可能作用机理，但尚需进一步研究施用有机物料引起的烟草成熟期烟叶碳、氮代谢平衡变动及其与烟叶致香物质、呈色物质等成分的前体物质形成与积累的关系，以期在烟草生理生化基础上阐明有机物料施用改善烤烟烟叶品质的作用机制。

第三节　不同有机物料对湖南浓香型烤烟产量及内在品质的影响

有机物料是植烟土壤有机质外源补充的重要来源。多年来，有机物料的研究主要集中在资源化利用方面，对外源有机物料对烤烟品质的影响研究较少，开展不同外源有机物料的田间小区定位试验，旨在研究施用外源有机物料对促进烟株生长发育、彰显烟叶质量特色的作用。通过跟踪调查和测定其对烟草生长发育及烟叶质量的影响，探索筛选提升烟叶内在质量的外源有机物料与组合。有机物料不但能够促进硝态氮的利用，更重要的是其对烤烟生长的刺激性，影响烟株内的激素水平，从而改善烟叶的质量。

一、材料与方法

(一) 试验地点

试验点：(1) 湘南典型烟区：试验点位于永州市蓝山县土市镇贺家村（烟农：贺顺标）和江华瑶族自治县白芒营镇新社湾村（烟农：蒋太运）。(2) 湘西烟区试验点位于湘西土家族苗族自治州凤凰县千工坪乡通板村（烟农：滕建平）和花垣县道二乡科技园（烟农：田代平）。试验品种为云烟87，试验烟田近3年没有安排过肥料试验，交通便利，排灌方便，其土质、肥力在当地烟区具有代表性，烟田面积约2亩。连续开展两年小区定位试验，小区的土壤基本理化性质如表5-14。

表5-14　试验小区土壤基本理化性质

项目	湘南典型烟区（永州）		湘西典型烟区（湘西州）	
	蓝山	江华	花垣	凤凰
有机质/ (g/kg)	68.18	43.62	17.28	20.34
pH	7.68	6.58	6.93	6.21
全氮/ (g/kg)	4.57	2.57	1.28	1.29
全磷/ (g/kg)	1.34	1.70	0.69	0.78

（续）

项目	湘南典型烟区（永州）		湘西典型烟区（湘西州）	
	蓝山	江华	花垣	凤凰
全钾/（g/kg）	8.28	12.45	13.68	28.01
碱解氮/（mg/kg）	224.18	180.08	84.53	124.95
速效磷/（mg/kg）	37.52	88.97	12.77	22.45
速效钾/（mg/kg）	287.50	350.00	275.00	65.00
阳离子交换量/（cmol/kg）	22.44	18.46	15.33	9.75

（二）试验小区设计

1. 湘南典型烟区小区设计

蓝山和江华试验点，共设 5 个处理：

T1：纯化肥基肥（70kg/亩）；

T2：纯化肥（63kg/亩）＋三饼合一饼肥（20kg/亩）；

T3：纯化肥（65kg/亩）＋稻草还田（风干稻草，350kg/亩，切碎成 10～15cm 长的碎段还田）；

T4：纯化肥（38kg/亩）＋油菜绿肥掩埋（鲜料，约 1 700kg/亩）；

T5：纯化肥（56kg/亩）＋三饼合一饼肥（40kg/亩）。

每个处理重复 3 次，15 个小区，小区随机区组排列，小区标准设置为 12.5m 长、4.8m 宽，每小区 100 株烤烟。小区之间由田埂隔开，在 3 年定位试验期间保持不变。湘南烟区各处理总氮用量相同（包括有机氮和无机氮），均为 9.6kg/亩，肥料配比为 $N：P_2O_5：K_2O=1：0.8：2.8$。专用基肥（纯化肥配制）的养分含量为 $N：P_2O_5：K_2O=8：15.4：7.3$。饼肥的养分含量为 $N：P_2O_5：K_2O=2.1：2.6：4$。

2. 湘西典型烟区试验小区设计

花垣和凤凰试验点，共设 5 个处理：

T1：纯化肥处理（64kg/亩）；

T2：纯化肥（60kg/亩）＋三饼合一饼肥（15kg/亩）；

T3：T2＋箭筈豌豆绿肥；

T4：T2＋黑麦草绿肥；

T5：纯化肥（60kg/亩）＋三饼合一饼肥（30kg/亩）（花垣由于试验田面积所限，没有设置此处理）。

每个处理重复 3 次，小区随机区组排列，小区标准设置为 10m 长、4.8m 宽，每小区 80 株烤烟。小区间由田埂隔开，在 3 年定位试验期间保持不变。各处理总氮用量（包括有机氮和无机氮）相同，均为 7.6kg/亩，肥料配比为 N：P$_2$O$_5$：K$_2$O＝1：1.28：3.11。纯化肥基肥养分含量为 N：P$_2$O$_5$：K$_2$O＝8：15.4：7.3，饼肥养分含量为 N：P$_2$O$_5$：K$_2$O＝2.1：2.6：4。

（三）大田管理

1. 湘南典型烟区

移栽期为 3 月 9 日，移栽密度为 1.2m×0.5m，地膜覆盖同时采用膜下移栽。垄高达到 35cm 以上，开好围沟和腰沟，及时排水，做到雨停沟干，务必保持田间干爽。以上部倒一叶为成熟采摘标准，待充分成熟后，上部 5～6 片叶一次性采烤，以提高烟叶烘烤质量。未涉及的田间管理方法参照《2017 年永州市烤烟生产技术方案》执行，确保各小区农事操作的一致性，避免人为因素引起的试验误差。

2. 湘西典型烟区

采用漂浮育苗，于 2 月 10 日播种，5 月 1 日起垄施肥，5 月 3 日盖膜，5 月 4 日移栽，5 月 15 日提苗肥，5 月 26 日小培土，6 月 16 日中耕大培土，7 月 1 日打脚叶，7 月 4 日打顶，7 月 20 日开始采烤，田间管理遵循"最适"和"一致"的原则，与大面积生产一致，各处理各项管理措施保持一致，符合生产要求，由专人在同一天内完成。其他大田培管措施按照《2017 年度湘西自治州烤烟标准化生产技术方案》执行。

（四）调查与取样

把每小区每株烟的中部烟两片（倒数 9-10 片）和上部烟的两片（倒数 5-5 片）吊小标牌，在各部位烟叶成熟时，将各小区中部叶两片和上部叶两片单独挂牌编杆、烘烤，分析烤烟外观质量、化学成分、评吸质量和致香物质含量。

1. 生育期调查

在各处理中间行选取有代表性的烟株 20 株作为定点株，观察记载以下各时期：移栽期，团棵期，现蕾期，打顶期，下、中、上部烟叶成熟期，大田全生育期。

2. 农艺性状调查

在各小区中间行选取有代表性的烟株 10 株作为定点株，移栽后 40d、55d、75d 分别调查记载以下农艺性状：株高、叶数、茎围、田间整齐度、下部最大叶面积、中部最大叶面积、上部最大叶面积（叶面积＝长×宽×0.634 5）、烟叶分层落黄情况。

3. 病害发生情况调查

在烟草花叶病、黑胫病、赤星病等主要病害的高发期，调查各小区病害的发病率和病情指数。①发病率％＝（发病株数/调查总株数）×100％。②病情指数＝$\sum$（各级病株或叶数×该病级数）×100/（调查总株数或叶数×最高病级数）。病级一般分 0～4 级，病株各病害病情级数的确定参照有关的病情分级标准。

4. 外观质量、经济性状调查及取样分析

烟叶成熟采收时各小区分开挂牌编杆，统一条件下烘烤，考察烤后烟各处理的外观质量和经济性状。取各处理 C3F 和 B2F 等级烟叶各 5kg 作为样品烟，分析烟叶主要化学成分、评价感官质量、分析烤烟致香物质。

二、结果与分析

（一）不同有机物料对烤烟生育期的影响

永州烟区各处理移栽期均为 2017 年 3 月 9 日，由表 5－15 可知：各处理生育期差异较小，只有 T1 的团棵期和现蕾期比各处理推迟 1～2d，4 个处理的生育期没有差异。表明外源有机物料各处理对烤烟生育期影响不明显。

表 5－15　永州烟区不同有机物料各处理生育期调查结果

单位：月/日、d

处理	移栽	团棵	现蕾	打顶	烟叶成熟期			大田全生育期
					下部	中部	上部	
T1	3/9	4/20	5/4	5/10	6/3	6/17	7/11	124
T2	3/9	4/18	5/3	5/10	6/3	6/17	7/11	124
T3	3/9	4/18	5/3	5/10	6/3	6/17	7/11	124
T4	3/9	4/18	5/3	5/10	6/3	6/17	7/11	124
T5	3/9	4/18	5/3	5/10	6/3	6/17	7/11	124

由表 5－16 可知，凤凰试验点现蕾时间以 T1 处理较早，大田生育期为 86d，其他生育期各处理均一致，大田生育期均为 92d。以上说明绿肥与发酵饼肥有益于延长烤烟的主要生育期，但因病害较重，对烟叶进行提前采收，导致各处理生育期均较短。花垣试验点团棵期以 T1、T2 处理较早，分别为 6 月 5 日、6 月 4—7 日（平均值）；现蕾时间仅 T1 处理较早，其他生育期各处理均一致，大田生育期除 T1 处理较短外，其他均为 98d。以上说明绿肥与发酵饼肥有益于延长烤烟的主要生育期。

表 5 - 16　湘西烟区不同有机物料各处理生育期调查结果

单位：月/日、d

试验点	处理	播种期	移栽期	追肥期	现蕾期	中心花开放期	脚叶成熟期	最后采收期	大田生育期
凤凰	T1	2/10	5/6	6/2	6/27	7/1	6/27	7/30	86
	T2	2/10	5/6	6/2	6/30	7/3	6/30	8/6	92
	T3	2/10	5/6	6/2	6/30	7/3	6/30	8/6	92
	T4	2/10	5/6	6/2	6/30	7/3	6/30	8/6	92
	T5	2/10	5/6	6/2	6/30	7/3	6/30	8/6	92
花垣	T1	2/12	5/3	5/28	6/22	6/27	7/13	8/5	94
	T2	2/12	5/3	5/28	6/24	7/1	7/14	8/9	98
	T3	2/12	5/3	5/28	6/24	7/1	7/14	8/9	98
	T4	2/12	5/3	5/28	6/24	7/1	7/14	8/9	98

（二）不同有机物料对烤烟农艺性状的影响

由表 5 - 17 可知，永州烟区移栽后 40d、55d 和 75d 分别处于烤烟生育期的伸根期、旺长期和成熟期，从烟株农艺性状各指标的表现来看，T3 农艺性状表现最优，下、中、上部最大叶面积分别比对照提高 8.3%、11.3% 和 9.5%，其次是 T5，各处理田间农艺性状表现从优到劣的排序依次为 T3＞T5＞T2＞T4＞T1。

表 5 - 17　永州烟区不同有机物料各时期农艺性状调查结果

调查期	处理	株高/cm	叶数/片	茎围/cm	田间整齐度	最大叶面积/cm²		
						下部	中部	上部
移栽后 40d	T1	38.57	11.00	6.71	较好	617.44	400.00	—
	T2	43.17	11.33	6.83	较好	711.70	469.59	—
	T3	45.50	11.70	7.12	较好	750.24	513.66	—
	T4	40.70	11.13	6.88	较好	617.92	430.31	—
	T5	43.93	11.37	6.84	较好	751.11	484.07	—
移栽后 55d	T1	82.97	16.70	8.73	较好	918.12	920.01	441.77
	T2	85.67	16.80	8.74	较好	963.98	986.19	458.60
	T3	90.63	17.50	9.06	较好	994.27	1 023.75	483.91
	T4	84.43	17.00	8.87	较好	923.06	964.39	449.43
	T5	88.67	17.57	9.05	较好	984.85	1 034.54	454.68

（续）

调查期	处理	株高/ cm	叶数/ 片	茎围/ cm	田间 整齐度	最大叶面积/cm²		
						下部	中部	上部
	T1	89.50	16.93	9.76	较好	1 030.10	877.58	—
	T2	92.03	16.93	9.76	较好	1 108.33	913.35	—
移栽后 75d	T3	92.80	17.00	9.91	较好	1 257.95	1 011.70	—
	T4	91.90	17.27	9.66	较好	1 075.89	888.74	—
	T5	94.80	17.00	9.87	较好	1 196.73	941.83	—

由表 5-18、表 5-19 可知，在湘西烟区烤烟旺长期，花垣试验点 T2 株高最高，T4 有效叶最多，T4 叶面积最大；凤凰试验点 T2 株高最高，T4 茎围最粗，T5 有效叶最多，T3 叶面积最大。可见花垣试验点黑麦草绿肥有益于烤烟前期的生长、凤凰试验点箭筈豌豆绿肥比常规化肥更能促进烤烟前期的生长。这可能与试验地土壤类型有关，花垣试验点为马肝泥，凤凰试验点为黄灰土。

表 5-18　花垣不同有机物料旺长期主要农艺性状（6 月 14 日测）

处理	株高/cm	有效叶数/片	最大叶长（cm）×宽（cm）	叶面积/cm²
T1	44.81	13.58	51.96×22.51	1 184.39
T2	47.21	13.47	51.23×23.34	1 214.06
T3	43.45	13.47	50.24×23.24	1 193.00
T4	45.43	13.68	51.49×23.55	1 228.17

表 5-19　凤凰不同有机物料旺长期主要农艺性状（6 月 29 日测）

处理	株高/ cm	茎围/ cm	有效叶数/ 片	下部叶长（cm） ×宽（cm）	中部叶长（cm） ×宽（cm）	下部叶面积/ cm²	中部叶面积/ cm²
T1	99.17	8.24	23.91	65.72×28.27	63.95×26.74	1 878.22	1 737.11
T2	99.88	7.83	23.44	64.19×28.50	62.30×26.56	1 857.78	1 668.78
T3	93.75	8.01	22.97	67.84×30.21	64.31×27.74	2 044.67	1 799.67
T4	95.64	8.42	23.56	67.13×29.50	63.36×27.44	2 002.11	1 765.67
T5	96.46	7.66	24.03	59.12×26.74	61.01×25.56	1 584.00	1 560.78

由表 5-20、表 5-21 可知，在湘西烟区烤烟成熟期：花垣试验点 T3 株高最高，茎围最粗，有效叶最多，节距最大，叶面积最大；凤凰试验点 T1 株高最高，T3 茎围最粗，T1 有效叶最多，T3 节距最大，T1 叶面积最大。可见绿肥箭筈豌豆有利于促进烤烟中后期生长。

表 5 – 20　花垣不同有机物料成熟期主要农艺性状（7 月 28 日测）

单位：片，cm，cm²

处理	株高	茎围	有效叶数	节距	下部叶长×宽	面积	中部叶长×宽	面积	上部叶长×宽	面积
T1	118.19	9.00	17.30	5.77	59.85×26.32	1 554.47	68.49×27.20	1 862.93	54.83×18.93	1 056.47
T2	115.87	8.87	17.36	5.70	59.41×26.57	1 564.93	67.74×26.76	1 812.72	53.77×19.55	1 060.47
T3	124.58	9.37	18.24	6.11	62.17×27.07	1 716.23	71.82×28.07	2 147.59	58.66×21.24	1 267.67
T4	120.32	8.99	17.67	5.70	63.04×26.82	1 690.89	69.37×27.45	1 904.21	57.90×19.43	1 124.88

表 5 – 21　凤凰不同有机物料成熟期主要农艺性状（7 月 28 日测）

单位：片，cm，cm²

处理	株高	茎围	有效叶数	节距	下部叶长×宽	面积	中部叶长×宽	面积	上部叶长×宽	面积
T1	111.30	8.93	19.72	4.73	73.97×31.03	2 325.00	83.53×34.65	2 929.33	84.12×33.37	2 849.89
T2	104.88	8.79	19.13	4.55	71.63×31.15	2 224.78	81.90×31.85	2 617.44	83.30×32.90	2 759.78
T3	109.32	9.08	19.02	4.98	75.37×32.90	2 503.22	84.70×33.31	2 795.40	81.67×31.73	2 596.25
T4	108.15	9.04	19.25	4.95	75.48×32.43	2 483.33	82.13×35.00	2 905.22	82.13×31.27	2 579.44
T5	104.30	8.52	19.37	4.46	68.83×29.05	1 990.33	78.87×32.61	2 569.22	80.73×30.57	2 476.44

（三）不同有机物料对烤烟外观质量的影响

从表5-22永州烟区各处理外观质量调查结果来看，中部叶和上部叶T2、T3、T5油分比其他处理多，为有＋，T4处理油分比其他处理偏少，为有－；中部叶各处理色度为强，均比对照T1色度要强，上部叶T2、T3、T5色度略强于其他处理，为强＋。各处理成熟度、叶片结构、身份基本一致。总体来看，T2、T3、T5油分、色度等外观质量比其他处理具有一定优势。

表5-22　永州烟区不同有机物料各处理烤后烟叶外观质量调查结果

处理	部位	成熟度	叶片结构	身份	油分	色度
T1	中部	成熟	疏松	中等	有	中
T2	中部	成熟	疏松	中等	有＋	强
T3	中部	成熟	疏松	中等	有＋	强
T4	中部	成熟	疏松	中等	有－	强
T5	中部	成熟	疏松	中等	有＋	强
T1	上部	成熟	尚疏松—稍密	稍厚	有	强
T2	上部	成熟	尚疏松—稍密	稍厚	有＋	强＋
T3	上部	成熟	尚疏松—稍密	稍厚	有＋	强＋
T4	上部	成熟	尚疏松—稍密	稍厚	有－	强
T5	上部	成熟	尚疏松—稍密	稍厚	有＋	强＋

由表5-23可以看出，湘西烟区花垣试验点T2、T3、T4烟叶外观质量表现好，颜色以橘黄为主、油分有、光泽强、色度较强、身份适中、结构较疏松；T1处理表现为较好。可见绿肥与饼肥一定程度有利于烟叶的外观质量。湘西烟区凤凰试验点T3、T4、T5烟叶外观质量均表现好，颜色以橘黄为主、油分有、光泽强、色度较强、身份适中、结构较疏松；T1、T2处理表现为较好。可见绿肥与30kg发酵饼肥处理一定程度有利于改善烟叶的外观质量。

表5-23　湘西烟区不同外源物料各处理烤后烟叶外观质量评价

试验点	处理	颜色	油分	光泽	色度	身份	结构	综合评价
花垣	T1	橘黄为主	有	较强	中	稍薄	较疏松	较好
	T2	橘黄为主	有	强	较强	适中	较疏松	好
	T3	橘黄为主	有	强	较强	适中	较疏松	好
	T4	橘黄为主	有	强	较强	适中	较疏松	好

（续）

试验点	处理	颜色	油分	光泽	色度	身份	结构	综合评价
	T1	橘黄为主	有	较强	中	稍薄	较疏松	较好
	T2	橘黄为主	有	较强	中	稍薄	较疏松	较好
凤凰	T3	橘黄为主	有	强	较强	适中	较疏松	好
	T4	橘黄为主	有	强	较强	适中	较疏松	好
	T5	橘黄为主	有	强	较强	适中	较疏松	好

（四）不同有机物料对烤烟经济性状的影响

从表 5-24 永州烟区经济性状统计分析结果来看，T2～T5 各处理烤烟经济性状均优于对照，上述处理之间产量、产值、上等烟比例差异均达到了显著水平。以 T3 优势最为明显，比对照差异达到了显著水平，其次为 T5，T2 优于 T4，各处理经济性状从优到劣依次为 T3＞T5＞T2＞T4＞T1。

表 5-24　永州烟区不同有机物料各处理经济性状调查表

处理	产量/ (kg/亩)	产值/ (元/亩)	均价/ (元/kg)	上等烟比例/ %	上中等烟比例/ %
T1	129.9d	2 895.39d	22.29a	45.62c	93.14a
T2	150.49bc	3 568.07bc	23.71a	50.61b	95.09a
T3	168.61a	4 125.89a	24.47a	58.15a	99.14a
T4	140.17cd	3 150.93d	22.48a	46.2bc	93.78a
T5	153.93b	3 631.28b	23.59a	57.03a	93.50a

注：表中小写英文字母表示 5%显著水平的多重比较结果。

如表 5-25 所示，湘西烟区花垣试验点 T4 产量最高，与其他处理有显著差异，T4 产值最高，与其他处理有显著差异；T4 均价最高，但与各处理无显著差异。湘西烟区凤凰试验点 T3 产量、产值最高，T2、T3 均价最高，但各处理产量、产值与均价均无显著差异。由此可见，黑麦草绿肥在花垣能提高烟叶产值、产量和均价，而在凤凰 15kg 发酵饼肥与绿肥箭筈豌豆处理有益于提升烤烟均价。

表 5-25　湘西烟区不同有机物料对烤烟产量、产值、均价的影响

试验点	处理	产量/（kg/亩）	产值/（元/亩）	均价/（元/kg）
花垣	T1	19.18b	281.05b	14.65Aa
	T2	26.95b	373.45b	13.86Aa

（续）

试验点	处理	产量/（kg/亩）	产值/（元/亩）	均价/（元/kg）
花垣	T3	20.10b	307.48b	15.30Aa
	T4	74.87a	1 431.78a	19.12Aa
凤凰	T1	15.54a	280.05a	18.02a
	T2	12.65a	291.37a	23.03a
	T3	29.73a	684.42a	23.02a
	T4	14.88a	78.82a	18.74a
	T5	13.40a	281.22a	20.99a

注：不同小、大写字母代表性 5%、1%显著性差异。

  由表 5-26 可知，湘西烟区花垣试验点 T4 中等烟比例最高，与 T1 存在显著差异。凤凰试验点 T3 上等烟比例最高，与 T1 存在 10%显著差异，T2 中等烟比例最高，但与其他处理无显著差异。花垣试验点黑麦草绿肥有利于提高烤烟的上等烟比例，能提高中等烟比例。凤凰试验点箭筈豌豆绿肥能提高烤烟的上等烟比例，T2 即 15kg 发酵饼肥有利于提高中等烟比例。

表 5-26 湘西烟区不同外源物料对烟叶等级比例的影响

试验点	处理	上等烟比例/%	中等烟比例/%
花垣	T1	0	50.92bAB
	T2	0	55.91abAB
	T3	0	58.62abAB
	T4	26.33	69.97aA
凤凰	T1	27.12b	30.39aA
	T2	37.26ab	50.84aA
	T3	42.79a	46.09aA
	T4	40.34ab	25.91aA
	T5	39.96ab	28.96aA

注：不同小、大写字母代表性 5%、1%显著性差异。

（五）不同有机物料对烤烟主要化学成分的影响

  从表 5-27 来看，永州烟区各处理中部叶还原糖含量略高于适宜范围，烟碱、钾、糖碱比均处于适宜范围，总氮、氯含量偏低。中部叶各处理主要化学成分适宜性较好，差异不明显。上部叶 T2 还原糖含量偏低，烟碱含量偏高，糖碱比偏低，其他各处理烟叶主要化学成分均处于适宜范围内。

表5-27　永州烟区不同有机物料各处理主要化学成分分析结果

处理	等级	还原糖/%	比对照增减/%	烟碱/%	比对照增减/%	钾/%	比对照增减/%	总氮/%	氯/%	糖碱比	比对照增减/%	氮碱比
T1		24.7	0.0	2.32	0.0	2.57	0.0	1.72	0.22	10.6	0.0	0.74
T2		24.7	0.0	2.75	18.5	2.56	−0.4	1.74	0.24	9.0	−15.6	0.63
T3	C3F	24.5	−0.8	2.70	16.4	2.50	−2.7	1.72	0.19	9.1	−14.8	0.64
T4		26.3	6.5	2.51	8.2	2.36	−8.2	1.55	0.21	10.5	−1.6	0.62
T5		26.2	6.1	2.57	10.8	2.31	−10.1	2.03	0.17	10.2	−4.2	0.79
T1		22.7	0.0	3.43	0.0	2.23	0.0	3.02	0.21	6.6	0.0	0.88
T2		15.9	−30.0	4.05	18.1	2.32	4.0	2.60	0.31	3.9	−40.7	0.64
T3	B2F	22.6	−0.4	3.48	1.5	2.07	−7.2	2.31	0.22	6.5	−1.9	0.66
T4		22.0	−3.1	3.46	0.9	1.95	−12.6	2.27	0.27	6.4	−3.9	0.66
T5		19.9	−12.3	3.58	4.4	2.22	−0.4	2.29	0.28	5.6	−16.0	0.64

凤凰试验点发病率较高，严重影响了各处理对烤烟品质的作用效果。对此我们只对花垣试验点的烤烟化学成分进行了分析。由表5-28可知，黑麦草绿肥还田（T4）对烤烟化学品质影响最大，其中对总糖、钾含量有明显提升作用，且明显降低了烟碱和氯含量；从糖碱比看明显高于其他处理。箭筈豌豆还田（T3）下烤烟糖分含量有明显提升，而烟碱和总氮含量明显降低；从糖碱比看其比值也处在优质烟叶品质标准范围内，说明种植箭筈豌豆绿肥对烤烟品质提升作用较好。

表5-28　湘西典型烟区不同外源物料对烟叶化学品质的影响

	处理	总糖/%	还原糖/%	烟碱/%	总氮/%	钾/%	氯/%	糖碱比
	T1	12.91	13.14	2.61	2.61	2.52	0.38	4.9
花垣	T2	18.00	14.16	2.57	2.57	2.66	0.39	7.0
	T3	22.82	16.19	2.20	2.20	2.35	0.36	10.4
	T4	29.56	20.13	1.53	1.53	3.03	0.26	19.4

（六）不同有机物料对烤烟抗病性的影响

湘西烟区各试验点主要病害是黑胫病与青枯病，其他病害很少。由表5-29可知，花垣试验点T1、T2发病率与病情指数均较高，T4、T3发病率与病情指数均较低。凤凰试验点 T5、T2 发病率与病情指数均较高，T3、T4 发病率与病情指数均较低。以上说明绿肥对根茎病害的发生有一定的抑制作用，但增加发酵饼肥施用量处理后黑胫病的发生率有一定回升，这可能与饼肥处理增加了土壤病原菌有关。

表 5 - 29　不同外源有机物料对主要病害发生的影响

试验点	处理	青枯病		黑胫病	
		病株率/%	病情指数	病株率/%	病情指数
花垣	T1	28.04	4.28	36.42	4.89
	T2	34.70	5.12	30.35	4.13
	T3	15.79	2.50	38.17	4.28
	T4	5.58	0.91	18.57	2.14
凤凰	T1	40.05	6.11	52.03	6.98
	T2	49.57	7.32	43.35	5.90
	T3	11.28	1.97	27.26	3.52
	T4	19.93	3.26	66.32	7.63
	T5	44.25	7.21	49.08	6.36

（七）不同有机物料对烤烟感官评吸的影响

从表 5 - 30 可知，T2 处理能提高永州烟区试验点中部烟的感官评吸分数，T3、T4、T5 处理能降低中部烟的感官评吸分数。T4 处理能提高永州烟区试验点上部烟感官评吸分数，T2、T3、T5 处理能减低永州烟区试验点上部烟的感官评吸分数。

从表 5 - 31 可知，T2、T3、T4 处理能提高湘西烟区试验点中部烟感官评吸分数，其中 T3 效果最好，T4 次之，T2 最小。T5 处理能减低试验点中部烟的感官评吸分数。

三、小结

（1）湘南烟区。外源有机物料各处理综合表现均优于对照，其中以纯化肥＋稻草翻压还田效果最佳，烤烟农艺性状、经济性状、外观质量均优于其他处理，主要化学成分协调性好；纯化肥＋稻草还田＋饼肥综合表现处于第二位，纯化肥＋腐熟饼肥综合表现处于第三位，油菜绿肥翻压还田居第四位，纯化肥对照综合表现处于第五位。

表 5-30　永州烟区不同有机物料处理烤后烟感官评吸质量

处理	部位	香型	香气特征				杂气		烟气特征					吃味特征				燃烧性	灰分	评级
			风格彰显度(5)	香气质(9)	香气量(9)	透发性(9)	主要程度(9)	次要	浓度(9)	柔和细腻度(9)	劲头(9)	刺激性程度(9)	部位	余味(9)	甜度(9)	干燥度(9)	干净程度(9)	(4)	(5)	总分
T1	上部	N	3.9	6.0	6.8	6.9	5.6	0.0	7.4	5.9	6.6	6.1	0.0	6.0	6.0	6.0	6.0	3.0	4.0	86.1
T2		N	3.5	5.5	6.4	6.5	5.5	0.0	7.1	5.9	6.7+	6.0	0.0	5.8	5.6	5.9	5.9	3.0	4.0	83.3
T3		N	3.5	5.9	6.4	6.4-	5.6	0.0	7.1	5.9	6.8	6.0	0.0	5.9	5.6	5.9	6.0	3.0	4.0	83.9
T4		N	3.9	6.1	6.4	6.7	5.8	0.0	7.1	6.2	7.0	6.3	0.0	6.0	5.9	5.9	6.0	3.0	4.0	86.4
T5		N	3.5	6.1	6.4	6.6	5.7	0.0	7.1	6.1	6.9	6.2	0.0	6.0	6.0	5.9	6.0	3.0	4.0	85.4
T1	中部	N	3.5	6.0	6.4	6.4	6.1	0.0	6.5	6.4	6.8	6.4	0.0	6.5	6.5	6.4	6.4	3.0	4.0	86.9
T2		N	3.9	6.5	6.7	6.9+	6.5	0.0	6.5	6.4	6.8	6.6	0.0	6.5	6.2	6.4	6.4	3.0	4.0	89.6+
T3		N	3.5	6.0	6.4	6.4	6.1	0.0	6.5	6.3	6.7	6.3	0.0	6.3	6.2	6.1	6.1	3.0	4.0	85.9
T4		N	3.5	6.0	6.4	6.5	5.9	0.0	6.6	6.3	6.5	6.3	0.0	6.0	5.8	6.2	6.1-	3.0	4.0	84.8-
T5		N	3.5	6.0	6.3	6.3	5.8	0.0	6.5	6.0	6.5	6.1	0.0	5.9	5.6	5.9	6.0	3.0	4.0	83.4

注：表中感官评吸质量各指标及对应的满分值为：风格彰显度 5、香气质 9、香气量 9、透发性 9、杂气 9、浓度 9、柔和细腻度 9、劲头 9、刺激性 9、余味 9、甜度 9、干燥度 9、干净程度 9、燃烧性 4、灰分 5。以下同。

表 5-31　湘西烟区不同有机物料处理烤后烟感官评吸质量

处理	风格彰显度(5)	香气质(9)	香气量(9)	透发性(9)	杂气(9)	浓度(9)	柔和细腻度(9)	劲头(9)	刺激性(9)	余味(9)	甜度(9)	干燥度(9)	干净程度(9)	燃烧性(4)	灰分(5)	评吸总分
T1	4.0	6.0b	6.0b	6.0b	6.0b	6.0b	6.0b	7.0b	6.0b	6.0b	6.5a	6.5a	6.5a	3.0	4.0	85.5c
T2	4.0	6.5b	6.5b	6.5b	6.0b	6.5b	6.5a	7.5a	6.5a	6.5a	6.5a	6.5a	6.5a	3.0	4.0	89.5a
T3	4.0	7.0a	7.0a	7.0a	6.5a	7.0a	6.5a	7.5a	6.5a	6.5a	6.5a	6.5a	6.5a	3.0	4.0	92.0a
T4	4.0	6.5b	7.0a	6.5b	6.0b	6.5b	6.5a	7.5a	6.5a	6.5a	6.5a	6.5a	6.5a	3.0	4.0	90.0b
T5	4.0	6.0b	6.0b	6.0b	6.0b	6.0b	6.0b	7.0b	6.0b	6.0b	6.0b	6.0b	6.0b	3.0	4.0	84.0d

（2）湘西烟区。凤凰试验点箭筈豌豆与常规化肥分别能促进烤烟成熟期烟叶生长，箭筈豌豆对黑胫病的发生有一定抑制作用，但增加发酵饼肥施用量处理后黑胫病的发生率有一定回升。15kg 发酵饼肥与绿肥箭筈豌豆处理有益于提升烤烟均价。绿肥及 30kg 发酵饼肥处理一定程度有利于提升烟叶的外观质量。湘西烟区花垣试验点黑麦草绿肥有益于烤烟前期的生长，箭筈豌豆绿肥有利于促进烤烟的中后期生长，黑麦草绿肥能提高烟叶产量产值，且有利于提高烟叶均价，有利于提高烤烟的上等烟比例，也能提高烤烟的中等烟比例。

第四节　饼肥用量对湖南浓香型烤烟内在品质的影响

在烟田中施用饼肥，可提高土壤中微生物的数量和酶活力、改善土壤环境、增强土壤保水保肥能力、促进氮、磷、钾的转化和吸收等，从而有利于提高烟叶内外品质、增加烟叶香气质和钾含量，改善烟叶吃味，提高产量和上等烟比例等。本章节研究饼肥不同用量对烤烟内在品质的影响，为烟草生产如何更加合理化施用饼肥，充分发挥其在烟草生产中的增产增质作用提供依据。

一、材料与方法

（一）试验点基本情况

（1）湘南烟区（永州）：蓝山县土市镇贺家村，烟农：贺顺标。（2）湘西烟区：花垣县道二乡科技园，烟农：田代平。在饼肥试验田附近重新选取一块烟田，试验田近 3 年没有安排过肥料试验，交通便利，排灌方便，土质、肥力具有代表性，烟田面积约 2 亩。试验品种为云烟 87。试验小区土壤基本理化性质如表 5－32 所示。

表 5－32　试验小区土壤基本理化性质

项目	湘南典型烟区（永州蓝山）	湘西典型烟区（湘西花垣）
pH	8.0	6.80
有机质/（g/kg）	58.80	29.86
全氮/（g/kg）	3.84	1.97
全磷/（g/kg）	2.43	1.14
全钾/（g/kg）	16.48	16.35
碱解氮/（mg/kg）	290.33	163.54

（续）

项目	湘南典型烟区（永州蓝山）	湘西典型烟区（湘西花垣）
速效磷/（mg/kg）	49.97	52.28
速效钾/（mg/kg）	150.00	262.30
阳离子交换量/（cmol/kg）	15.31	15.76
土壤质地	为粉砂壤土，颗粒组成为：砂粒 9.8%、粉砂粒 72.2%、黏粒 18.0%	为粉砂质黏土，颗粒组成为：砂粒 5.7%、粉砂粒 48.0%、黏粒 46.3%

（二）试验设计

（1）湘南典型烟区蓝山试验点。

处理 1（T1）：纯化肥处理（70kg/亩）；

处理 2（T2）：纯化肥＋发酵饼肥 17.5kg/亩（占 6.5%基肥氮用量）；

处理 3（T3）：纯化肥＋发酵饼肥 35kg/亩（占 13%基肥氮用量）；

处理 4（T4）：纯化肥＋发酵饼肥 52.5kg/亩（占 19.5%基肥氮用量）；

处理 5（T5）：纯化肥＋发酵饼肥 70kg/亩（占 26%基肥氮用量）；

处理 6（T6）：纯化肥＋发酵饼肥 87.5kg/亩（占 32.5%基肥氮用量）；

处理 7（T7）：纯化肥＋发酵饼肥 105kg/亩（占 39%基肥氮用量）。

永州各处理总氮用量相同（包括有机氮和无机氮），均为 9.8kg/亩，肥料配比为 $N：P_2O_5：K_2O=1：1.13：2.63$。肥料分为饼肥、基肥、提苗肥、追肥和硫酸钾。饼肥为长沙泰谷生产的三饼合一饼肥，肥料配比为 $N：P_2O_5：K_2O=2.1：2.6：4$；基肥为纯化肥基肥，肥料配比为 $N：P_2O_5：K_2O=8：15.4：7.3$；提苗肥、追肥和硫酸钾同常规。

（2）湘西典型烟区花垣试验点。

处理 1（T1）：常规化肥处理（CK1）；

处理 2（T2）：常规化肥＋发酵饼肥 5kg/亩（占 6.33%氮含量）；

处理 3（T3）：常规化肥＋发酵饼肥 15kg/亩（占 12.66%氮含量）；

处理 4（T4）：常规化肥＋发酵饼肥 30kg/亩（占 19%氮含量）；

处理 5（T5）：常规化肥＋发酵饼肥 45kg/亩（占 25.3%氮含量）；

处理 6（T6）：常规化肥＋发酵饼肥 60kg/亩（占 31.7%氮含量）；

处理 7（T7）：常规化肥＋发酵饼肥 75kg/亩（占 38%氮含量）。

湘西各处理总氮用量相同（包括有机氮和无机氮），均为 7.3kg/亩，肥料配比为 $N：P_2O_5：K_2O=1：1.43：2.68$。肥料分为饼肥、基肥、追肥和硫酸钾。饼肥为长沙泰谷生产的三饼合一饼肥，其他肥料为当地烟叶生产使用的烟草专用肥。每个处理重复 3 次，21 个小区，小区随机区组排列。蓝山田间小区试验布置时间为 3 月 9 日，每小区 2 行，平均每小区 50 株烤烟。花垣田间小区试验布置时间为 4 月 26 日，每小区 4 行，每小区 72 株烤烟。

（三）调查内容及方法

（1）烤烟各处理生育期调查。在各处理中间行选取有代表性的烟株 20 株作为定点株，观察记载以下各时期：移栽期，团棵期，现蕾期，打顶期，下、中、上部烟叶成熟期，大田全生育期。

（2）烤烟各处理农艺性状调查。在各小区中间行选取有代表性的烟株 10 株作为定点株，移栽后 40d、55d、75d 分别调查记载以下农艺性状：株高、叶数、茎围、田间整齐度、下部最大叶面积、中部最大叶面积、上部最大叶面积（叶面积＝长×宽×0.634 5）、烟叶分层落黄情况。

（3）烤烟病害发生情况调查。在烟草花叶病、黑胫病、赤星病等主要病害的高发期，调查各小区病害的发病率和病情指数。发病率％＝（发病株数/调查总株数）×100%。病情指数＝$\sum$（各级病株或叶数×该病级数）×100/（调查总株数或叶数×最高病级数）。病级一般分 0～4 级，病株各病害病情级数的确定参照有关的病情分级标准。

（4）外观质量、经济性状调查及取样。烟叶成熟采收时各小区分开挂牌编杆，统一条件下烘烤，考察烤后烟各处理的外观质量和经济性状。取各处理 C3F 和 B2F 等级烟叶各 5kg 作为样品烟，分析烟叶主要化学成分、评价感官质量、分析烤烟致香物质成分。

二、结果与分析

（一）不同饼肥施用水平下烤烟生育期的差异

从表 5-33 可知，蓝山试验点各处理移栽期均为 2017 年 3 月 9 日，各处理生育期差异较小，团棵期、现蕾期和上部叶成熟期各处理之间仅仅相差 1～2d，处理间没有差异，表明外源有机物料各处理对烤烟生育期影响不明显。

表 5-33　蓝山饼肥不同用量对烤烟生育期影响调查结果

单位：月/日、d

处理	移栽期	团棵期	现蕾期	打顶期	烟叶成熟期			大田全生育期
					下部	中部	上部	
T1	3/9	4/23	5/4	5/17	5/25	6/18	7/7	120
T2	3/9	4/23	5/4	5/17	5/25	6/18	7/7	120

（续）

处理	移栽期	团棵期	现蕾期	打顶期	烟叶成熟期			大田全生育期
					下部	中部	上部	
T3	3/9	4/22	5/4	5/17	5/25	6/18	7/7	120
T4	3/9	4/21	5/4	5/17	5/25	6/18	7/6	120
T5	3/9	4/21	5/4	5/17	5/25	6/18	7/7	120
T6	3/9	4/23	5/4	5/17	5/25	6/18	7/7	120
T7	3/9	4/23	5/4	5/17	5/25	6/18	7/7	120

由表 5-34 可知，花垣试验点现蕾时间以 T1 处理较早，其他生育期各处理均一致，各处理大田生育期均为 122d。以上说明发酵饼肥施用有利于延长大田现蕾期。

表 5-34　花垣饼肥不同用量对烤烟各主要生育期的影响

单位：月/日、d

处理	移栽期	提苗期	旺长期	现蕾期	下部叶采收期	中部叶采收期	上部叶采收期	终采期	大田生育期
T1	4/27	5/5	6/5	6/14	7/9	8/8	8/19	8/27	122
T2	4/27	5/5	6/5	6/16	7/9	8/8	8/19	8/27	122
T3	4/27	5/5	6/5	6/16	7/9	8/8	8/19	8/27	122
T4	4/27	5/5	6/5	6/16	7/9	8/8	8/19	8/27	122
T5	4/27	5/5	6/5	6/16	7/9	8/8	8/19	8/27	122
T6	4/27	5/5	6/5	6/16	7/9	8/8	8/19	8/27	122
T7	4/27	5/5	6/5	6/16	7/9	8/8	8/19	8/27	122

（二）不同饼肥施用水平下烤烟农艺性状差异

由图 5-15 可知，随饼肥用量的增加，烤烟农艺性状各项指标的变化规律趋于一致，均呈二次曲线关系，且株高、叶数、中部最大叶面积与饼肥用量之间的二次曲线关系均达到了显著水平（表 5-35）。随饼肥用量的增加，株高、叶数、中部最大叶面积、上部最大叶面积均呈先升高而后降低的趋势，转折点分别在饼肥用量的 607kg/hm²、906kg/hm²、937kg/hm²、811kg/hm²，即饼肥用量 607kg/hm² 时，有最大株高，达 103.1cm；饼肥用量 906kg/hm² 时，叶数最多，达 18 片；饼肥用量 937kg/hm² 时，中部叶面积最大，达 1 429.1cm²；饼肥用量 811kg/hm² 时，上部叶面积最大，达 1 526.6cm²。可见，饼肥用量水平对促进烤烟生长发育有一定的适宜范围，在此适宜范围内，烤烟农艺性状有较好的表现。综合以上分析可知，饼肥用量在 $607\sim937kg/hm^2$ 范围内，烤烟综合农艺性状较好。

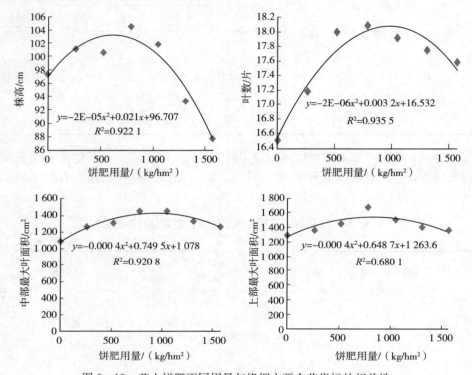

图 5-15　蓝山饼肥不同用量与烤烟主要农艺指标的相关性

表 5-35　蓝山饼肥用量与烤烟农艺性状各指标拟合方程显著水平

指　标	株高/cm	叶数/片	中部最大叶面积/cm²	上部最大叶面积/cm²
显著水平（P 值）	0.006 1	0.004 2	0.006 3	0.102 3
显著性	显著	显著	显著	不显著

如表 5-36 所示，花垣试验点旺长期各处理株高以 T2 处理最高，为 82.11cm，高低次序为 T2＞T4＞T3＞T6＞T5＞T7＞T1；茎围以 T3 处理最高，为 9.08cm，高低次序为 T3＞T2＝T7＞T4＞T1＞T5＞T6；有效叶数以 T2 处理最高，为 18.71 片，高低次序为 T2＞T3＞T4＞T6＞T5＞T7＞T1；下部叶长×宽即叶面积以 T2 处理最高，高低次序为 T2＞T3＞T4＞T1＞T5＞T7＞T6，中部叶长×宽即叶面积以 T3 处理最高，高低次序为 T3＞T2＞T7＞T4＞T5＞T6＞T1。可见 5～15kg/亩的发酵饼肥施用量有利于烤烟前期生长。

表 5-36　花垣饼肥不同用量旺长期主要农艺性状（6 月 15 日测）

处理	株高/ cm	茎围/ cm	有效叶数/ 片	下部叶长（cm）×宽（cm）	面积/ cm²	中部叶长（cm）×宽（cm）	面积/ cm²
T1	61.77	8.54	15.81	57.41×27.43	1 562.17	49.23×22.71	1 126.50
T2	82.11	8.90	18.71	61.95×30.52	1 886.83	62.31×25.07	1 565.83
T3	81.02	9.08	18.53	59.04×28.89	1 706.17	65.04×24.34	1 589.17
T4	81.57	8.81	18.17	58.86×27.25	1 593.00	61.95×24.53	1 509.83
T5	69.58	7.90	17.62	57.77×26.89	1 549.33	57.95×23.98	1 390.50
T6	76.30	7.81	17.80	59.22×24.89	1 474.67	57.23×21.98	1 267.67
T7	68.13	8.90	17.08	55.77×27.25	1 508.83	60.50×25.62	1 544.33

如表 5-37 所示，成熟期各处理株高以 T2 处理最高，为 126.35cm，高低次序为 T2＞T5＞T4＝T3＞T6＞T1＞T7；茎围以 T2 和 T4 处理最高，为 9.18cm，高低次序为 T2＝T4＞T1＝T7＞T3＞T5＞T6；有效叶数以 T6 处理最高，为 19.65 片，高低次序为 T6＞T2＞T5＞T3＞T1＞T4＞T7；下部叶长×宽即叶面积以 T4 处理最高，高低次序为 T4＞T2＞T6＞T5＞T7＞T3＞T1，中部叶长×宽即叶面积以 T2 处理最高，高低次序为 T2＞T3＞T7＞T1＞T5＞T4＞T6，上部叶长×宽即叶面积以 T2 处理最高，高低次序为 T2＞T5＞T1＞T3＞T4＞T7＞T6。可见 15kg 发酵饼肥有利于促进烤烟的中后期生长。

表 5-37　花垣饼肥不同用量成熟期主要农艺性状（7 月 20 日测）

处理	株高/ cm	茎围/ cm	有效叶数/ 片	下部叶长（cm）×宽（cm）	面积/ cm²	中部叶长（cm）×宽（cm）	面积/ cm²	上部叶长（cm）×宽（cm）	面积/ cm²
T1	121.88	9.10	18.71	61.63×27.81	1 731.67	72.27×30.39	2 132.79	61.63×21.46	1 350.67
T2	126.35	9.18	19.49	65.56×31.14	2 066.83	73.99×30.56	2 194.93	66.61×23.18	1 523.00
T3	123.94	9.01	18.88	61.97×29.18	1 824.17	72.96×30.30	2 151.67	61.11×20.00	1 227.67
T4	123.94	9.18	18.54	75.71×29.18	2 206.83	72.44×29.36	2 064.64	59.40×19.57	1 196.83
T5	124.29	8.67	18.92	63.65×30.24	1 950.50	69.87×30.56	2 080.94	63.00×21.63	1 397.67
T6	123.60	8.24	19.65	65.08×29.49	1 956.92	68.67×29.87	1 996.00	56.31×19.57	1 137.50
T7	116.22	9.10	18.20	63.35×29.36	1 873.33	70.90×31.07	2 136.56	58.02×18.88	1 129.00

（三）不同饼肥施用水平下烟叶外观质量差异

从表 5-38 蓝山各处理外观质量表现来看，中部叶从 T1 到 T4，油分和色度均逐步提升，外观质量也随之逐渐提高。T4～T7 各处理的外观质量接近一致。上部叶饼肥各梯度处理均比对照 T1 的外观质量有所好转，表现为油分较足，色度强，各处理间外观质量基本一致。

表 5 - 38　蓝山饼肥不同用量烤后烟叶外观质量调查结果

处理	部位	成熟度	叶片结构	身份	油分	色度
T1	中部	成熟	疏松	中等	稍有	中
T2	中部	成熟	疏松	中等	有	中＋
T3	中部	成熟	疏松	中等	有＋	强
T4	中部	成熟	疏松	中等	多	浓
T5	中部	成熟	疏松	中等	多	浓
T6	中部	成熟	疏松	中等	多	浓
T7	中部	成熟	疏松	中等	多	浓
T1	上部	成熟	尚疏松—稍密	稍厚	有	强—
T2	上部	成熟	尚疏松—稍密	稍厚	有＋	强
T3	上部	成熟	尚疏松—稍密	稍厚	有＋	强
T4	上部	成熟	尚疏松—稍密	稍厚	有＋	强
T5	上部	成熟	尚疏松—稍密	稍厚	有＋	强
T6	上部	成熟	尚疏松—稍密	稍厚	有＋	强
T7	上部	成熟	尚疏松—稍密	稍厚	有＋	强

从表 5 - 39 可知，花垣烟叶外观质量以 T2、T3、T4、T5、T6、T7 处理表现好，颜色以橘黄为主、油分有、光泽强、色度较强、身份适中、结构较疏松；T1 处理表现为较好。可见施用发酵饼肥在一定程度上有利于改善烟叶的外观质量。

表 5 - 39　花垣饼肥不同用量外观质量评价

处理	颜色	油分	光泽	身份	结构	综合评价
T1	橘黄为主	有	较强	稍薄	较疏松	较好
T2	橘黄为主	有	强	适中	较疏松	好
T3	橘黄为主	有	强	适中	较疏松	好
T4	橘黄为主	有	强	适中	较疏松	好
T5	橘黄为主	有	强	适中	较疏松	好
T6	橘黄为主	有	强	适中	较疏松	好
T7	橘黄为主	有	强	适中	较疏松	好

（四）不同饼肥施用水平下烤烟经济性状差异

由图 5 - 16 可知，蓝山试验点随饼肥用量的增加，烤烟经济性状各指标均呈二次曲线变化趋势，其中产值、上等烟比例、上中等烟比例与饼肥用量的二次曲线关系均达显著水平（表5-40）。随饼肥用量的增加，烤烟产量、产值、上等烟比例、上中等烟比例均呈先升高而后降低的趋势，转折点分别在饼肥用量的889kg/hm²、861kg/hm²、943kg/hm²、948kg/hm²，即饼肥用量889kg/hm²时，烟株产量最高，达1 963.8kg/hm²；饼肥用量861kg/hm²时，产值最大，达46 442.6元/hm²；饼肥用量943kg/hm²时，上等烟比例最高，达62.1%；饼肥用量948kg/hm²时，上中等烟比例最高，达95.7%。可见，在适宜的饼肥用量范围内，能够获得较为理想的烤烟产量和质量水平。综合以上分析可知，饼肥适宜用量范围为861～948kg/hm²。

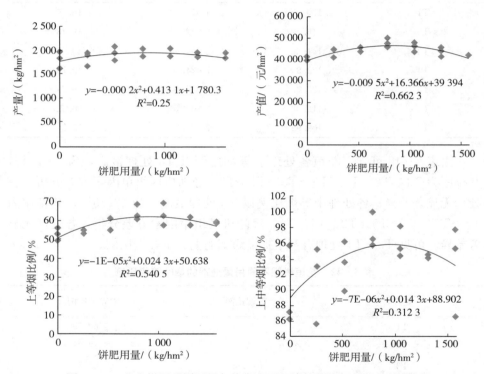

图5-16　蓝山饼肥不同用量与烤烟主要经济性状指标的相关性分析

表5-40　蓝山饼肥用量与烟叶经济性状各指标拟合方程显著水平

指标	产量	产值	上等烟比例	上中等烟比例
显著水平（P值）	0.075 1	0.000 1	0.000 9	0.034 4
显著性	不显著	显著	显著	显著

由表5-41可见，花垣各处理产量以T3处理最高，为141.69kg/亩，且

其排序为 T3＞T5＞T4＞T2＞T6＞T7＞T1，经随机区组单因素方差分析，无显著差异；各处理产值以 T3 处理最高，为 2 794.68 元/亩，其排序为 T3＞T5＞T4＞T6＞T2＞T7＞T1，经随机区组单因素方差分析，各处理无显著差异；各处理均价以 T6 处理最高，为 20.42 元/kg，其排序为 T6＞T7＞T4＞T3＞T5＞T2＞T1，经随机区组单因素方差分析，各处理无显著差异。可见 T3 处理即"常规化肥＋发酵饼肥 15kg/亩"有利于提高烟叶的亩产量、亩产值。

表 5 - 41　花垣饼肥不同用量对烤烟产量、产值、均价的影响

处理	产量/（kg/亩）	产值/（元/亩）	均价/（元/kg）
T1	100.17	1 873.13	18.70
T2	116.72	2 232.95	19.13
T3	141.69	2 794.68	19.72
T4	122.90	2 424.76	19.73
T5	132.72	2 553.60	19.24
T6	113.08	2 309.16	20.42
T7	109.99	2 177.62	19.80

由表 5 - 42 可知：花垣各处理上等烟比例以 T4 处理最高，为 29.22％，其排序为 T4＞T2＝T7＞T6＞T5＞T1＞T3，经随机区组单因素方差分析，各处理无显著差异；各处理中等烟比例以 T3 处理最高，为 62.75％，其排序为 T3＞T6＞T1＞T5＞T2＞T7＞T4，经随机区组单因素方差分析，各处理无显著差异。可见 T3、T4 处理有利于提高烤烟的上、中等烟比例。

表 5 - 42　花垣饼肥不同用量处理的烟叶等级比例

处理	上等烟比例/％	中等烟比例/％
T1	22.38	60.79
T2	25.00	59.38
T3	19.89	62.75
T4	29.22	57.76
T5	24.52	60.04
T6	24.81	61.29
T7	25.00	58.93

（五）不同饼肥施用水平下中部叶化学成分变化

烟叶化学成分是烟叶质量的内在基础，也是烟叶质量评价的重要指标，从

表5-43来看，T1到T3随饼肥用量的增加，总氮、烟碱、氯、钾、氮碱比有增高趋势，糖碱比有下降趋势；从T4到T6，随饼肥用量的继续增加，烟碱、氯含量有增加趋势，总氮、还原糖、钾、糖碱比、氮碱比有降低趋势。总体来看，T3处理（饼肥用量52.5kg/亩）烟叶主要化学成分各指标适宜性和协调性较好。饼肥用量过高，烟碱含量偏高、总氮含量偏低，氮碱比协调性下降明显。

表5-43　蓝山饼肥不同用量烤后烟叶主要化学成分变动状况

处理	总氮/%	还原糖/%	烟碱/%	氯/%	钾/%	糖碱比	氮碱比
CK	2.50±0.05a	28.75±0.20bc	2.43±0.01b	0.13±0.01c	2.30±0.01b	11.86±0.14c	1.03±0.01c
T1	1.51±0.04e	28.54±0.06bc	1.74±0.00e	0.09±0.00d	2.19±0.01d	16.45±0.00a	0.87±0.02d
T2	2.05±0.06c	29.08±0.12ab	2.07±0.03d	0.10±0.00d	2.24±0.00c	14.08±0.25b	0.99±0.02c
T3	2.61±0.07a	27.83±0.14c	2.27±0.02c	0.19±0.00a	2.42±0.01a	12.26±0.19c	1.15±0.04b
T4	2.29±0.01b	29.88±0.05a	1.81±0.00e	0.13±0.00c	2.32±0.00b	16.51±0.04a	1.27±0.01a
T5	2.13±0.02bc	27.90±0.13c	2.00±0.03d	0.14±0.00c	2.14±0.00e	13.95±0.16b	1.07±0.01bc
T6	1.79±0.05d	25.28±0.49d	3.02±0.01a	0.17±0.00b	2.12±0.00e	8.38±0.13d	0.59±0.02e

注：表中小写字母不同表示处理间差异达到$P<0.05$显著水平，下同。

从表5-44可知：花垣试验点T1到T4随饼肥用量的增加，糖类、烟碱、氯、钾有增高趋势，氮碱比有下降趋势；从T4到T7，随饼肥用量的继续增加，烟碱、氯含量有增加趋势，糖类、烟碱有降低趋势。总体来看，T3处理（饼肥用量15kg/亩）烟叶主要化学成分各指标适宜性和协调性较好。饼肥用量过高，烟碱含量偏高、总碳含量偏低，氮碱比协调性下降明显。

表5-44　花垣饼肥不同用量烤后烟叶主要化学成分变动状况

处理	总糖/%	还原糖/%	烟碱/%	总氮/%	钾/%	氯/%	糖碱比	氮碱比
T1	20.93	18.21	2.23	2.34	2.15	0.45	9.4	1.05
T2	19.51	17.05	2.51	2.62	2.21	0.48	7.8	1.04
T3	22.86	18.89	2.43	2.46	2.48	0.51	9.4	1.01
T4	24.28	19.56	3.49	2.43	2.42	0.58	7.0	0.70
T5	17.63	15.47	2.96	2.57	2.48	0.63	6.0	0.87
T6	17.36	16.20	2.50	2.24	2.16	0.44	6.9	0.90
T7	12.08	11.82	2.67	2.51	2.66	0.61	4.5	0.94

（六）不同饼肥施用水平下中部叶感官评吸质量变化

由表5-45、表5-46和表5-47可知，从烟叶感官评吸质量来看，蓝山

表 5-45　蓝山饼肥用量水平各处理烤后烟感官评吸质量

处理	风格彰显度(5)	香气质(9)	香气量(9)	透发性(9)	杂气(9)	浓度(9)	柔和细腻度(9)	劲头(9)	刺激性(9)	余味(9)	甜度(9)	干燥度(9)	干净程度(9)	燃烧性(4)	灰分(5)	评吸总分
T1	4.0	6.5b	6.5b	6.5b	6.0b	6.5a	6.5a	7.5a	6.5a	6.5a	6.5a	6.5a	6.5a	3.0	4.0	89.5c
T2	4.0	7.0a	6.5b	6.5b	6.0b	6.5a	6.5a	7.5a	6.5a	6.5a	6.0b	6.5a	6.5a	3.0	4.0	89.5c
T3	4.0	7.0a	7.0a	7.0a	6.5a	7.0a	6.5a	7.5a	6.5a	6.5a	6.5a	6.5a	6.5a	3.0	4.0	91.5a
T4	4.0	7.0a	7.0a	7.0a	6.0b	6.5a	6.5a	7.5a	6.5a	6.5a	6.5a	6.5a	6.5a	3.0	4.0	91.5a
T5	4.0	6.5b	7.0a	7.0a	6.0b	6.5a	6.5a	7.5a	6.5a	6.5a	6.5a	6.5a	6.5b	3.0	4.0	90.5b
T6	4.0	6.5b	6.5b	6.5b	6.0b	6.0b	6.0b	7.5a	6.0b	6.0b	6.0b	6.5a	6.0b	3.0	4.0	87.5d
T7	4.0	6.5b	6.5b	6.5b	6.0b	6.5a	6.5a	7.5a	6.5a	6.5a	6.5a	6.5a	6.5a	3.0	4.0	89.5c

表 5-46　不同饼肥处理 B2F 烤后烟感官评吸质量

处理	风格彰显度(5)	香气质(9)	香气量(9)	透发性(9)	杂气(9)	浓度(9)	柔和细腻度(9)	劲头(9)	刺激性(9)	余味(9)	甜度(9)	干燥度(9)	干净程度(9)	燃烧性(4)	灰分(5)	评吸总分
T1	3.4	6.0b	6.4b	6.5b	6.1b	6.9ab	6.1b	6.0b	5.9b	6.0a	6.0a	6.0a	6.0a	3.0	4.0	84.3c
T2	3.4	6.0b	6.3bc	6.5b	5.6c	6.6b	6.1b	6.0a	5.7b	5.6b	5.6b	5.9a	5.9b	3.0	4.0	82.2
T3	3.4	6.5a	7.0a	6.9a	6.0a	7.0a	6.5a	6.1	6.1a	6.1a	6.0a	6.1a	6.1a	3.1	4.0	86.7
T4	3.4	6.3ab	6.8ab	6.8b	6.2b	6.9ab	6.4a	6.0	6.1a	6.0a	6.0a	6.0a	6.1a	3.1	4.0	86.0
T5	3.4	6.2b	6.6b	6.8	5.8b	7.0a	6.1b	6.0	6.1a	6.1a	6.0a	5.6b	5.9b	3.1	4.0	84.6
T6	3.4	6.1b	6.5b	6.9a	5.9ab	7.0a	6.0b	6.3	5.6b	5.6b	5.6b	5.6b	5.7b	3.1	4.0	83.1
T7	3.2	6.0	6.2c	6.4b	5.7c	6.7b	6.0b	5.9	5.6b	5.6b	5.6b	5.6b	5.6b	3.0	4.0	81.3

表 5-47　不同饼肥处理 C3F 烤后烟感官评吸质量

处理	风格彰显度 (5)	香气质 (9)	香气量 (9)	透发性 (9)	杂气 (9)	浓度 (9)	柔和细腻度 (9)	劲头 (9)	刺激性 (9)	余味 (9)	甜度 (9)	干燥度 (9)	干净程度 (9)	燃烧性 (4)	灰分 (5)	评吸总分
T1	3.5	6.5a	6.6b	6.5b	6.0b	6.5a	6.9a	5.5a	6.0b	6.2b	6.5a	6.4a	6.1b	3.0	4.0	86.2
T2	3.5	6.4a	6.4b	6.5b	6.4a	6.4b	6.9a	5.2b	6.1b	6.5a	6.4a	6.5a	6.4a	3.0	4.0	86.7
T3	3.5	6.1b	6.4b	6.4b	6.1b	6.5a	6.5b	5.5a	6.0b	6.1b	6.2b	6.2b	6.1b	3.0	4.0	84.5
T4	3.5	6.5a	6.2c	6.3b	6.3a	6.1b	6.5b	4.9b	6.2a	6.1b	6.5a	6.5a	6.1b	3.0	4.0	84.6
T5	3.5	6.5a	6.5b	6.4b	6.4a	6.5a	6.6b	5.2b	6.1b	6.1b	6.5a	6.5a	6.1b	3.0	4.0	85.9
T6	3.5	6.4a	6.6b	6.4b	6.4a	6.7a	6.6b	5.5a	6.1b	6.4a	6.4a	6.1b	6.0b	3.0	4.0	86.1
T7	3.4	6.5a	6.9a	6.9a	6.4a	6.9a	6.5b	5.5a	6.0b	6.5a	6.4a	6.1b	6.2b	3.0	4.0	87.1

试验点 T2、T3、T4 的香气质，T3、T4、T5 的香气量、透发性，T3、T4 的杂气等指标得分明显高于其他处理，T3、T4 评吸总分（表 5-47 除外）一致并处于相对较高水平，其他处理评吸总分相对有所下降。

三、小结

（1）通过农艺性状、经济性状与饼肥用量的相关性分析可知，饼肥用量为40.5～62.5kg/亩时，烤烟综合农艺性状较好。饼肥用量为 57.4～63.2kg/亩时，烤烟综合经济性状较好。随饼肥用量的增加，烟叶化学成分协调性趋好，但饼肥用量超过 52.5kg/亩后，烟叶化学成分适宜性和协调性下降，烟叶感官评吸质量变化规律与烟叶化学成分变化规律基本一致。在湘南烟稻复种区，高有机质水平的植烟土壤饼肥适宜用量区间为 40.5～52.5kg/亩。

（2）湘西典型烟区。发酵饼肥施用有利于延长大田现蕾期，5kg/亩和 15kg/亩发酵饼肥施用量有利于烤烟前期生长，15kg 发酵饼肥施用量有利于促进烤烟的中后期生长；"纯化肥＋发酵饼肥 15kg/亩（占 12.66％氮含量）"有利于提高烟叶的亩产量、亩产值，施用发酵饼肥在一定程度上有利于改善烟叶的外观质量。发酵饼肥用量 15～30kg/亩处理有利于提高烤烟的上中等烟比例。

第五节　稻草不同还田量对湖南浓香型烤烟品质的影响

稻草中含有大量的有机碳、纤维素和氨基酸，还含有丰富的 P、K、Ca、Mg、B、Fe、Mn 和 Zn 等矿质元素，通过还田能够把作物吸收的大部分营养元素归还到土壤中，是农业可持续发展的重要途径。许多学者对稻草还田后植烟土壤的肥力、物理性状和微生物数量进行了研究。湖南烟区采用烟稻复种的模式，稻草资源丰富。通过研究稻草不同还田量对烤烟品质的影响，以期为土壤改良措施的选择提供参考。

一、材料与方法

（一）试验点基本情况

1. 永州蓝山县

项目承担人：蒋尊龙。试验点：蓝山县土市镇郑家村；参试烟农：郑初祥。试验田 3 块，面积 3 亩，种植品种为云烟 87，育苗工场供应漂浮育苗。试验田基础肥力：土壤 pH7.82，有机质含量 68.18g/kg，全氮含量 4.57g/kg，全磷含量 1.34g/kg，全钾含量 8.28g/kg，碱解氮含量 224.18mg/kg，有效磷含量 37.52mg/kg，速效钾含量 287.5mg/kg，CEC22.44mg/kg。

2. 永州江华县

项目承担人：贾少成。试验点：江华瑶族自治县白芒营镇新社湾村，项目承担烟农蒋盛坤，试验田 3 块，面积共 2.6 亩，种植品种为云烟 87，育苗工场供应漂浮育苗。试验田基础肥力：土壤 pH 6.58，有机质含量 43.62g/kg，全氮含量 2.57g/kg，全磷含量 1.7g/kg，全钾含量 12.45g/kg，碱解氮含量 180.08mg/kg，有效磷含量 88.97mg/kg，速效钾含量 350.00mg/kg，CEC18.46cmol/kg。

（二）试验设计

每个试验点在同一片区内，选择三块面积各 1 亩以上、近三年没有进行过肥料试验、田间肥力水平一致、地势平坦的丘块作为试验田，试验共设 10 个处理，每个处理重复 3 次，共 30 个小区，每一块试验田布置一个重复，小区随机区组排列，小区按照试验标准设置为 12.5m 长、4.8m 宽，每小区 100 株烤烟。各处理设置如下：

T0：CK（纯化肥）（纯化肥基肥由金叶肥料公司提供），总氮用量为 9.5kg/亩，不施稻草；

T1：纯化肥（氮肥减施 0％，9.5kg/亩）＋40％本田稻草；

T2：纯化肥（氮肥减施 0％，9.5kg/亩）＋70％本田稻草；

T3：纯化肥（氮肥减施 0％，9.5kg/亩）＋100％本田稻草；

T4：纯化肥（氮肥减施 10％，8.55kg/亩）＋40％本田稻草；

T5：纯化肥（氮肥减施 10％，8.55kg/亩）＋70％本田稻草；

T6：纯化肥（氮肥减施 10％，8.55kg/亩）＋100％本田稻草；

T7：纯化肥（氮肥减施 20％，7.6kg/亩）＋40％本田稻草；

T8：纯化肥（氮肥减施 20％，7.6kg/亩）＋70％本田稻草；

T9：纯化肥（氮肥减施 20％，7.6kg/亩）＋100％本田稻草。

各处理施肥方法：纯养分、肥料、稻草用量见表 5－48、表 5－49。

表 5－48　各处理氮磷钾和稻草用量表

单位：kg/亩

处理	N	P_2O_5	K_2O	稻草
T0	9.5	8.55	26.6	0
T1	9.5	8.55	26.6	200
T2	9.5	8.55	26.6	350
T3	9.5	8.55	26.6	500

（续）

处理	N	P₂O₅	K₂O	稻草
T4	8.55	8.55	26.6	200
T5	8.55	8.55	26.6	350
T6	8.55	8.55	26.6	500
T7	7.6	8.55	26.6	200
T8	7.6	8.55	26.6	350
T9	7.6	8.55	26.6	500

表 5 - 49　各处理肥料用量表

单位：kg/亩

肥料种类	T0	T1	T2	T3	T4	T5	T6	T7	T8	T9
稻草	0	200	350	500	200	350	500	200	350	500
专用基肥	65	65	65	65	54.4	54.4	54.4	42.5	42.5	42.5
过磷酸钙	12.5	12.5	12.5	12.5	21.5	21.5	21.5	31.3	31.3	31.3
提苗肥	6	6	6	6	6	6	6	6	6	6
专用追肥	31	31	31	31	30	30	30	30	30	30
硫酸钾	19	19	19	19	22	22	22	24.6	24.6	24.6

（三）稻草还田方法

晚稻收割后（试验田用人工收割，地上部留茬很低，土壤所留稻草可忽略不计），按照每小区的稻草用量，将干稻草处理为长 15cm 左右的碎段，均匀抛撒田面，在稻草面上每亩均匀撒施秸秆腐熟剂 2.5～3kg，而后灌水浸泡 10～15d。待浸泡的稻草软化后，用旋耕机下田将稻草打烂。让溶田的水自然蒸发干后，用翻耕机具将稻草连同根茬一起翻耕入土，翻耕深度 15～20cm。

（四）大田管理

蓝山试验点移栽期为 3 月 17 日，江华点试验点移栽期为 3 月 5 日。移栽密度为 1.2m×0.5m，以上地膜覆盖均采用膜下移栽。垄高达到 35cm 以上，开好围沟和腰沟，及时排水，做到雨停沟干，务必要保持田间干爽。以上部倒一叶为成熟采摘标准，待充分成熟后，上部 5-6 片叶一次性采烤，以提高烟叶烘烤质量。未涉及的田间管理方法参照《2018 年永州市烤烟生产技术方案》执行，确保各小区农事操作的一致性，避免人为因素引起的试验误差。

（五）调查内容及方法

1. 生育期调查

在各处理中间行选取有代表性的烟株 20 株作为定点株，观察记载以下各时期：移栽期、团棵期、现蕾期、打顶期，下、中、上部烟叶成熟期，大田全生育期。

2. 农艺性状调查

在各小区中间行选取有代表性的烟株 10 株作为定点株，移栽后 40d、55d、75d 分别调查记载以下农艺性状：株高、叶数、茎围、田间整齐度、下部最大叶面积、中部最大叶面积、上部最大叶面积（叶面积＝长×宽×0.634 5）、烟叶分层落黄情况。

3. 病害发生情况调查

在烟草花叶病、黑胫病、赤星病等主要病害的高发期，调查各小区病害的发病率和病情指数。发病率％＝（发病株数/调查总株数）×100％。病情指数＝$\sum$（各级病株或叶数×该病级数）×100/（调查总株数或叶数×最高病级数）。病级一般分 0～4 级，病株各病害病情级数的确定参照有关病情分级标准。

4. 外观质量、经济性状调查及取样分析

烟叶成熟采收时各小区分开挂牌编杆，统一条件下烘烤，考察烤后烟各处理的外观质量和经济性状。取各处理 C3F 和 B2F 等级烟叶各 5kg 作为样品烟，分析烟叶主要化学成分、评价感官质量、分析烤烟致香物质。

二、结果与分析

（一）稻草不同还田量对烤烟生育期的影响

由表 5-50 可知，蓝山各处理生育期差异不大，团棵期、现蕾期、上部叶成熟期相差 1～2d；江华各处理生育期没有差异，表明不同处理对烤烟生育期影响很有限。

表 5-50　各处理生育期调查结果

单位：月/日、d

试验点	处理	移栽期	团棵期	现蕾期	打顶期	各部位烟叶成熟期			大田全生育期
						下部	中部	上部	
蓝山	T0	3/17	4/28	5/8	5/16	5/28	6/22	7/11	116
	T1	3/17	4/29	5/8	5/16	5/28	6/22	7/11	116

（续）

| 试验点 | 处理 | 移栽期 | 团棵期 | 现蕾期 | 打顶期 | 各部位烟叶成熟期 | | | 大田全生育期 |
						下部	中部	上部	
	T2	3/17	4/28	5/7	5/16	5/28	6/22	7/11	116
	T3	3/17	4/28	5/9	5/16	5/28	6/22	7/11	116
	T4	3/17	4/27	5/9	5/16	5/28	6/22	7/10	115
蓝山	T5	3/17	4/29	5/8	5/16	5/28	6/22	7/11	116
	T6	3/17	4/27	5/8	5/16	5/28	6/22	7/9	114
	T7	3/17	4/27	5/7	5/16	5/28	6/22	7/11	116
	T8	3/17	4/28	5/8	5/16	5/28	6/22	7/11	116
	T9	3/17	4/28	5/8	5/16	5/28	6/22	7/11	116
	T0	3/5	4/13	5/15	5/15	5/30	6/14	7/14	131
	T1	3/5	4/13	5/8	5/15	5/30	6/14	7/14	131
	T2	3/5	4/13	5/8	5/15	5/30	6/14	7/14	131
	T3	3/5	4/13	5/8	5/15	5/30	6/14	7/14	131
	T4	3/5	4/13	5/8	5/15	5/30	6/14	7/14	131
江华	T5	3/5	4/13	5/8	5/15	5/30	6/14	7/14	131
	T6	3/5	4/13	5/8	5/15	5/30	6/14	7/14	131
	T7	3/5	4/13	5/8	5/15	5/30	6/14	7/14	131
	T8	3/5	4/13	5/8	5/15	5/30	6/14	7/14	131
	T9	3/5	4/13	5/8	5/15	5/30	6/14	7/14	131

（二）各处理对烤烟农艺性状的影响

由表 5-51 可知，蓝山试验点各时期均以 T4（8.55kg 纯氮、40％稻草）农艺性状优势最为明显，其次为 T1（9.5kg 纯氮、40％稻草）；表 5-52 所示江华试验点各时期以 T6（8.55kg 纯氮、100％稻草）和 T2（9.5kg 纯氮、70％稻草）农艺性状比对照和其他处理优势明显，两者之间差异较小。

表 5-51　蓝山试验点各处理农艺性状调查结果

| 调查时期 | 处理 | 株高/cm | 叶数/片 | 茎围/cm | 各部位最大叶面积/cm² | | | 田间整齐度 |
					下部	中部	上部	
	T0	43.0	11.6	7.00	762.2	499.9	—	一般
团棵期	T1	44.9	11.9	7.06	764.2	501.4	—	一般
	T2	42.1	11.3	6.99	697.8	476.8	—	一般

（续）

调查时期	处理	株高/cm	叶数/片	茎围/cm	各部位最大叶面积/cm²			田间整齐度
					下部	中部	上部	
团棵期	T3	40.1	10.9	6.90	675.7	460.4	—	一般
	T4	46.8	11.9	7.11	797.2	565.9	—	一般
	T5	42.5	11.5	7.04	704.8	482.4	—	一般
	T6	41.3	11.0	6.91	681.1	463.9	—	一般
	T7	41.3	11.5	6.92	690.4	467.8	—	一般
	T8	39.9	10.8	6.77	663.3	405.3	—	一般
	T9	39.5	10.6	6.72	662.4	381.3	—	一般
旺长期	T0	87.9	16.4	7.76	877.7	1 311.6	406.3	一般
	T1	88.1	16.6	7.77	979.3	1 390.3	431.2	一般
	T2	84.8	15.7	7.76	740.0	1 153.9	363.8	一般
	T3	81.9	15.3	7.75	685.0	1 124.1	350.2	一般
	T4	89.5	16.6	7.78	886.0	1 340.4	429.1	一般
	T5	86.1	15.7	7.76	864.1	1 225.5	389.9	一般
	T6	84.0	15.3	7.75	720.8	1 121.9	353.3	一般
	T7	84.7	15.7	7.76	737.6	1 134.3	356.5	一般
	T8	80.6	15.1	7.74	678.0	1 095.7	332.8	一般
	T9	76.2	14.9	7.70	653.8	1 084.5	314.4	一般
圆顶期	T0	99.9	16.2	9.04	—	1 205.5	724.8	一般
	T1	102.4	16.4	8.93	—	1 278.6	794.6	一般
	T2	99.2	15.7	8.92	—	1 170.0	756.3	一般
	T3	95.7	15.1	8.82	—	1 170.7	696.8	一般
	T4	103.5	17.1	8.93	—	1 292.5	856.4	一般
	T5	99.9	15.9	8.90	—	1 163.3	741.6	一般
	T6	97.5	15.1	8.88	—	1 100.3	640.9	一般
	T7	98.5	15.1	8.88	—	1 152.5	716.3	一般
	T8	93.7	14.9	8.83	—	1 122.6	679.1	一般
	T9	91.3	14.9	8.75	—	1 080.7	596.7	一般

表 5 - 52　江华试验点各处理农艺性状调查结果

调查时期	处理	株高/cm	叶数/片	茎围/cm	田间整齐度	分层落黄情况	各部位最大叶面积/cm² 下部	中部	上部
团棵期	T0	48.0	12.1	5.3	较整齐	—	590.1	—	—
	T1	46.7	11.9	5.1	较整齐	—	590.4	—	—
	T2	49.8	12.6	5.8	较整齐	—	624.5	—	—
	T3	49.2	12.5	5.2	较整齐	—	595.6	—	—
	T4	48.2	12.5	5.0	较整齐	—	613.0	—	—
	T5	47.6	12.2	5.2	较整齐	—	602.6	—	—
	T6	50.3	12.8	5.8	较整齐	—	630.7	—	—
	T7	47.9	12.4	5.0	较整齐	—	609.9	—	—
	T8	47.5	12.0	5.3	较整齐	—	584.2	—	—
	T9	47.8	12.1	5.5	较整齐	—	599.8	—	—
旺长期	T0	80.5	16.6	8.1	较整齐	—	975.4	—	—
	T1	77.4	15.9	8.1	较整齐	—	1 000.3	—	—
	T2	81.3	16.7	8.6	较整齐	—	1 135.8	—	—
	T3	80.0	16.6	7.7	较整齐	—	1 067.9	—	—
	T4	78.5	15.9	8.3	较整齐	—	1 117.6	—	—
	T5	79.0	16.2	8.2	较整齐	—	1 020.9	—	—
	T6	82.1	16.8	8.7	较整齐	—	1 147.1	—	—
	T7	78.1	15.8	8.2	较整齐	—	1 111.9	—	—
	T8	79.7	16.5	8.0	较整齐	—	965.6	—	—
	T9	78.1	16.0	8.2	较整齐	—	1 090.9	—	—
圆顶期	T0	100.3	20.2	9.4	较整齐	分层落黄	1 523.1	1 923.8	1 444.3
	T1	102.6	19.5	9.6	较整齐	分层落黄	1 588.7	1 928.9	1 303.4
	T2	105.6	21.5	9.8	较整齐	分层落黄	1 676.3	1 895.2	1 585.4
	T3	101.0	20.3	9.2	较整齐	分层落黄	1 559.9	1 946.4	1 502.7
	T4	106.0	19.8	9.6	较整齐	分层落黄	1 608.2	2 024.8	1 329.6
	T5	104.7	20.4	9.8	较整齐	分层落黄	1 621.4	1 968.7	1 330.3
	T6	106.7	19.9	9.9	较整齐	分层落黄	1 692.9	1 913.9	1 601.1
	T7	105.4	20.4	9.5	较整齐	分层落黄	1 600.0	2 014.5	1 322.8
	T8	99.3	19.7	9.3	较整齐	分层落黄	1 507.7	1 904.3	1 429.7
	T9	101.5	19.6	9.4	较整齐	分层落黄	1 609.9	1 820.1	1 522.6

（三）各处理对烤烟外观质量的影响

从表 5 - 53 可知，蓝山试验点倒 9 - 10 片的中部叶各处理成熟度和叶片结构一致，油分和色度以减氮 10% 的 3 个处理较好，不减氮的 3 个处理次之；倒 4 - 5 片的上部叶以不减氮和减氮 10% 的处理油分和色度相对较好，减氮 20% 的次之。江华试验点各处理烟叶外观质量和蓝山试验点上述各项目表现接近一致。

表 5 - 53 各处理烤后烟叶外观质量调查结果

试验点	处理	部位	成熟度	叶片结构	身份	油分	色度
蓝山	T0	倒 9 - 10 叶	成熟	疏松	中等	有	中
	T1		成熟	疏松	中等	有＋	强
	T2		成熟	疏松	中等	有＋	强
	T3		成熟	疏松	中等	有＋	强
	T4		成熟	疏松	中等	多	浓
	T5		成熟	疏松	中等	多	浓
	T6		成熟	疏松	中等	多	浓
	T7		成熟	疏松	中等	有	中
	T8		成熟	疏松	中等	有	中
	T9		成熟	疏松	中等	有	中
	T0	倒 4 - 5 叶	成熟	尚疏松—稍密	稍厚	有	强—
	T1		成熟	尚疏松—稍密	稍厚	有＋	强
	T2		成熟	尚疏松—稍密	稍厚	有＋	强
	T3		成熟	尚疏松—稍密	稍厚	有＋	强
	T4		成熟	尚疏松—稍密	稍厚	有＋	强
	T5		成熟	尚疏松—稍密	稍厚	有＋	强
	T6		成熟	尚疏松—稍密	稍厚	有＋	强
	T7		成熟	尚疏松—稍密	稍厚	有	中
	T8		成熟	尚疏松—稍密	稍厚	有	中
	T9		成熟	尚疏松—稍密	稍厚	有	中
江华	T0	倒 9 - 10 叶	成熟	疏松	中等	有	中
	T1		成熟	疏松	中等	有＋	强
	T2		成熟	疏松	中等	多	浓
	T3		成熟	疏松	中等	有＋	强

（续）

试验点	处理	部位	成熟度	叶片结构	身份	油分	色度
	T4		成熟	疏松	中等	多	浓
	T5		成熟	疏松	中等	多	浓
	T6		成熟	疏松	中等	多	浓
	T7	倒9-10叶	成熟	疏松	中等	有	中
	T8		成熟	疏松	中等	有	中
	T9		成熟	疏松	中等	有	中
	T0		成熟	尚疏松—稍密	稍厚	有	强-
	T1		成熟	尚疏松—稍密	稍厚	有+	强
江华	T2		成熟	尚疏松—稍密	稍厚	有+	强
	T3		成熟	尚疏松—稍密	稍厚	有+	强
	T4	倒4-5叶	成熟	尚疏松—稍密	稍厚	有+	强
	T5		成熟	尚疏松—稍密	稍厚	有+	强
	T6		成熟	尚疏松—稍密	稍厚	有+	强
	T7		成熟	尚疏松—稍密	稍厚	有	中
	T8		成熟	尚疏松—稍密	稍厚	有	中
	T9		成熟	尚疏松—稍密	稍厚	有	中

（四）各处理对烤烟经济性状的影响

由表5-54可知，蓝山试验点以T4（8.55kg纯氮、40％稻草）和T1（9.5kg纯氮、40％稻草）烤烟经济性状显著优于对照T0和其他处理，T4比T1稍有优势，但差异没有达到显著水平。江华试验点以T2（9.5kg纯氮、70％稻草）经济性状显著优于对照和其他处理，T7（7.6kg纯氮、40％稻草）、T8（7.6kg纯氮、70％稻草）次之。

由表5-55可知，3个氮肥用量水平相比较，蓝山试验点以8.55kg/亩氮用量经济性状优势明显，其次为9.5kg/亩氮用量水平，7.6kg/亩处理经济性状最差。江华试验点以7.6kg/亩氮用量水平烤烟经济性状较好，与其他两个氮用量水平差异不显著。

由表5-56可知，3个稻草还田量经济性状相比较，蓝山试验点以40％本田稻草还田量经济性状优势明显，其次为70％稻草还田量，100％稻草还田量经济性状最差；江华试验点以40％和70％的本田稻草还田量经济性状优于100％的稻草还田量，40％和70％的本田稻草还田量之间差异很小。

表 5-54　各处理经济性状调查结果

试验点	处理	产量/ (kg/亩)	产值/ (元/亩)	均价/ (元/kg)	上等烟比例/ %	上中等烟比例/ %
蓝山	T0	178.3	4 243.5	23.8	59.0	93.3
	T1	182.0	4 459.0	24.5	62.7	95.7
	T2	169.1	3 956.9	23.4	53.6	91.3
	T3	149.9	3 342.8	22.3	48.2	88.5
	T4	187.9	4 603.6	24.5	62.6	95.8
	T5	175.5	4 229.6	24.1	59.0	94.5
	T6	165.9	3 716.2	22.4	52.4	89.3
	T7	165.5	3 790.0	22.9	55.0	92.9
	T8	147.1	3 206.8	21.8	46.2	79.8
	T9	140.7	3 165.8	22.5	45.6	83.1
江华	T0	150.9	3 862.7	25.6	55.2	87.4
	T1	149.1	3 624.8	24.2	56.1	86.5
	T2	163.0	4 338.0	26.3	67.8	88.0
	T3	152.6	3 550.4	23.2	55.5	85.8
	T4	151.4	3 567.5	23.5	57.7	88.3
	T5	150.2	3 629.8	24.1	60.9	86.2
	T6	150.8	3 686.8	24.2	59.7	85.2
	T7	148.8	3 870.8	26.0	65.9	86.6
	T8	152.0	3 865.9	25.4	66.5	88.5
	T9	149.3	3 810.6	25.4	64.1	89.2

表 5-55　不同氮肥用量水平经济性状调查结果

试验点	氮肥量/ (kg/亩)	产量/ (kg/亩)	产值/ (元/亩)	均价/ (元/kg)	上等烟比例/ %	上中等烟比例/ %
蓝山	9.5	167.0	3 919.6	23.4	54.8	91.8
	8.55	176.4	4 183.1	23.7	58.0	93.2
	7.6	151.1	3 387.5	22.4	48.9	85.3
江华	9.5	154.9	3 837.7	24.6	59.8	27.0
	8.55	150.8	3 628.0	23.9	59.4	27.1
	7.6	150.0	3 849.1	25.6	65.5	22.6

表 5-56　不同稻草还田水平经济性状调查结果

试验点	稻草还田比例/%	产量/(kg/亩)	产值/(元/亩)	均价/(元/kg)	上等烟比例/%	上中等烟比例/%
蓝山	40	178.5	4 284.2	24.0	60.1	94.8
	70	163.9	3 797.8	23.1	52.9	88.5
	100	152.2	3 408.3	22.4	48.7	87.0
江华	40	156.5	3 740.0	23.7	55.3	86.8
	70	156.3	3 734.4	23.9	55.2	86.6
	100	149.2	3 466.4	23.2	53.3	88.1

（五）各处理对烤烟化学成分的影响

由表 5-57 可知，蓝山试验点 9.5kg/亩和 8.55kg/亩氮用量处理烟叶化学成分适宜性和协调性总体较好，7.6kg/亩氮用量表现较差，稻草还田三个水平烟叶主要化学成分变化规律不明显。江华试验点烟叶烟碱、氯含量偏低，糖碱比偏高，各处理主要化学成分之间的差异没有表现出明显的规律性。

表 5-57　各处理中部叶主要化学成分调查结果

试验点	处理	还原糖/%	烟碱/%	总氮/%	氯/%	钾/%	糖碱比	氮碱比
蓝山	T0	18.7	3.23	1.85	0.26	2.55	5.79	0.57
	T1	19.3	2.50	2.29	0.39	3.00	7.72	0.92
	T2	17.0	3.36	2.08	0.26	2.45	5.06	0.62
	T3	25.9	2.31	1.71	0.34	2.38	11.21	0.74
	T4	21.3	2.99	1.77	0.22	3.07	7.12	0.59
	T5	24.5	2.14	1.46	0.37	2.38	11.45	0.68
	T6	20.6	2.53	1.66	0.28	2.82	8.14	0.66
	T7	14.4	4.40	1.97	0.25	2.29	3.27	0.45
	T8	12.8	4.23	2.09	0.24	2.42	3.03	0.49
	T9	16.4	3.63	1.83	0.24	2.52	4.52	0.50
江华	T0	22.7	2.14	1.39	0.12	2.28	10.61	0.65
	T1	22.9	2.00	1.59	0.12	2.43	11.45	0.80
	T2	21.1	1.75	1.54	0.16	2.51	12.06	0.88
	T3	23.9	1.83	1.72	0.15	2.21	13.06	0.94
	T4	19.5	2.13	1.76	0.11	2.49	9.15	0.83

（续）

试验点	处理	还原糖/%	烟碱/%	总氮/%	氯/%	钾/%	糖碱比	氮碱比
	T5	22.7	1.57	1.71	0.09	2.11	14.46	1.09
	T6	23.2	1.56	1.70	0.13	2.21	14.87	1.09
江华	T7	20.9	1.66	1.56	0.09	2.23	12.59	0.94
	T8	25.1	1.99	1.40	0.15	2.19	12.61	0.70
	T9	23.2	1.83	1.62	0.16	2.47	12.68	0.89

三、小结

（1）蓝山试验点以 T4：40％本田稻草还田量，减氮 10％即配施 8.55kg/亩纯氮用量，烤烟农艺性状、外观质量、经济性状优势最为明显，其中产值和上等烟比例分别较对照提高 8.5 个和 6.1 个百分点，烟叶主要化学成分适宜性较好；T1：9.5kg 纯氮、40％稻草还田量配比处于第二位。江华试验点以 T2：70％本田稻草还田量配施 9.5kg/亩纯氮用量，烤烟农艺性状、外观质量和经济性状优于对照和其他处理，其中产值和上等烟比例分别高于对照 12.3％和 22.8％。

（2）蓝山试验点土壤有机质含量为 68g/kg，代表湘南烟稻复种区高有机质烟田，试验结果表明该试验点以 40％本田稻草还田量，在对照氮肥用量基础上减氮 10％为最优处理组合。江华试验点有机质含量为 43.6g/kg，代表湘南烟稻复种区中等有机质烟田，以 70％本田稻草还田量，9.5kg/亩不减氮为最优处理组合。这表明，相对高有机质烟田，相对较少的稻草还田量和适当减氮处理更有利于烤烟的良好生长和优良品质的形成。

第六节　绿肥不同还田量对湖南浓香型烤烟产量和质量的影响

绿肥压青量决定绿肥还田的养分、有机质含量和植烟土壤改良效果，对烟叶品质和产量影响较大。随着中国烤烟生产的迅速发展，长期大量施用化肥、不合理的轮作等造成土壤板结、酸化、土壤养分失衡，种植绿肥是改良土壤的重要措施之一。大量研究表明，烟田种植绿肥并翻压后产生的腐熟物质不仅能起到改良土壤、增强土壤微生物活性等作用，而且有利于提高烟叶的产量与质量。因此，探讨绿肥还田对提高烟叶产量和质量的效应，为绿肥大面积推广提供理论依据，对提高烟叶的产量和质量及烟叶生产持续发展具有重要意义。

一、材料与方法

供试绿肥品种：箭筈豌豆。烤烟供试品种：云烟87。试验设计：设绿肥还田压青量（鲜重）T1：500kg/667m²、T2：1 000kg/667m²、T3：1 500kg/667m²、T4：2 000kg/667m²、T5：2 500kg/667m²、T6：3 000kg/667m² 共6个处理。采取随机区组排列，三次重复；小区面积50.4m²，栽烟84株。试验方法：选择在上年种植绿肥的土壤进行。在4月9日，先将绿肥割断，按照不同处理称重后通过翻耕将绿肥还田，埋入土中10～20cm深，然后再起垄，种植烤烟。烤烟N施肥量为7kg/667m²，N∶P∶K比例为1∶1.3∶3，4月28日烤烟移栽。各项农事操作一致，同一管理措施要求在同一天内完成。其他栽培管理同优质烤烟生产。

二、结果与分析

（一）绿肥还田量对烤烟农艺性状的影响

由表5-58可知，绿肥不同还田量各处理大田农艺性状以T1（500kg/667m²）较差，各处理最大叶长、最大叶宽、株高、节距、茎围、有效叶数相比T1增加幅度分别为5.32%～13.98%、12.21%～21.37%、14.01%～23.59%、4.35%～13.04%、9.21%～19.74%、1.04%～11.98%。还田量大的处理整体上农艺性状要比还田量小的处理好。T3（1 500kg/667m²）处理所有指标与T1（500kg/667m²）相比差异均显著，其他相关指标无明显变化规律，但多数指标以T3（1 500kg/667m²）、T4（2 000kg/667m²）较好。

表 5-58　绿肥不同还田量对烤烟农艺性状的影响

单位：cm、片

处理	株高	茎围	节距	有效叶数	最大叶长	最大叶宽
T1	83.5c	7.6c	4.6c	19.2b	60.1c	26.2c
T2	95.2b	8.9a	4.8b	19.4b	68.5a	29.4b
T3	103.2a	9.1a	5.0ab	20.7ab	67.1ab	31.8a
T4	98.7ab	8.3b	5.2a	20.0ab	63.3bc	30.3ab
T5	99.4ab	8.8ab	5.0ab	21.4a	66.1ab	30.4ab
T6	99.5ab	8.6ab	5.0ab	21.5a	66.3ab	30.6ab

注：同列中不同字母表示差异显著（$P < 0.05$）。

（二）绿肥还田量与烟叶质量和产量的逐步回归分析

表 5 - 59、表 5 - 60 的结果表明，烟叶产量与绿肥少量、中等还田量呈显著正相关，与大量还田量关系不密切；下等烟比例与绿肥少量、中等还田量均呈显著负相关，与绿肥大量还田量呈显著正相关；上、中等烟比例与绿肥少量、中等还田量呈显著正相关，与绿肥大量还田量关系不密切。以上说明，绿肥少量还田主要对烟叶产量和质量起作用，绿肥中等量还田对烟叶产量和质量起主要影响作用，绿肥大量还田主要对烟叶质量的下等烟比例起作用，而对烟叶产量影响不大。产量与绿肥少量、中等、大量还田量通过分析（表 5 - 61）表明：绿肥中等量还田量对烟叶产量的影响最大，其次是少量还田，最后是大量还田的影响，大量还田对烟叶产量的影响主要是通过间接作用。

表 5 - 59　绿肥不同还田量对烟叶质量和产量的影响

处理号	处理［还田量/（kg/667m²）］			烟叶质量/%			产量/（kg/667m²）
	少量 x_1	中等 x_2	大量 x_3	下等烟比例	中等烟比例	上等烟比例	
T1	500			8.7	39.9	51.4	190.0
T2	1 000			8.6	39.8	51.6	201.5
T3		1 500		8.5	38.2	53.3	202.9
T4			2 000	8.9	38.3	52.8	203.8
T5			2 500	8.9	38.1	53.0	203.9
T6			3 000	9.0	41.5	49.5	190.8

表 5 - 60　绿肥不同还田量对烟叶质量和产量的逐步回归分析

项目	回归模型	R^2 (0.05)
下等烟叶比例	$y=8.8-0.000\,2x_1-0.000\,2x_2+0.000\,054x_3$	0.933 998*
中等烟叶比例	$y=40.0-0.000\,2x_1-0.001\,2x_2$	0.930 998*
上等烟叶比例	$y=51.2+0.000\,4x_1+0.001\,4x_2$	0.950 459*
产量	$y=188.57+0.002\,9x_1+0.002\,9x_2$	0.901 95*

表 5 - 61　烟叶产量与绿肥不同还田量通过分析结果

项目	$x_1 \rightarrow y$	$x_2 \rightarrow y$	$x_3 \rightarrow y$	Riy	决定系数
少量还田 $x_1 \rightarrow$	0.294 5	−0.090 8	−0.000 9	0.203 3	R^2=0.849 5
中等还田 $x_2 \rightarrow$	−0.029 9	0.904 6	−0.009	0.874 5	Pye=0.397 5
大量还田 $x_3 \rightarrow$	−0.032 5	−0.100 3	0.007 5	−0.125 5	

注：Riy 为通过相关系数、Pye 为决定系数，下同。

（三）烟叶质量与绿肥还田量通过分析

由表 5 - 62 可知，绿肥少量、中等、大量还田对下等烟比例均有直接和间接影响，绿肥中等还田量对下等烟比例直接作用最大，其次为绿肥少量还田，绿肥大量还田对下等烟比例的直接作用较小。绿肥各还田量对下等烟比例的间接作用均较小。只有大量还田通过间接作用绝对值较大，其间接通过系数为 P3→2→y＝－0.105 3。

表 5 - 62　下等烟叶比例与绿肥不同还田量通过分析

项目	x_1→y	x_2→y	x_3→y	Riy	决定系数
少量还田 x_1→	0.155 9	－0.095 3	－0.034 9	0.026 5	R^2＝0.921 5
中等还田 x_2→	－0.015 5	0.952 3	－0.034 5	0.902 3	Pye＝0.280 5
大量还田 x_3→	－0.017 5	－0.105 3	0.310 3	0.187 3	

由表 5 - 63 可知，绿肥少量、中等、大量还田对中等烟比例的间接通过系数较小，直接通过系数较大，因而绿肥各还田量对中等烟比例的影响以直接作用为主，直接作用大小依次为大量还田、中等还田和少量还田。

表 5 - 63　中等烟叶比例与绿肥不同还田量通过分析

项目	x_1→y	x_2→y	x_3→y	Riy	决定系数
少量还田 x_1→	0.203 5	－0.070 5	－0.081 8	0.051 5	R^2＝0.906 5
中等还田 x_2→	－0.020 5	0.704 5	－0.081 9	0.602 3	Pye＝0.305 5
大量还田 x_3→	－0.022 5	－0.078 1	0.739 3	0.638 5	

由表 5 - 64 可知，绿肥大量还田对上等烟比例的直接通过系数的绝对值较大，说明大量还田对上等烟比例的影响最大，中等量还田、少量还田的直接影响较小。

表 5 - 64　上等烟叶比例与绿肥不同还田量通过分析结果

项目	x_1→y	x_2→y	x_3→y	Riy	决定系数
少量还田 x_1→	0.060 3	－0.033 5	－0.105 1	－0.078 3	R^2＝0.926 3
中等还田 x_2→	－0.006 1	0.333 2	－0.105 1	0.222 3	Pye＝0.271 8
大量还田 x_3→	－0.006 8	－0.036 8	0.947 8	0.904 3	

三、小结

烟叶采收后，利用冬闲田种植绿肥，并于烟苗移栽前翻耕还田，这样在微生物的作用下，可不断分解产生多种腐熟物质，不仅与钙结合形成团粒结构，增强土壤的保肥性、保水性、缓冲性和通气状况等，降低土壤容重，而且可提供新鲜的有机能源物质，使微生物加速繁殖，促进养分的有效化，加强土壤熟化，绿肥作物在生长过程中的分泌物以及繁衍后产生的有机酸还能促进土壤中难溶养分的转化。孔伟等研究表明，紫花苕子翻压后前 5 周内氮释放 86.90%～92.27%，钾释放 90.10%～90.16%。绿肥与化肥配施提高了土壤供钾能力，使烤后烟叶化学成分更加协调，烟叶外观质量较好，评吸得分较高，这与本研究的结果一致。本研究认为，绿肥中等还田量对提高烟叶产量和质量作用较大，并提倡以中等适宜的 1 500kg/667m² 还田量为佳。

第六章

湖南浓香型烟区全耕层土壤
快速培肥研究

第一节　垂直深耕结合有机碳材料对
湖南浓香型烟叶质量的影响

土壤已经成为决定烤烟品质和产量的主要因素，现如今寻求土壤改良的方针和举措已经成为现阶段提高烤烟品质、实现烤烟生产可持续发展的首要任务。合理施用外源有机物料可以有效调节土壤的碳氮比，改善土壤微生物群落结构和功能，进而改善土壤物理、化学和生物学性状，促进烤烟的生长以及产量和质量的提高。本节从优化耕作技术和补齐碳短板的角度，开展利用垂直深耕技术构建合理耕作层和全耕作层土壤培肥的技术研究，明确耕作措施和培肥措施对土壤和烟叶产量、质量的影响效果，从而有针对性地解决湖南植烟土壤障碍引起的浓香型烟叶产量水平不理想的问题。

一、材料与方法

（一）试验地点和材料

试验地设置在长沙市浏阳下大屋村。浏阳位于湖南省东北部，地处湘赣边界，介于 113°10′24″—114°14′58″E，27°51′20″—28°34′06″N 之间，土地总面积 5 007km² 。属中亚热带季风湿润气候，其特点是热量充足，降水丰沛，光照较足，气候变化随山地垂直差异明显，多年年均气温 17.4℃，日照时数 1 516.7h，降水量 1 680mm，无霜期 266d。试验地土壤类型为壤质的麻沙泥，基础性质：耕层厚度 12cm，pH 7.63、电导率 0.20mS/cm、有机质含量 26.63g/kg、全氮含量 1.52g/kg、全磷含量 0.84g/kg、全钾含量 19.78g/kg、碱解氮含量 122.80mg/kg、有效磷含量 54.80mg/kg、速效钾含量 107.22mg/kg。

（二）试验设计

供试品种为云烟 87，所有烟草专用肥料由当地烟草专业部门分配，2018 年 3 月 13 日完成起垄，3 月 29 日完成移栽，整个大田生育期为 132d。采用外源有机碳源（腐殖酸粉和腐熟稻壳）结合垂直深耕开展快速培肥试验。腐殖酸粉购买自萍乡市百力腐殖酸厂，其中有机质含量 40%，腐殖酸含量 15%，水分含量 15%，细度为 0.3～0.44mm。腐熟稻壳为项目组自制。采用两因素试验设计，因素 1 为碳材料种类，设 2 个水平，①腐熟稻壳，②腐殖酸粉；因素 2 为施用方式，设 2 个水平，①将碳材料均匀撒施于土表后用铧式犁深翻并常规旋耕（耕深 12cm），②将碳材料均匀撒施于土表后，用垂直深耕深松机进行深耕（耕深 30cm）。对照为常规耕作＋常规施肥。共 5 个处理，处理组合如下：

T1：腐殖酸粉 30t/hm² ＋常规耕作＋常规施肥；

T2：腐殖酸粉 30t/hm² ＋垂直深耕＋常规施肥；

T3：腐熟稻壳 30t/hm² ＋常规耕作＋常规施肥；

T4：腐熟稻壳 30t/hm² ＋垂直深耕＋常规施肥；

T5：常规耕作＋常规施肥。

（三）观测项目与方法

观察并实时记录各试验小区生育时期，包括移栽期、团棵期、现蕾期、圆顶期、脚叶采烤期、顶叶采烤期、终烤期。每个处理取 10 株以上烟株平均值，测量移栽后 30d、60d、90d 株高、叶数、最大叶长、最大叶宽和茎围。以上指标调查参考《烟草农艺性状调查测量方法》（YC/T 142—2010）行业标准。根系直径采用电子游标卡尺进行测量，根系数量通过人工计数的方式进行测量。在烟株移栽后 45d、移栽后 65d 两个时间段取样，每个处理取 3 株及以上具有代表性烟样作为试验样品，并将烟株按各器官分类（茎干，叶，根）烘干、称重、粉碎、保存，并计算各部位干物质积累量，测定烤后烟叶物理指标和化学成分，评价烟叶外观质量和感官评吸质量，统计烤后烟叶产量和质量。

（四）数据分析

采用 Microsoft Excel 2017 进行图表绘制，运用 IBM Statistics SPSS 17.0 进行统计分析，多重比较方法采用新复极差（SSR）法。

二、结果分析

（一）农艺性状

如表 6-1 所示，在移栽后 30d 时，T1 的株高、叶数、最大叶长、最大叶宽和最大叶面积均显著低于 T2，T3 则株高、叶数显著低于 T4，T1 与 T5 除茎围外各项指标间差异显著。在移栽后 60d 时，T1 的株高显著低于 T2，T3 的株高和最大叶长显著低于 T4，T5 的株高、叶数、最大叶宽、最大叶面积和茎围均为最低。在移栽后 90d 时，T1 的株高、最大叶长、最大叶宽和最大叶面积均显著低于 T2，T3 的株高、最大叶长和最大叶面积均显著低于 T4，T5 的各项指标数值均为处理间最低，其中株高、最大叶宽和最大叶面积与其他处理差异显著。

表 6-1　垂直深耕结合有机碳培肥对烟株农艺性状的影响

移栽后时间	处理	株高/cm	叶数/片	最大叶长/cm	最大叶宽/cm	最大叶面积/cm²	茎围/cm
30d	T1	37.42b	9.60b	48.66c	28.10b	867.58c	7.10a
	T2	56.54a	12.60a	56.98a	31.16a	1 126.55a	7.17a
	T3	49.48a	11.80b	56.24a	32.16a	1 147.61a	7.15a
	T4	53.82a	12.40a	55.72a	30.06ab	1 062.75b	7.18a
	T5	37.62b	10.00b	51.82b	24.98c	821.34c	6.75b
60d	T1	88.06b	18.30ab	61.97bc	29.91a	1 129.72a	9.08a
	T2	100.55a	19.30a	66.67a	30.13a	1 261.18a	9.31a
	T3	87.62b	17.40bc	63.04ab	29.07a	1 196.37ab	9.12a
	T4	98.17a	18.40ab	66.17a	29.66a	1 245.27a	9.31a
	T5	80.37c	16.50c	62.51c	27.23a	1 069.68b	8.77b
90d	T1	106.09b	18.30ab	65.36b	31.98b	1 257.56b	9.42b
	T2	115.93a	19.60ab	70.33a	34.73a	1 571.76a	9.77a
	T3	105.01b	18.50ab	66.60b	31.49b	1 294.66b	10.04ab
	T4	112.87a	20.00a	70.75a	32.94b	1 433.81a	10.46a
	T5	101.52c	18.70b	63.69b	28.38c	1 141.85c	9.27b

（二）烟株根系

如表 6-2 所示，在移栽后 45d 时的根长 T1<T2，T3<T4，且差异均显著，T5 显著低于其他处理；侧根数 T1<T2，T3<T4，且差异均显著，T5 显著低于 T2 和 T4；根体积 T1<T2，T3<T4，且差异均显著，T5 显著低于 T2 和 T4。在移栽后 60d 时，根长 T1<T2，T3<T4，且差异均显著，T5 与 T1、T3 之间的差异不显著；侧根数 T1<T2，T3<T4，且差异均显著，T5 与 T1、T3 之间的差异不显著；根体积 T1<T2，T3<T4，且差异均显著，T5 显著低于其他处理。

表 6 - 2　垂直深耕结合有机碳培肥对烟株根系的影响

移栽后时间	处理	根长/cm	侧根数/根	根体积/cm³
	T1	23.07b	24.0b	38.04ab
	T2	28.27a	27.7a	44.71a
45d	T3	24.87b	24.8b	39.13ab
	T4	27.7a	27.0a	43.83a
	T5	19.58c	23.0b	35.94b
	T1	32.33b	32.8b	112.82b
	T2	37.8a	37.5a	139.38a
60d	T3	31.55b	32.8b	103.40b
	T4	36.47a	37.7a	134.72a
	T5	27.63b	29.2b	94.55c

（三）烤烟干物质量

如表 6-3 所示，在移栽后 45d 时，烟株总重从大到小排序为 T2＞T4＞T1＞T3＞T5，其中 T1 与 T2、T3 与 T4 间差异显著，T5 显著低于前四个处理；叶的干重从大到小排序为 T2＞T4＞T1＞T3＞T5，其中 T1 与 T2、T3 与 T4 间差异显著，T5 显著低于其他处理；茎的干重从大到小排序为 T2＞T4＞T1＞T3＞T5，其中 T1 与 T2、T3 与 T4 间差异不显著，T5 只显著低于 T2 处理；根的干重从大到小排序为 T4＞T2＞T3＞T1＞T5，其中 T1 与 T2、T3 与 T4 间差异显著，T5 显著低于其他处理。在移栽后 60d 时，烟株总重从大到小排序为 T2＞T4＞T3＞T1＞T5，其中 T1 与 T2、T3 与 T4 间差异显著，T5 显著低于其他处理；叶的干重从大到小排序为 T2＞T4＞T3＞T1＞T5，其中 T1 与 T2、T3 与 T4 间差异显著，T5 显著低于其他处理；茎的干重从大到小排序为 T4＞T2＞T3＞T1＞T5，其中 T1 与 T2 差异显著，T3 与 T4 间差异不显著，T5 显著低于 T2、T3 和 T4；根的干重从大到小排序为 T2＞T4＞T3＞T1＞T5，其中 T1 与 T2、T3 与 T4 间差异显著，T5 显著低于其他处理。

表 6 - 3　垂直深耕结合有机碳培肥对烤烟干物质量的影响

移栽后时间	处理	叶/g	茎/g	根/g	总重/g
	T1	21.38b	52.65ab	60.00b	134.03b
	T2	26.9a	61.00a	75.52a	163.42a
45d	T3	21.18b	45.52b	60.28b	126.98b
	T4	25.75a	56.53ab	79.82a	162.1a
	T5	17.17c	44.68b	54.68c	116.53c

（续）

移栽后时间	处理	叶/g	茎/g	根/g	总重/g
	T1	53.27b	76.33bc	115.56b	245.16b
	T2	61.35a	86.75a	125.62a	273.72a
60d	T3	55.64b	80.48ab	117.84b	253.96b
	T4	60.18a	88.59a	124.39a	273.16a
	T5	49.42c	72.37bc	107.30c	229.09c

（四）烟叶理化性状和化学成分差异

如表 6-4 所示，B2F 等级烟叶中，T5 的叶长、叶宽、单叶重及叶厚均为最低，叶厚最高的为 T4，T2 和 T4 的单叶重高于其他处理，T2 的叶长显著高于 T1，T4 的叶长和叶宽显著高于 T3。C3F 等级烟叶中，T2 的叶长显著高于 T1，T4 的叶长显著高于 T3，T5 的叶长和叶宽低于其他处理，且差异显著，T5 的单叶重和含梗率低于其他处理，T3 的含梗率和叶厚均为最高。

表 6-4 垂直深耕结合有机碳培肥对烤后烟叶物理性状的影响

等级	处理	叶长/cm	叶宽/cm	单叶重/g	含梗率/%	叶厚/mm
	T1	61.18b	16.16ab	10.284	33.06	0.114
	T2	65.90a	16.24ab	13.628	33.99	0.126
B2F	T3	61.00b	15.94b	10.664	30.88	0.098
	T4	64.80a	17.94a	13.053	30.35	0.166
	T5	55.28b	14.04c	9.832	31.91	0.084
	T1	66.72b	23.70a	11.566	30.05	0.110
	T2	71.06a	24.60a	12.919	27.46	0.150
C3F	T3	65.94b	22.52a	10.723	30.31	0.164
	T4	69.62a	24.56a	12.452	27.03	0.148
	T5	60.72b	15.74b	9.564	26.43	0.153

如表 6-5 所示，B2F 等级烟叶中，T5 烤后烟叶的总糖含量和还原糖含量为最低，烟碱含量为最高，T4 的烟碱含量和氯离子含量显著低于其他处理。C3F 等级烟叶中，T5 的总糖含量和还原糖含量为最低，T2 的总糖和还原糖含量为最高，烟碱含量最高的是 T3，T4 的烟碱含量和氯离子含量显著低于其他处理。

表 6-5　垂直深耕结合有机碳培肥对烤后烟叶化学成分的影响

等级	处理	总糖/%	还原糖/%	烟碱/%	氯离子/%
B2F	T1	34.32a	31.64a	2.66a	0.77a
	T2	34.49a	30.38a	2.45a	0.57b
	T3	33.57a	30.85a	2.58a	0.59b
	T4	35.55a	32.42a	1.99b	0.41c
	T5	27.66b	24.03b	2.67a	0.58b
C3F	T1	33.47b	31.06a	2.53b	0.45b
	T2	36.18a	33.62a	2.44bc	0.38c
	T3	34.99ab	32.47a	2.73a	0.70a
	T4	35.72ab	31.89a	1.93d	0.33d
	T5	29.10c	27.70b	2.35c	0.39c

(五) 烟叶外观质量差异

表 6-6 是对烤烟 C3F 等级烟叶外观质量的评价。颜色指标各处理的表现为 T4＞T2＞T3＞T1＞T5，成熟度指标各处理的表现为 T4＞T2＞T3＞T1＞T5，叶片结构各处理的表现为 T4＞T2＞T1＞T3＞T5，身份指标各处理的表现为 T2＞T4＞T3＞T1＞T5，油分指标各处理的表现为 T4＞T2＞T1＞T3＞T5，色度指标各处理的表现为 T2＞T4＞T3＞T1＞T5，外观质量总分各处理的表现为 T4＞T2＞T3＞T1＞T5，前四者较 T5 分别增加了 3.84%、3.74%、2.14%和 1.78%，T2 和 T4 处理显著高于 T1 和 T3 处理，T1 和 T3 均显著高于 T5 处理。

表 6-6　垂直深耕结合有机碳培肥对烤后烟叶外观质量的影响

等级	处理	颜色	成熟度	叶片结构	身份	油分	色度	外观质量总分
C3F	T1	8.17	8.25	8.40	8.13	8.27	7.68	81.89b
	T2	8.30	8.42	8.51	8.33	8.40	7.92	83.47a
	T3	8.21	8.32	8.35	8.17	8.25	7.74	82.18b
	T4	8.31	8.44	8.52	8.30	8.45	7.90	83.55a
	T5	8.00	8.10	8.25	8.05	8.21	7.45	80.46c

(六) 烟叶感官评吸质量差异

由表 6-7 可知，T2 的评吸总分均高于其余处理，为 61.40 分，T5 处理最低，为 60.35 分，且 T1、T2、T3、T4 处理分别高于 T5 处理 0.75%、1.74%、0.08%、1.57%，这种差异主要体现在香气量、刺激性、柔细度、甜度、余味、浓度和劲头上。

表 6-7　垂直深耕结合有机碳培肥对烤后烟叶评吸质量的影响

等级	处理	香气质	香气量	杂气	刺激性	透发性	柔细度	甜度	余味	浓度	劲头	总分
	T1	6.3	6.4	5.9	5.9	5.8	6.2	6.2	6.2	5.6	5.5	60.80
	T2	6.4	6.2	6.2	6.1	6.0	6.2	6.2	6.2	5.7	5.5	61.40
C3F	T3	6.2	6.3	6.1	5.9	5.9	6.1	6.1	6.1	5.4	5.4	60.40
	T4	6.4	6.4	6.0	6.1	5.9	6.2	6.1	6.2	5.7	5.5	61.30
	T5	6.4	6.3	6.1	5.9	5.9	6.1	6.0	6.0	5.5	5.3	60.35

三、小结

（1）在烟株大田生长前期，常规耕作处理中施加稻壳的处理和垂直深耕处理中施加腐殖酸的处理更有利于烟株生长；到移栽后 90d 时，垂直深耕处理中施加稻壳的处理更有利于烟株茎围的增加。

（2）施加外源碳有利于烟株根系的生长，促进烟株各部位干物质的积累，改善烤后烟叶的物理性状、化学成分、外观质量及评吸质量，结合垂直深耕效果更好。

第二节　垂直深耕结合腐殖酸对湖南植烟土壤理化性状及浓香型烤烟产量和质量的影响

第一节为不同外源有机碳材料结合垂直深耕对烟叶生长发育影响的初步研究结果，为进一步揭示其潜在机制，本节探讨垂直深耕后施加腐殖酸的快速培肥技术对植烟土壤及浓香型烤烟生长发育的影响，旨在为解决湖南烟稻复种区植烟土壤垂直深耕后耕层土壤快速培肥提供科学指导。

一、材料与方法

（一）试验地概况

试验于 2019 年 3—8 月在浏阳市永安镇永合村中潜组进行（28°17′17″N，113°22′2″E）。试验田块土壤类型为壤质的麻沙泥，基础性状：pH 7.78，全氮含量 1.45g/kg，全磷含量 0.75g/kg，全钾含量 19.88g/kg，有机质含量 24.52g/kg，碱解氮含量 119.68mg/kg，有效磷含量 45.70mg/kg，速效钾含量 99.33mg/kg。

（二）试验设计

供试品种为云烟 87，试验所用腐殖酸粉购自萍乡市百力腐殖酸厂，其中有机质含量 40%，腐殖酸含量 15%，水分含量 15%，细度为 0.3～0.44mm，腐殖酸原粉用量为 2t/hm²，试验用苗均为漂浮育苗，2018 年 3 月 29 日完成移栽，株行距为 50cm×120cm，7 月 21 日完成采收。试验设计四个处理，分别为 T1：垂直深耕（30cm）＋腐殖酸培肥；T2：常规耕作（12cm）＋腐殖酸培肥；T3：垂直深耕＋不培肥；CK：常规耕作＋不培肥。每个处理 3 次重复。常规耕作处理是由当地常规旋耕起垄，垂直深耕处理由广西五丰粉垄机械有限公司研发出的新型垂直深耕机起垄。在烟田翻耕后，腐殖酸粉于起垄时随基肥一起条施，除此之外，烟草栽培的施肥方式和田间管理均参照《浏阳优质烟叶生产技术手册》执行。

（三）测定项目与方法

每个处理每个小区选取有代表性的 10 株烟株挂牌，于烟株圆顶期测定挂牌烟株的株高、叶数、最大叶长、最大叶宽等主要农艺性状指标，测定方法参照 YC/T 142—1998。分别于移栽后 30d、60d 和 90d 时，每次每个小区选取长势相近的整株烟株 3 株，进行破坏性取样，取样过程中小心操作以保证根系完好，以减小根系侧根数的试验误差，从烟田取样完成后将烟株分器官烘干、称重、粉碎，最后装袋贴标签保存，用于烤烟干物质量的统计和营养元素含量的测定。在烤烟收获后，使用专用钻土机于每个小区采用五点取样法采集 0～50cm 深度原状土壤样品，以 10cm 为间隔分为 5 个土层测定其物理指标，然后保留大约 1kg 土壤样品带回实验室，自然风干后研磨并经过 0.3mm 孔径筛，检测土壤 pH、有机质、碱解氮、有效磷、速效钾等指标。烟叶收获烘烤后采集 B2F 和 C3F 两个等级的烤后烟叶样品各 2.5kg，进行主要理化性状的检测和分析。

土壤紧实度使用紧实度仪测定，容重和孔隙度采用环刀法测定；含水率采用烘干称重法测定。碱解氮采用碱解扩散法测定，速效钾采用火焰光度计法测定，有效磷采用钼锑抗比色法测定，有机质采用重铬酸钾比色法测定，pH 采用 pH 计测定。

烤烟农艺特性：测定烤烟株高、茎围、有效叶片数、上部倒数第 4 片叶的叶长和叶宽、最大叶的叶长和叶宽。根、茎、叶三个部位干物质积累采用

105℃下烘 15min，然后 80℃持续烘烤至完全杀青后烘干恒重后并称重。

烤后烟叶物理性状：按照标准 GB 2635—1992 选取具有代表性的 B2F 和 C3F 等级的烤后烟叶，测定烤后烟叶叶长、叶宽、单叶重、含梗率及叶片厚度。

烤后烟叶化学成分：取烘烤后的各处理 B2F 和 C3F 等级烟叶 1kg，采用 Skalar 连续流动分析仪测定其化学成分：总糖、还原糖、总氮、烟碱、氯离子含量。

经济性状：各处理采收后挂牌烘烤，统一按国家烤烟分级标准进行分级，统计烤后未经储藏的全部原烟（包括样品）的各等级比例、重量、价格等。价格以当地收购价格为标准，分别计算出烤烟的产量、均价、产值、上等烟比例和中上等烟比例。

其余指标检测如前文所述。

（四）数据处理

使用 Microsoft Office 2017 和 IBM Statistics SPSS 24.0 进行数据分析统计，多重比较检验方法为 LSD 法。

二、结果与分析

（一）不同处理植烟土壤容重变化

1. 植烟土壤容重变化

由图 6-1 可见，0～10cm 深度，土壤容重从小到大依次为 T1＜T3＜T2＜CK，T1、T2 和 T3 较 CK 分别降低了 15.31％、2.04％和 6.12％。其中，T1 的容重最低，为 0.83g/cm³，且与其他处理差异显著。CK 的容重最高，为 0.98g/cm³，且显著高于 T1 和 T3。

10～20cm 深度和 20～30cm 深度，土壤容重从小到大依次为 T1＜T3＜T2＜CK，T1、T2 和 T3 较 CK 分别降低了 4.31％、1.72％、2.59％和 7.87％、1.57％、2.36％。其中，T1 的容重最低，为 1.11g/cm³ 和 1.17g/cm³，与 T2、T3 间无显著差异，但与 CK 有显著差异，CK 的容重最高，为 1.16g/cm³ 和 1.27g/cm³，与 T1 有显著差异，但与 T2 和 T3 均无显著差异。

30～50cm 深度，各处理间土壤容重未表现出显著差异。

上述结果表明，在垂直深耕的情况下，施加腐殖酸粉进行培肥，可以显著降低 0～30cm 深度土壤容重。

2. 植烟土壤孔隙度变化

由图 6-2 可见：

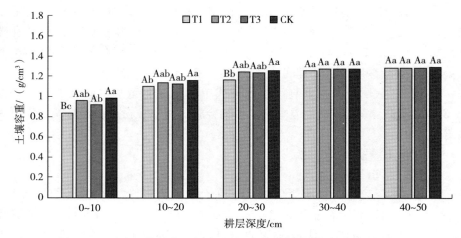

图 6-1 垂直深耕结合施加腐殖酸对不同耕层深度土壤容重的影响

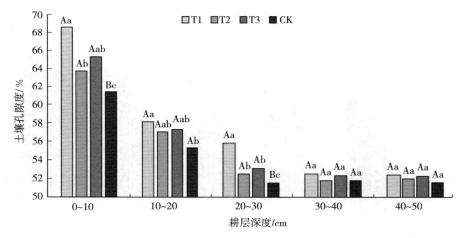

图 6-2 垂直深耕结合施加腐殖酸对不同耕层深度土壤孔隙度的影响

0~10cm深度，土壤孔隙度从小到大依次为 CK＜T2＜T3＜T1，T1、T2和 T3 较 CK 分别提高了 11.85％、3.85％和 6.32％。其中，CK 的孔隙度最低，为 61.37％，显著低于其他处理，T1 的孔隙度最高，为 68.64％，且与T2 和 CK 处理有显著差异。

10~20cm深度，土壤孔隙度从小到大依次为 CK＜T2＜T3＜T1，T1、T2 和 T3 较 CK 分别提高了 3.35％、1.42％和 1.74％。其中，CK 的孔隙度最低，为 56.32％，与 T2、T3 间无显著差异，但与 T1 有显著差异。T1 的孔隙度最高，为 58.21％，除与 CK 有显著差异外，与 T2、T3 均无显著差异。

20~30cm深度，土壤孔隙度从小到大依次为 CK＜T2＜T3＜T1，T1、

T2 和 T3 较 CK 分别提高了 8.55％、1.98％和 3.28％。其中，CK 的孔隙度最低，为 51.47％，且显著低于其他处理，与 T1 存在极显著差异。T1 的孔隙度最高，为 55.87％，与 T2、T3 存在显著差异，与 CK 存在极显著性差异。

30～50cm 深度，各处理间孔隙度未表现出显著性差异。

上述结果表明，单一垂直深耕处理或单一施加腐殖酸培肥处理均能提高 0～30cm 深度土壤孔隙度，但垂直深耕结合施加腐殖酸粉进行培肥的效果更为显著。

3. 植烟土壤紧实度变化

由图 6-3 可见：

0～10cm 深度中，土壤紧实度从小到大依次为 T1＜T3＜T2＜CK，T1、T2 和 T3 较 CK 分别降低了 46.44％、10.14％和 27.54％。其中，T1 的紧实度最低，为 376.67Pa，且极显著低于其他处理；CK 的紧实度最高，为 703.33Pa，且极显著高于其他处理。

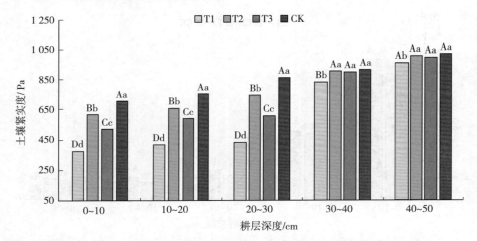

图 6-3　垂直深耕结合施加腐殖酸对不同耕层深度土壤紧实度的影响

10～20cm 深度，土壤紧实度从小到大依次为 T1＜T3＜T2＜CK，T1、T2 和 T3 较 CK 分别降低了 44.44％、8.33％和 22.22％。其中，T1 的紧实度最低，为 416.67Pa，极显著低于其他处理；CK 的紧实度最高，为 750Pa，极显著高于其他处理。

20～30cm 深度，土壤紧实度从小到大依次为 T1＜T3＜T2＜CK，T1、T2 和 T3 较 CK 分别降低了 49.81％、12.94％和 30.59％。T1 的紧实度最低，为 433.33Pa，极显著低于其他处理；CK 的紧实度最高，为 863.33Pa，极显著高于其他处理。

40～50cm 深度，T1 的紧实度与其余处理均无显著差异。

上述结果表明，单一施加腐殖酸或单一垂直深耕处理均能够显著减小 0～30cm 深度的土壤紧实度，但后者的降幅要高于前者，效果更为显著。而在 0～30cm 深度，在垂直深耕的情况下施加腐殖酸粉进行培肥对土壤紧实度的降幅最大，也可显著降低 30～50cm 深度的土壤紧实度。

4. 植烟土壤含水率变化

由图 6-4 可见：

0～10cm 深度，各处理的土壤含水率从小到大依次为 CK＜T3＜T2＜T1，T1、T2 和 T3 较 CK 分别提高了 5.74％、3.49％和 2.41％。其中，CK 的含水率最低，为 27.53％，与 T1 和 T3 存在显著差异；T1 的含水率最高，为 29.11％，与 T3、CK 有显著差异。

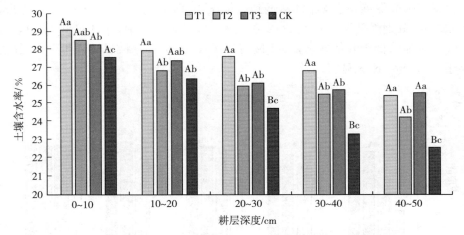

图 6-4　垂直深耕结合施加腐殖酸对不同耕层深度土壤含水率的影响

10～20cm 深度，土壤含水率从小到大依次为 CK＜T2＜T3＜T1，T1、T2 和 T3 较 CK 分别提高了 6.12％、1.67％和 3.88％。其中，CK 的含水率最低，为 26.32％，与 T2、T3 无显著差异，而与 T1 有显著差异；T1 的含水率最高，为 27.93％，除与 CK 有显著差异之外，与 T2、T3 均无显著差异。

20～30cm 和 30～40cm 深度，土壤含水率从小到大依次为 CK＜T2＜T3＜T1，T1、T2 和 T3 较 CK 分别提高了 11.63％、5.07％、5.92％和 15.08％、9.32％、10.48％。其中，CK 的土壤含水率最低，为 24.67％和 23.28％，显著低于其他处理，极显著低于 T1 处理；T1 的土壤含水率最高，为 27.54％和 26.79％，与 T2、T3 存在显著差异，与 CK 处理存在极显著差异。

40～50cm 深度，土壤含水率从小到大依次为 CK＜T2＜T1＜T3，T1、

T2 和 T3 较 CK 分别提高了 12.74%、7.34% 和 13.49%。其中，CK 的土壤含水率最低，为 22.53%，与 T1、T2 和 T3 间均存在显著差异；T1 和 T3 的土壤含水率较高，分别为 25.40% 和 25.57%，与 T2、CK 均存在显著差异。

上述结果表明，单一垂直深耕或单一施加腐殖酸培肥处理能够提高不同耕层深度的土壤含水率，但垂直深耕结合施加腐殖酸粉进行培肥的效果更为显著。

（二）不同处理对植烟土壤养分的影响

1. 植烟土壤 pH 变化

由图 6-5 可见：

0~10cm 深度，土壤 pH 从低到高依次为 T1<T2<CK<T3，T1 较 T2、T3 和 CK 分别降低了 7.09%、12.05% 和 10.38%。其中，pH 最低为 T1，为 7.08，极显著低于其他处理；pH 最高为 T3，达 8.05，极显著高于 T1，显著高于 T2，与 CK 无显著差异。

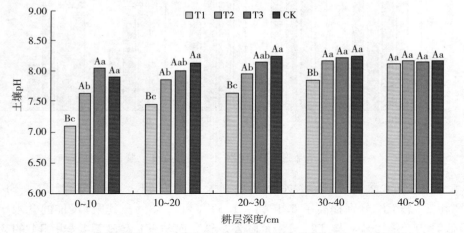

图 6-5　垂直深耕结合施加腐殖酸对不同耕层深度土壤 pH 的影响

10~20cm 深度，土壤 pH 从低到高依次为 T1<T2<T3<CK，T1 较 T2、T3 和 CK 处理分别降低了 5.10%、7.12% 和 8.36%。其中，pH 最低为 T1，为 7.45，极显著低于其他处理；pH 最高为 CK，达 8.13，极显著高于 T1，显著高于 T2，与 T3 无显著差异。

20~30cm 深度，土壤 pH 从低到高依次为 T1<T2<T3<CK，T1 较 T2、T3 和 CK 处理分别降低了 3.78%、6.14% 和 7.17%。其中，pH 最低为 T1，为 7.64，极显著低于其他处理；pH 最高为 CK，达 8.23，极显著高于 T1，显著高于 T2，与 T3 无显著差异。

30～40cm 深度，土壤 pH 从低到高依次为 T1＜T2＜T3＜CK，T1 较 T2、T3 和 CK 分别降低了 4.04％、4.74％和 4.98％。其中，pH 最低为 T1，为 7.83，极显著低于其他处理；pH 最高为 CK，达 8.24，极显著高于 T1，但与 T2 和 T3 无显著差异。

40～50cm 深度，各处理之间土壤 pH 差异均不显著。

上述结果表明，单一垂直深耕处理的不同深度耕层土壤 pH 与 CK 之间无显著性差异，但单一施加腐殖酸以及垂直深耕结合施加腐殖酸处理均能够显著降低 0～30cm 土壤 pH，而后者的降幅更高，更适宜优质烤烟要求的 pH 范围。

2. 植烟土壤有机质含量变化

由图 6-6 可见：

0～10cm 深度，有机质含量从低到高依次为 T3＜CK＜T1＜T2，T1 较 T2 降低了 0.94％，较 T3 和 CK 分别增加了 78.71％和 15.20％。其中，有机质含量最低为 T3，为 16.58g/kg，极显著低于其他处理；T1 与 T2 有机质含量较高，分别为 29.63g/kg 和 29.91g/kg，显著高于 CK。

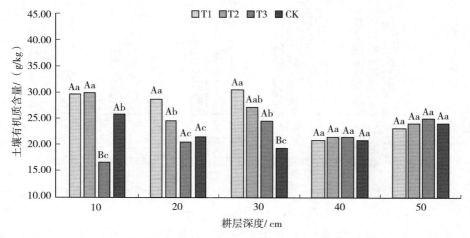

图 6-6　垂直深耕结合施加腐殖酸对不同耕层深度土壤有机质含量的影响

10～20cm 深度，有机质含量从低到高依次为 T3＜CK＜T2＜T1，T1 较 T2、T3 和 CK 分别增长了 17.33％、39.59％和 34.05％。其中，有机质含量最低为 T3，为 20.56g/kg，显著低于 T1 和 T2；有机质含量最高为 T1，达 28.70g/kg，显著高于其他处理。

20～30cm 深度，有机质含量从低到高依次为 CK＜T3＜T2＜T1，T1 较 T2、T3 和 CK 分别增加了 12.48％、24.54％和 58.37％。其中，有机质含量最低为 CK，为 19.29g/kg，极显著低于其他处理；有机质含量最高为 T1，达

30.55g/kg，显著高于 T3 和 CK 处理。

30～50cm 深度，各处理之间土壤有机质含量差异不显著。

上述结果表明，单一垂直深耕处理会显著降低 0～10cm 土壤有机质含量，但显著提高 20～30cm 土壤有机质含量；而垂直深耕结合施加腐殖酸培肥则能够显著增加 0～30cm 土壤中的有机质含量。

3. 植烟土壤碱解氮含量变化

由图 6-7 可见：

0～10cm 深度，碱解氮含量从低到高依次为 CK＜T3＜T1＜T2，T1 较 T2 降低了 7.32％，较 T3 和 CK 分别增加了 6.75％和 28.10％。其中，碱解氮含量最低为 CK，为 113.54mg/kg，显著低于其他处理；碱解氮含量最高为 T2，达 156.93mg/kg，显著高于 CK 处理。

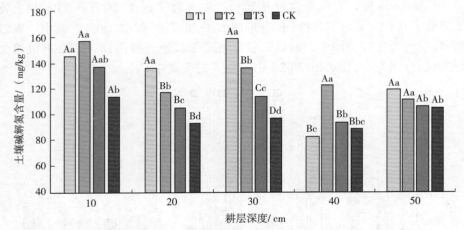

图 6-7 垂直深耕结合施加腐殖酸对不同耕层深度土壤碱解氮含量的影响

10～20cm 和 20～30cm 深度，碱解氮含量从低到高依次为 CK＜T3＜T2＜T1，T1 较 T2、T3 和 CK 分别增加了 16.40％、29.92％、45.89％和 16.90％、40.69％、64.53％。其中，碱解氮含量最低为 CK，为 93.14mg/kg 和 96.55g/kg，显著低于其他处理；碱解氮含量最高为 T1，达 135.88mg/kg 和 158.85g/kg，极显著高于其他处理，另外，30cm 深度 T2 显著高于 T3。

30～40cm 深度，碱解氮含量从低到高依次为 T1＜CK＜T3＜T2，T1 较 T2、T3 和 CK 分别降低了 32.92％、12.48％和 6.52％。其中，碱解氮含量最低为 T1，为 82.29g/kg，最高为 T2，达 122.67g/kg，T1 极显著低于 T2。

40～50cm 深度，碱解氮含量从低到高依次为 CK＜T3＜T2＜T1，T1 较

T2、T3 和 CK 分别增加了 6.90%、12.47% 和 13.40%。其中，碱解氮含量最低为 CK，为 104.64g/kg，最高为 T1，达 118.66g/kg，CK 极显著低于 T1。

上述结果表明，垂直深耕结合施加腐殖酸进行培肥能够显著提高 0～30cm 耕层深度土壤的碱解氮含量。

4. 植烟土壤有效磷含量变化

由图 6-8 可见：

0～10cm 深度，有效磷含量从低到高依次为 CK＜T3＜T1＜T2，T2 较 T1 增加了 1.60%，较 T3 和 CK 分别增加了 11% 和 67.27%。其中，有效磷含量最低为 CK，为 42.65mg/kg，极显著低于其他处理；有效磷含量最高为 T2，达 71.34mg/kg，但与 T1 和 T3 无显著差异。

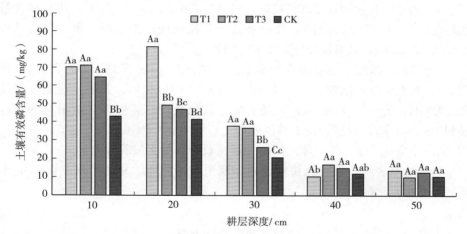

图 6-8　垂直深耕结合施加腐殖酸对不同耕层深度土壤有效磷含量的影响

10～20cm 深度，有效磷含量从低到高依次为 CK＜T3＜T2＜T1，T1 较 T2、T3 和 CK 分别增加了 67%、74% 和 97.21%。其中，有效磷含量最低为 CK，为 41.51mg/kg，显著低于其他处理；有效磷含量最高为 T1，达 81.86mg/kg，极显著高于其他处理。

20～30cm 深度，有效磷含量从低到高依次为 CK＜T3＜T2＜T1，T1 较 T2、T3 和 CK 分别增加了 2.83%、43.51% 和 77.03%。其中，有效磷含量最低为 CK，为 21.11mg/kg，显著低于其他处理；有效磷含量最高为 T1，达 37.37mg/kg，与 T2 无显著差异，但显著高于 T3 和 CK。

30～40cm 深度，有效磷含量从低到高依次为 T1＜CK＜T3＜T2，T1 较 T2、T3 和 CK 分别降低了 41.54%、32.68% 和 14.74%。其中，有效磷含量最低为 T1，为 9.95mg/kg，显著低于其他处理；土壤有效磷含量最高为 T2，达 17.02mg/kg，显著高于 T1 和 CK，但与 T3 无显著差异。

40～50cm 深度，各处理之间的土壤有效磷含量无显著性差异。

上述结果表明，垂直深耕结合施加腐殖酸培肥能够显著增加 0～30cm 土壤中的有效磷含量。

5. 植烟土壤速效钾含量变化

由图 6-9 可见：

0～10cm 深度，速效钾含量从低到高依次为 T3＜CK＜T2＜T1，T1 较 T2、T3 和 CK 分别增加了 23.59％，69.06％和 33.98％。其中，速效钾含量最低为 T3，为 95.18mg/kg，极显著低于其他处理；速效钾含量最高为 T1，达 160.91mg/kg，极显著高于 T3，显著高于 T2 和 CK。

10～20cm 深度，速效钾含量从低到高依次为 CK＜T3＜T2＜T1，T1 较 T2、T3 和 CK 分别增加了 13.32％，20.17％和 49.43％。其中，速效钾含量最低为 CK，为 87.21mg/kg，极显著低于其他处理；速效钾含量最高为 T1，达 130.32mg/kg，显著高于 T2 和 T3 处理。

20～30cm 深度，速效钾含量从低到高依次为 CK＜T3＜T2＜T1，T1 较 T2、T3 和 CK 分别增加了 16.01％，36.38％和 76.81％。其中，速效钾含量最低为 CK，为 62.45mg/kg，极显著低于其他处理；速效钾含量最高为 T1，达 110.42mg/kg，极显著高于其他处理。

30～50cm 深度，各处理之间的土壤速效钾含量无显著性差异。

上述结果表明，垂直深耕结合施加腐殖酸培肥能够显著增加 0～30cm 土壤中的速效钾含量。

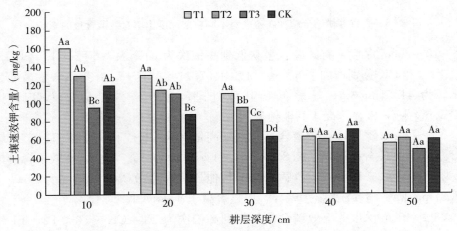

图 6-9　垂直深耕结合施加腐殖酸对不同耕层深度土壤速效钾含量的影响

（三）不同处理下烤烟根系生长的差异

1. 烤烟根系下扎深度

由图 6−10 可见：

在移栽后 30d 时，各处理间的根系下扎深度无显著性差异，根系下扎深度以 T1 和 T3 最低（16.77cm），CK 最高（16.90cm）。

在移栽后 60d 时，根系下扎深度从小到大依次为 CK＜T2＜T3＜T1，T1、T2 和 T3 较 CK 分别提高了 8.69cm，3.49cm 和 5.29cm。其中，CK 的根系下扎深度最低（19.58cm），与 T2 存在显著差异，与 T1 和 T3 存在极显著差异；T1 的根系下扎深度最高（28.27cm），与 T3 存在显著差异，与 T2 和 CK 存在极显著差异，另外，T2 与 T3 之间无显著差异。

在移栽后 90d 时，根系下扎深度从小到大依次为 CK＜T2＜T3＜T1，T1、T2 和 T3 较 CK 分别提高了 8.53cm，3.53cm 和 5.13cm。其中，CK 的根系下扎深度最低（38.30cm），与 T2 存在显著差异，与 T1 和 T3 存在极显著差异；T1 的根系下扎深度最高（46.83cm），与 T3 存在显著性差异，与 T2 和 CK 存在极显著性差异，T2 与 T3 两者之间无显著差异。

上述结果表明，单一垂直深耕处理或单一施加腐殖酸培肥处理能够提高移栽后不同时期烤烟根系下扎深度，但垂直深耕结合施加腐殖酸粉进行培肥处理的烤烟根系下扎深度显著高于单一垂直深耕处理或单一施加腐殖酸的培肥处理。

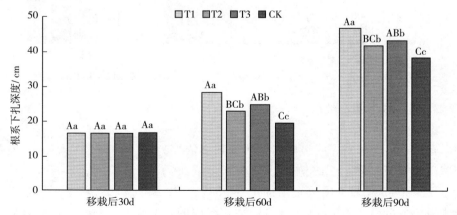

图 6−10　垂直深耕结合施加腐殖酸对移栽后不同天数烤烟根系下扎深度的影响

2. 烤烟根系体积

由图 6−11 可见：

在移栽后 30d 时，CK 的根系体积最小，T1 最大，CK 与 T2 和 T3 均存在显著差异，与 T1 存在极显著差异，T1 与 T2、T3 均存在显著差异，T1、T2 和 T3 较 CK 的根系体积分别提高了 22.49%，12.07% 和 12.70%。

在移栽后 60d 时，根系体积从小到大依次为 CK<T2<T3<T1，T1、T2 和 T3 处理较 CK 分别提高了 13.01%，1.61%，3.83%。其中，CK 的根系体积最小，为 88.60cm³，与 T1、T2 和 T3 存在显著差异；T1 的根系体积最大，达 100.13cm³，与 T2、T3 和 CK 存在显著差异；T2 与 T3 无显著差异。

在移栽后 90d 时，根系体积从小到大依次为 CK<T2<T3<T1，T1、T2 和 T3 较 CK 分别提高了 33.63%，8.80%，10.81%。其中，CK 的根系体积最小，为 200.87cm³，与其他处理存在极显著差异；T1 的根系体积最大，达 268.42cm³，与其他处理存在极显著差异，T2 与 T3 无显著差异。

上述结果表明，单一垂直深耕处理或单一施加腐殖酸培肥处理能够提高移栽后不同时期烤烟根系体积，但垂直深耕结合施加腐殖酸粉进行培肥处理的烤烟根系体积显著高于单一垂直深耕处理或单一施加腐殖酸的培肥处理。

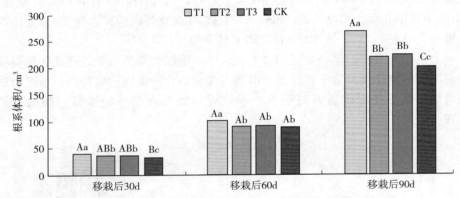

图 6-11　垂直深耕结合施加腐殖酸对移栽后不同天数烤烟根系体积的影响

3. 烤烟根系侧根数

由表 6-8 可见：

在移栽后 30d 时，一级侧根数从少到多依次为 T1<T3<T2<CK，但各处理没有显著差异；二级侧根数从少到多依次为 CK<T3<T2<T1，其中 T1、T2 和 T3 相较 CK 分别增加了 34.33%，22.21% 和 17.27%。其中，二级侧根数数量最多的是 T1（44.33 个），最少的是 CK（33.00 个），且有显著差异；另外，CK 与 T1 和 T3 均存在显著差异。

在移栽后 60d 时，一级侧根数从少到多依次为 CK<T2<T3<T1，T1、T2 和 T3 相较 CK 分别增加了 23.68%，5.36% 和 17.72%。其中，一级侧根数数量最多的是 T1（27.00 个），与 T2 和 CK 存在显著差异；一级侧根数数

量最少的是 CK（21.83 个），与 T1 和 T3 存在显著差异。二级侧根数从少到多依次为 CK＜T2＜T3＜T1，T1、T2 和 T3 相较 CK 分别增加了 25.22%、11.13% 和 13.68%。其中，二级侧根数数量最多的是 T1（120.00 个），与其他处理均存在显著差异；二级侧根数数量最少的是 CK（95.83 个），与其他处理均存在显著差异，另外，T2 与 T3 间无显著差异。

在移栽后 90d 时，一级侧根数从少到多依次为 CK＜T2＜T3＜T1，T1、T2 和 T3 相较 CK 分别增加了 32.20%、15.93% 和 22.03%。其中，一级侧根数数量最多的是 T1（39.00 个），与其他处理均存在显著差异；一级侧根数数量最少的是 CK（29.50 个），与其他处理均存在显著差异，另外，T2 与 T3 之间无显著差异。二级侧根数从少到多依次为 CK＜T2＜T3＜T1，T1、T2 和 T3 相较 CK 分别增加了 42.59%、19.68%、27.67%。二级侧根数数量最多的是 T1（309.17 个），与其他处理均存在显著差异；二级侧根数数量最少的是 CK（216.83 个），与其他处理均存在显著差异，另外，T2 与 T3 间表现出显著差异。

上述结果表明，单一垂直深耕处理或单一施加腐殖酸培肥处理能够提高移栽后不同时期烤烟根系的侧根数量，但垂直深耕结合施加腐殖酸粉进行培肥处理的烤烟根系侧根数，尤其是二级侧根数，显著高于单一垂直深耕处理或单一施加腐殖酸的培肥处理。

表 6-8　移栽后不同时期烤烟根系侧根数的比较

处理	一级侧根数/根			二级侧根数/根		
	移栽后 30d	移栽后 60d	移栽后 90d	移栽后 30d	移栽后 60d	移栽后 90d
T1	12.0a	27.0a	39.0a	44.3a	120.0a	309.2a
T2	12.7a	23.0bc	34.2b	40.3a	106.5b	259.5c
T3	12.3a	25.7ab	36.0b	38.7ab	108.8b	276.8b
CK	13.0a	21.8c	29.5c	33.0b	95.8c	216.8d

（四）不同处理对烤烟养分吸收的影响

1. 烤烟干物质量差异

由表 6-9 可见：

根系干物质量从小到大依次为 CK＜T2＜T3＜T1，T1、T2 和 T3 较 CK 分别提高了 29.41%、10.84% 和 14.40%。其中，T1 烤烟根系干物质量最大，达 46.56g，CK 最小，为 35.98g。T1 极显著大于其他处理，T2 和 T3 均极显著大于 CK，T2 与 T3 间无显著差异。

茎秆干物质量从小到大依次为 CK＜T2＜T3＜T1，T1、T2 和 T3 较 CK 分别提高了 12.61％、5.07％ 和 5.43％。其中，T1 茎干物质量最大，达 69.32g，CK 最小，为 61.56g。T1 极显著大于其他处理，T2 和 T3 显著大于 CK，T2 与 T3 间无显著差异。

叶片干物质量从小到大依次为 CK＜T3＜T2＜T1，T1、T2 和 T3 较 CK 分别提高了 35.30％、22.80％ 和 16.02％。其中，T1 叶片干物质量最大，达 116.06g，CK 最小，为 85.78g。T1 显著大于 T2，极显著大于 T3 及 CK；T2 和 T3 与 CK 差异达到极显著水平，T2 与 T3 间的无显著差异。

上述结果表明，单一垂直深耕处理或单一施加腐殖酸培肥处理能够提高烟株不同部位的干物质积累量，但垂直深耕结合施加腐殖酸粉进行培肥处理的烤烟不同部位干物质积累量显著高于单一垂直深耕处理或单一施加腐殖酸的培肥处理。

表 6-9　垂直深耕结合施加腐殖质酸粉对烤烟各部位干物质积累的影响

处理	干物质总量/g	各器官干物质量		
		根/g	茎/g	叶/g
T1	231.94±4.84Aa	46.56±1.86Aa	69.32±2.44Aa	116.06±5.63Aa
T2	211.4±7.84Bb	39.88±2.14Bb	64.68±1.96Bb	105.34±8.55ABb
T3	204.08±4.55Bb	41.16±0.76Bb	64.9±1.88Bb	99.52±4.84Bb
CK	183.32±2.43Cc	35.98±1.02Cc	61.56±2.85Bc	85.78±3.87Cc

2. 营养元素积累差异

由表 6-10 可见：

全氮：（1）根系氮元素含量最高为 T1（31.21g/kg），最低为 CK（23.56 g/kg），T1 显著高于其他处理，T2 与 T3 间无显著差异，但均与 CK 存在显著差异；（2）茎秆氮元素含量最高为 T1（30.35g/kg），最低为 CK（21.46 g/kg），T1 显著高于其他处理，T2 与 T3 间无显著差异，但均与 CK 存在显著差异；（3）叶片氮元素含量最高为 T1（35.94g/kg），最低为 CK（26.28 g/kg），T1 显著高于其他处理，T2 与 T3 间无显著差异，但均与 CK 存在显著差异。

全磷：(1) 根系磷元素含量最高为 T1（7.65g/kg），最低为 CK（5.34g/kg），T1 显著高于其他处理，T2 与 T3 间无显著差异，但均与 CK 存在显著差异；(2) 茎秆磷元素含量最高为 T1（8.93g/kg），最低为 CK（6.85g/kg），T1 显著高于 CK，T1、T2 与 T3 间无显著差异，但均与 CK 存在显著差异；(3) 叶片磷元素含量最高为 T1（8.43g/kg），最低为 CK（6.25g/kg），T1 显著高于其他处理，T2 与 T3 间无显著差异，但均与 CK 存在显著差异。

全钾：（1）根系钾元素含量最高为 T1（37.69g/kg），最低为 CK（26.48g/kg），T1 显著高于其他处理，T2 与 T3 间无显著差异，但均与 CK 存在显著差异；（2）茎秆钾元素含量最高为 T1（36.42g/kg），最低为 CK（28.33g/kg），T1 显著高于 CK，T1、T2 与 T3 间无显著差异，但均与 CK 存在显著差异；（3）叶片钾元素含量最高为 T1（39.93g/kg），最低为 CK（30.19g/kg），T1 显著高于其他处理，T2 与 T3 间无显著差异，但均与 CK 存在显著差异。

上述结果表明，单一垂直深耕处理或单一施加腐殖酸培肥处理能够提高烟株不同部位营养元素的积累，但垂直深耕结合施加腐殖酸粉进行培肥处理的烤烟不同部位营养元素积累量显著高于单一垂直深耕处理或单一施加腐殖酸的培肥处理。

表 6-10　垂直深耕施加腐殖质酸粉对烤烟不同器官营养元素积累的影响

部位	处理	N/（g/kg）	P/（g/kg）	K/（g/kg）
根	T1	31.21a	7.65a	37.69a
	T2	28.25b	6.29b	33.47b
	T3	28.44b	6.42b	32.75b
	CK	23.56c	5.34c	26.48c
茎	T1	30.35a	8.93a	36.42a
	T2	26.38b	8.27a	32.29a
	T3	25.79b	8.75a	34.55a
	CK	21.46c	6.85b	28.33b
叶	T1	35.94a	8.43a	39.93a
	T2	30.11b	7.11b	35.33b
	T3	31.82b	7.35b	34.67b
	CK	26.28c	6.25c	30.19c

（五）不同处理对烤烟产量和质量的影响

1. 烤烟农艺性状

由表 6-11 可见：

有效叶数从低到高依次为 CK＜T2＜T3＜T1，其中，有效叶数最多为 T1（16..2 片），显著高于 CK，与 T2 和 T3 无显著差异，T2 与 T3 间无显著差异，有效叶数最少的为 CK（14.8 片）。

茎围从低到高依次为 CK＜T2＜T3＜T1，其中，茎围最大为 T1

（11.42cm），显著高于 T2 和 CK，与 T3 无显著差异，T2 与 T3 间无显著差异，茎围最小为 CK（10.58cm）。

上部叶叶长从低到高依次为 CK＜T3＜T2＜T1，其中，上部叶叶长最大为 T1（69.14cm），显著高于 CK，与 T2 和 T3 无显著差异，T2 与 T3 间无显著差异，上部叶叶长最小为 CK（62.40cm）。

上部叶叶宽从低到高依次为 CK＜T3＜T2＜T1，其中，上部叶叶宽最大为 T1（21.68cm），显著高于 CK，与 T2 和 T3 无显著差异，T2 与 T3 间无显著差异，上部叶叶宽最小为 CK（18.88cm）。

最大叶叶长从低到高依次为 CK＜T3＜T2＜T1，其中，最大叶叶长最大为 T1（80.12cm），显著高于其他处理，T2、T3 及 CK 间无显著差异，最大叶叶长最小为 CK（72.78cm）。

最大叶叶宽从低到高依次为 CK＜T2＜T3＜T1，其中，最大叶叶宽最大为 T1（28.26cm），显著高于其他处理，T2 与 T3 间无显著差异，T3 显著高于 CK，最大叶叶宽最小为 CK（22.60cm）。

最大叶面积从低到高依次为 CK＜T2＜T3＜T1，其中，最大叶面积最大为 T1（1 437.49cm²），显著高于其他处理，T2、T3 及 CK 间无显著差异，最大叶面积最小为 CK（1 043.50cm²）。

上述结果表明，单一垂直深耕处理或单一施加腐殖酸培肥处理能够提高烟株的农艺性状，但垂直深耕结合施加腐殖酸粉进行培肥处理的农艺性状显著高于单一垂直深耕处理或单一施加腐殖酸的培肥处理。

表 6-11　垂直深耕结合施加腐殖质酸粉对圆顶期烤烟农艺性状的影响

| 处理 | 株高 (cm) | 上部叶 | | 最大叶 | | 有效叶数 /片 | 茎围 /cm | 最大叶 面积/cm² |
		叶长/cm	叶宽/cm	叶长/cm	叶宽/cm			
T1	124.9a	69.14a	21.68a	80.12a	28.26a	16.2a	11.42a	1 437.49a
T2	116.4b	66.32ab	20.32ab	74.30b	23.42bc	15.0ab	10.72b	1 104.17b
T3	116.9b	64.68ab	19.76ab	72.84b	25.32ab	15.4ab	11.14ab	1 169.40b
CK	106.2c	62.40b	18.88b	72.78b	22.60c	14.8b	10.58b	1 043.50b

2. 烟叶物理性状

由表 6-12 可见：

B2F 等级的烤后烟叶：（1）烤后烟叶叶长从低到高依次为 CK＜T2＜T3＜T1，T1、T2 和 T3 相较 CK 分别提高了 26.34%、11.73% 和 12.56%。其中，叶长最高是 T1（65.90cm），显著大于其他处理，叶长最低是 CK（52.16cm），低于其他处理，T2 与 T3 间无显著差异。（2）烤后烟叶叶宽从低到高依次为 CK＜T2＜T3＜T1，T1、T2 和 T3 相较 CK 分别提高了 31.70％、15.81％和 19.35％。其中，叶宽最高是 T1（18.24cm），显著大于其他处理，叶宽最低是 CK（13.85cm），显著低于其他处理，T2 与 T3 间无显著差异。（3）烤后烟叶单叶重从低到高依次为 CK＜T3＜T2＜T1，T1、T2 和 T3 相较 CK 分别提高了 41.12％、12.22％和 8.08％。其中，单叶重最高是 T1（13.62g），最低是 CK（9.65g）。（4）烤后烟叶含梗率从低到高依次为 T3＜T2＜T1＜CK，含梗率最高是 CK（33.99％），含梗率最低是 T3（31.46％）。（5）烤后烟叶叶厚从低到高依次为 CK＜T2＜T3＜T1，T1、T2 和 T3 相较 CK 分别提高了 65.79％、10.53％ 和 19.74％。其中，叶厚最高是 T1（0.126mm），最低是 CK（0.076mm）。

C3F 等级的烤后烟叶：（1）烤后烟叶叶长从低到高依次为 CK＜T2＜T3＜T1，T1、T2 和 T3 相较 CK 分别提高了 23.28％、8.81％和 10.31％。其中，叶长最高是 T1（71.06cm），显著大于其他处理，叶长最低是 CK（57.64cm），显著低于其他处理，T2 与 T3 间无显著差异。（2）烤后烟叶叶宽从低到高依次为 CK＜T3＜T2＜T1，T1、T2 和 T3 相较 CK 分别提高了 33.91％、12.90％和 11.92％。其中，叶宽最高是 T1（24.60cm），显著大于其他处理，叶宽最低是 CK（18.37cm），显著低于 T1，T2、T3 以及 CK 间无显著差异。（3）烤后烟叶单叶重从低到高依次为 CK＜T2＜T3＜T1，T1、T2 和 T3 相较 CK 分别提高了 49.56％、10.77％和 14.25％。其中，单叶重最高是 T1 处理（12.91g），最低是 CK（8.63g）。（4）烤后烟叶含梗率从低到高依次为 T3＜T2＜T1＜CK，含梗率最高是 CK（26.56％），最低是 T3（26.24％）。（5）烤后烟叶叶厚从低到高依次为 CK＜T2＜T3＜T1，T1、T2 和 T3 相较 CK 的烤后烟叶叶厚分别提高了 23.53％、9.31％ 和 13.24％。叶厚最高是 T1（0.252mm），最低是 CK（0.204mm）。

上述结果表明，单一垂直深耕处理或单一施加腐殖酸培肥处理能够提高烤后中、上部烟叶的物理性状，但垂直深耕结合施加腐殖酸粉进行培肥处理的物理性状显著高于单一垂直深耕处理或单一施加腐殖酸的培肥处理。

表 6－12　垂直深耕结合施加腐殖质酸粉对不同等级烤后烟叶物理性状的影响

等级	处理	叶长/cm	叶宽/cm	单叶重/g	含梗率/％	叶厚/mm
B2F	T1	65.90a	18.24a	13.62	32.51	0.126
	T2	58.28b	16.04b	10.83	32.47	0.084
	T3	58.71b	16.53b	10.43	31.46	0.091
	CK	52.16c	13.85c	9.65	33.99	0.076

（续）

等级	处理	叶长/cm	叶宽/cm	单叶重/g	含梗率/%	叶厚/mm
C3F	T1	71.06a	24.60a	12.91	26.46	0.252
	T2	62.72b	20.74b	9.56	26.43	0.223
	T3	63.58b	20.56b	9.86	26.24	0.231
	CK	57.64c	18.37b	8.63	26.56	0.204

3. 烟叶化学成分

由表6-13可见：

B2F等级的烤后烟叶：（1）烤后烟叶总糖含量从低到高依次为CK＜T2＜T3＜T1，总糖含量最高是T1（31.32%），显著高于其他处理；总糖含量最低是CK（25.57%），显著低于其他处理，T2与T3间无显著差异。（2）烤后烟叶还原糖含量从低到高依次为CK＜T2＜T3＜T1，还原糖含量最高是T1（25.64%），显著高于其他处理；还原糖含量最低是CK（19.48%），显著低于其他处理，T2与T3间无显著差异。（3）烤后烟叶总氮含量从低到高依次为CK＜T2＜T3＜T1，总氮含量最高是T1（2.05%），最低是CK（1.84%），两者存在显著差异，T2、T3与CK间无显著差异。（4）烤后烟叶烟碱含量从低到高依次为CK＜T3＜T1＜T2，烟碱含量最高是T2（2.67%），最低是CK（2.59%），CK显著低于其他处理，T1、T2与T3间无显著差异。（5）烤后烟叶氯离子含量从低到高依次为T3＜T2＜CK＜T1，氯离子含量最高是T1（0.77%），最低是T3（0.42%），T3显著低于T1，T2、T3与CK间无显著差异。

C3F等级的烤后烟叶：（1）烤后烟叶总糖含量从低到高依次为CK＜T2＜T3＜T1，总糖含量最高是T1（33.47%），显著高于其他处理；总糖含量最低是CK（26.52%），显著低于其他处理，T2与T3间无显著差异。（2）烤后烟叶还原糖含量从低到高依次为CK＜T3＜T2＜T1，还原糖含量最高是T1（27.06%），显著高于其他处理；还原糖含量最低是CK（20.37%），显著低于其他处理，T2与T3间无显著差异。（3）烤后烟叶总氮含量从低到高依次为CK＜T2＜T3＜T1，总氮含量最高是T1（2.07%），显著高于其他处理；总氮含量最低是CK（1.61%），显著低于其他处理，T2与T3间无显著差异。（4）烤后烟叶烟碱含量从低到高依次为CK＜T2＜T3＜T1，烟碱含量最高是T1（2.53%），显著高于其他处理；烟碱含量最低是CK（2.14%），显著低于其他处理，T2与T3间无显著差异。（5）烤后烟叶氯离子含量从低到高依次为T3＜T2＜CK＜T1，氯离子含量最高是T1（0.45%），最低是T3（0.34%），T3显著低于T1及CK。

上述结果表明，单一垂直深耕处理或单一施加腐殖酸培肥处理能够提高烤后中、上部烟叶的总糖、还原糖、总氮和烟碱含量，但垂直深耕结合施加腐殖酸粉进行培肥处理的化学成分显著高于单一垂直深耕处理或单一施加腐殖酸的培肥处理。

表 6 - 13　垂直深耕结合施加腐殖质酸粉对不同等级烤后烟叶化学成分的影响

等级	处理	总糖/%	还原糖/%	总氮/%	烟碱/%	氯离子/%
B2F	T1	31.32a	25.64a	2.05a	2.66a	0.77a
	T2	27.66b	21.85b	1.98a	2.67a	0.58b
	T3	28.32b	22.78b	2.01a	2.64a	0.42b
	CK	25.57c	19.48c	1.84b	2.59b	0.62ab
C3F	T1	33.47a	27.06a	2.07a	2.53a	0.45a
	T2	29.10b	23.70b	1.75b	2.35b	0.39ab
	T3	29.43b	23.52b	1.86b	2.40b	0.34b
	CK	26.52c	20.37c	1.61c	2.14c	0.41a

4. 烟叶外观质量

表 6 - 14 是对烤烟 C3F 等级烟叶的外观质量评价。颜色指标上各处理的表现为 T1＞T2＞T3＞CK，成熟度指标上各处理的表现为 T1＞T2＞T3＞CK，叶片结构上各处理的表现为 T1＞T3＞T2＞CK，身份指标上各处理的表现为 T1＞T3＞CK＞T2，油分指标上各处理的表现为 T1＞T3＞T2＞CK，色度指标上各处理的表现为 T1＞T2＞T3＞CK，外观质量总分上各处理的表现为 T1＞T2＞T3＞CK，前三者较 CK 分别增加了 2.23％、1.05％和 0.75％，T1 显著高于 T2 和 T3 处理，T2 和 T3 均显著高于 CK 处理。

表 6 - 14　垂直深耕结合施加腐殖质酸粉对烤后烟叶外观质量的影响

等级	处理	颜色	成熟度	叶片结构	身份	油分	色度	外观质量总分
C3F	T1	8.31	8.32	8.45	8.36	8.46	8.08	83.36a
	T2	8.16	8.26	8.35	8.20	8.39	8.03	82.40b
	T3	8.11	8.21	8.36	8.25	8.42	7.92	82.15b
	CK	8.03	8.15	8.31	8.22	8.35	7.85	81.54c

5. 烟叶评吸质量

由表 6 - 15 可知，T1 的评吸总分较 T2、T3、CK 处理分别提高 1.09％和 1.78％、2.21％，这种差异主要体现在 T1 的香气量、刺激性、透发性、柔细度、甜度和余味等评吸指标要优于 T2、T3 和 CK。可见，T1 处理可提高烟叶评吸质量，以 T1 的评吸总分最高。

表 6-15　垂直深耕结合施加腐殖质酸粉对烤后烟叶评吸质量的影响

等级	处理	香气质	香气量	杂气	刺激性	透发性	柔细度	甜度	余味	浓度	劲头	总分
	T1	6.2	6.1	5.9	6.1	6.0	6.1	6.0	5.9	5.8	5.6	60.15
C3F	T2	6.2	6.0	6.0	5.9	5.8	6.0	5.9	5.8	5.8	5.8	59.50
	T3	6.1	6.0	5.9	5.9	5.9	6.0	5.9	5.8	5.9	5.6	59.10
	CK	6.1	5.9	5.8	5.9	5.8	5.9	5.9	5.8	5.8	5.7	58.85

6. 不同处理对烤后烟叶经济性状的影响

由表 6-16 可见：烤后烟叶产量、产值、均价、上中等烟比例以 T1 最大，CK 最小。（1）产量从小到大依次为 CK＜T2＜T3＜T1，T1、T2 和 T3 相较 CK 分别提高了 26.38%、9.87% 和 11.37%。其中，产量最高为 T1（2 629.49kg/hm²），显著高于其他处理，最低为 CK（2 080.62kg/hm²），显著低于其他处理。（2）均价从小到大依次为 CK＜T2＜T3＜T1，T1、T2 和 T3 相较 CK 分别提高了 7.29%、5.63% 和 6.30%。其中，均价最高为 T1（24.00 元/kg），显著高于 CK；最低为 CK（20.37 元/kg），显著低于其他处理。（3）产值从小到大依次为 CK＜T2＜T3＜T1，T1、T2 和 T3 相较 CK 别提高了 35.59%、16.05% 和 18.39%。其中，产值最高为 T1（63 107.76 元/hm²），最低为 CK（46 543.47 元/hm²）。（4）上中等烟比例从小到大依次为 CK＜T2＜T3＜T1，其中，上中等烟比例最高为 T1（97.61%），显著高于其他处理；上中等烟比例最低为 CK（90.38%），显著低于其他处理，T2 与 T3 间无显著差异。

上述结果表明，单一垂直深耕处理或单一施加腐殖酸培肥处理能够提高烤后烟叶的经济性状，但垂直深耕结合施加腐殖酸粉进行培肥处理的经济性状显著高于单一垂直深耕处理或单一施加腐殖酸的培肥处理。

表 6-16　垂直深耕结合施加腐殖质酸粉对烤后烟叶经济性状的影响

处理	产量/（kg/hm²）	均价/（元/kg）	产值/（元/hm²）	中上等烟比例/%
T1	2 629.49a	24.00a	63 107.76a	97.61a
T2	2 285.90b	23.63a	54 015.82b	93.42b
T3	2 317.18b	23.78a	55 102.54b	94.46b
CK	2 080.62c	22.37b	46 543.47c	90.38c

三、小结

（1）土壤物理性状方面，垂直深耕结合施加腐殖酸培肥改变了原本紧实的耕层土壤结构，垂直深耕后，土壤紧实度和容重显著降低，孔隙度显著增大，0～

50cm 耕层深度的土壤含水率显著增长；土壤化学性状方面，垂直深耕结合施加腐殖酸培肥显著降低了 0～40cm 土壤 pH，0～10cm 降幅最高，使之更适宜优质烤烟的生长，还可以增加耕层土壤中有机质及其他速效养分的含量；在垂直深耕的情况下施加腐殖酸培肥可以为烤烟的生长发育提供更适宜的土壤生态环境。

（2）在移栽后不同的时期中，垂直深耕结合施加腐殖酸培肥均能显著提高烤烟根系的下扎深度、根系体积及二级侧根数，其中在移栽后 90d 时在垂直深耕情况下施加腐殖酸培肥处理的根系下扎深度较常规增加了 8.53cm，体积增加了 33.63%，二级侧根数增加了 42.59%。仅在移栽后 30d 时各处理一级侧根数还没有产生显著性差异，而在移栽后 60d 和 90d 时各处理的一级侧根数发生显著性差异，且各处理中以 T1 为最高。

（3）干物质方面，垂直深耕结合施加腐殖酸培肥处理的烤烟根系、茎秆及叶片中的干物质量均为最大，CK 为最小，烟株的干物质总量比 CK 增多达 26.52%。营养吸收方面，在垂直深耕结合施加腐殖酸培肥处理的烤烟各部位中的全氮、全磷和全钾含量均为最大，CK 为最小，其中根系、茎秆和叶片中的全氮含量比 CK 分别多 32.47%、41.43% 和 36.76%；根系、茎秆和叶片中的全磷含量比 CK 分别多 43.26%、30.36% 和 34.88%；根系、茎秆和叶片中的全钾含量比 CK 分别多 42.33%、28.56% 和 32.26%。干物质量及营养吸收的增幅均超过了单一垂直深耕和单一施加腐殖酸培肥处理。

（4）农艺性状方面，垂直深耕结合施加腐殖酸培肥处理在烟株的株高、最大叶面积、叶片数及茎围等指标中均为最大，并显著大于 CK；烤后烟叶物理性状方面，垂直深耕结合施加腐殖酸培肥在不同程度上提高了 B2F 和 C3F 两个等级烤后烟叶的物理性状；烤后烟叶化学成分方面，垂直深耕结合施加腐殖酸培肥显著提升了 B2F 和 C3F 两个等级烤后烟叶各项化学指标，除了总糖、还原糖、总氮及烟碱等常规指标外，原本极低的氯离子含量显著提高，更适宜优质烤烟的标准，且上述烟叶化学指标均为各处理最大；烟叶外观质量和评吸质量方面，垂直深耕结合施加腐殖酸培肥显著提高了 C3F 等级烟叶的外观质量和评吸质量总分；经济性状方面，垂直深耕结合施加腐殖酸培肥处理显著提高了烤后烟叶的产量、产值、均价及上中等烟比例，相较 CK，这四项指标的比例分别为 26.38%、7.29%、35.59% 和 7.23%，增幅均为最大。

第三节　垂直深耕结合腐熟有机物料对湖南浓香型烤烟产量和质量的影响

湖南稻烟轮作区土壤普遍存在超负荷现象，在目前的条件下并没有有效的休耕养地措施，加之肥料的大量使用，导致湖南烟稻复种区耕地土壤质量存在降低的趋势，因此，对于植烟土壤的改善已经迫在眉睫，对于植烟土壤的保护已经非常紧急。现阶段，绿色农业已经登上历史舞台，只有持续有效的绿色农业才是长远发展的保障，才是符合生态规则的。绿色农业的发展离不开有机肥，有机肥不仅能够使农业生产自身物质和能量得到持续循环利用，减少肥料的施用，而且是提高农作物生产率的有效途径，对于生态环境的改善、净化、资源的持续有效发展都有重要的意义。现阶段，有机肥种类繁多，其中包括沤肥、饼肥、绿肥、秸秆、人畜粪便等，随着绿色农业的发展，有机肥以其突出的优越性越来越受到青睐，土壤因长期施用化肥导致的土壤板结、营养不平衡、有效养分降低等问题，都可以通过施用有机肥帮助解决。同时，有机肥对于烟叶植株的生长发育、抗病性都有明显提高。本节研究了湖南烟稻复种区施用不同量秸秆-油枯腐熟有机肥对于烟株形态构建、干物质积累、烟叶产量以及产量结构的影响，探讨湖南烟稻复种区最适宜的有机肥施用量，以期为湖南烟稻复种区构建合理烟群，提高浓香型烟叶产量和质量提供科学依据。

一、材料与方法

（一）试验地概况

试验地设置在长沙市浏阳下大屋村。试验地土壤类型为壤质的麻沙泥，基础性状为：pH 7.63、电导率 0.20mS/cm、有机质含量 26.63g/kg、全氮含量 1.52g/kg、全磷含量 0.84g/kg、全钾含量 19.78g/kg、碱解氮含量 122.80mg/kg、有效磷含量 54.80mg/kg、速效钾含量 107.22mg/kg。试验所用所有烟草专用肥料由当地烟草专业部门分配。

（二）试验设计

供试品种：G80；移栽时间：3月23日；生育期：115d。

试验设计：利用当地水稻秸秆和饼肥资源进行秸秆腐熟和腐熟后的还田试验：（T1）常规施肥；（T2）腐熟有机肥100kg；（T3）腐熟有机肥200kg；（T4）腐熟有机肥300kg；共4个处理。小区面积为250m²，3月中下旬起垄栽烟，所有生产管理技术措施均和当地烤烟生产技术手册一致。

（三）观测项目与方法

观察并且实时记录各试验小区生育时期，包括移栽期、团棵期、现蕾期、圆顶期、脚叶采烤期、顶叶采烤期、终烤期。每个处理取10株以上烟株平均值，测量移栽后20d、40d、60d、80d株高、叶数、最大叶长、最大叶宽。以上指标调查参考《烟草农艺性状调查测量方法》（YC/T 142—2010）行业标准。根系直径采用电子游标卡尺进行测量，根系数量通过人工计数的方式进行测量。在烟株移栽后 20d、40d、60d、80d 取样，每个处理取 3 株及以上具有代表性的烟样作为试验样品，并将烟株按不同器官分类（茎干、叶、根）烘干、称重、粉碎、保存，并计算各部位干物质积累量，测定烤后烟叶物理指标和化学成分，参照前人研究对化学成分进行评价打分，评价烟叶外观质量和感官评吸质量，统计烤后烟叶产量和质量。

（四）数据处理

使用 Microsoft Office 2017 和 IBM Statistics SPSS 24.0 进行数据分析统计，多重比较检验方法为 LSD 法。

二、结果与分析

（一）烤烟生育进程和植株性状差异

1. 对烤烟生育进程的影响

由表 6-17 可见，各处理间大致生育期并无显著差异，T2 还苗期最早，比 T1、T3 提前 1d，比 T4 提前 2d；T1 团棵期最早，比 T2、T4 提前 1d，比 T3 提前 2d；T1 现蕾期最早，比 T2、T4 提前 1d，比 T3 提前 2d。随着有机肥施加量的增加，植株的生育期可能稍延后。

表 6-17　腐熟有机肥不同用量对烤烟生育进程的影响

单位：月/日

处理	移栽期	还苗期	团棵期	现蕾期	下部叶采烤期（第一次）	下部叶采烤期（第二次）	中部叶采烤期	顶部叶采烤期
T1	3/23	4/4	5/10	5/11	6/12	6/2	7/3	7/16
T2	3/23	4/3	5/11	5/12	6/12	6/2	7/3	7/16
T3	3/23	4/4	5/12	5/13	6/12	6/2	7/3	7/16
T4	3/23	4/5	5/11	5/12	6/12	6/2	7/3	7/16

2. 对烟株农艺性状的影响

由表 6-18 可见：（1）移栽 20d 时，T2 的株高、最大叶面积、茎围与其余处理呈现显著差异，T4 的株高高于其他处理，T1 的最大叶面积最高。（2）移栽 40d 后，T1 的株高、叶片数最高，T2 的最大叶长最高，T3 的最大叶面积和茎围显著高于其他处理。（3）移栽 60d 后，T3 的株高、叶数、最大叶长、最大叶面积、茎围都高于其他处理，且叶片数、叶长、最大叶面积、茎围呈现显著差异。（4）在移栽 80d 后，T3 的株高、最大叶长、最大叶宽、茎围均与其他处理呈现显著差异。上述结果表明，在烤烟生长发育的前期，T1 与 T2 综合来看优于 T3、T4；在生育后期，T3 的农艺性状更具潜力。

表 6 - 18　腐熟有机肥不同用量对烤烟农艺性状的影响

移栽后时间	处理	株高/cm	叶数/片	最大叶长/cm	最大叶宽/cm	最大叶面积/cm²	茎围/cm
20d	T1	5.80a	8.4a	22.60a	12.30a	179.30a	1.80ab
	T2	4.00b	7.5a	19.10a	10.00b	123.55b	1.50c
	T3	5.60a	8.4a	20.20a	11.60ab	149.35ab	1.60bc
	T4	6.00a	8.8a	21.00a	11.90a	164.50ab	2.00a
40d	T1	40.10a	16.3a	49.70a	30.10a	956.03ab	8.94a
	T2	28.70b	14.3b	51.10a	29.40a	838.05b	7.82b
	T3	39.30a	15.6a	44.70b	33.60a	1 094.32a	9.15a
	T4	39.90a	16.3a	49.80a	30.40a	963.39ab	8.64a
60d	T1	96.60a	20.5b	56.30b	34.50b	1 240.07b	10.35ab
	T2	95.40a	20.7ab	66.40a	37.60a	1 588.66a	10.43ab
	T3	99.80a	21.5a	67.70a	37.00a	1 591.58a	10.95a
	T4	95.50a	19.8b	65.60a	33.30b	1 386.00b	9.75c
80d	T1	96.40b	17.2a	65.90a	32.70ab	1 370.00b	10.01b
	T2	98.80ab	14.9c	67.70a	32.30b	1 387.33b	10.08b
	T3	102.0a	15.6b	68.70a	34.40a	1 501.23a	10.97a
	T4	95.60b	17.2a	65.90a	33.10ab	1 386.51b	10.01b

（二）对烤烟生物量的影响

1. 对植株鲜重的影响

从表 6 - 19 可见：（1）移栽 20d 时，叶重、茎重、根重、总重由高到低均表现为 T4＞T3＞T2＞T1，其中，各部位的鲜重中，T4 在叶重、茎重、根重、总重都显著高于其他处理。（2）移栽 40d 时，叶重、茎重由高到低表现为 T4＞T3＞T1＞T2，其中，T4 各部位鲜重显著高于其他处理。（3）移栽 60d 时，叶重、茎重由高到低表现为 T3＞T4＞T2＞T1；根重由高到低表现为

T2＞T4＞T3＞T1，总重由高到低表现为 T3＞T4＞T2＞T1，其中，T3 叶重、茎重、总重显著高于其他处理。（4）移栽 80d 时，叶重、茎重由高到低表现为 T4＞T3＞T1＞T2，根重由高到低表现为 T3＞T4＞T1＞T2，总重由高到低表现为 T4＞T3＞T1＞T2，其中，T3 生长发育的潜力在生长发育后期得到释放。T4 各部位鲜重除根重外，均显著高于其他处理。上述结果表明，施用秸秆-腐熟有机肥 200kg 有助于烟株各部位鲜重的增加，但超过 300kg 后，增加幅度有所减弱。

表 6-19 腐熟有机肥不同用量对植株鲜重的影响

移栽后时间	处理	叶/g	茎/g	根/g	总重/g
20d	T1	11.20b	2.30c	1.70b	15.20b
	T2	11.80ab	3.35bc	1.80b	21.95ab
	T3	22.80a	4.75ab	2.15ab	30.45a
	T4	24.05a	5.45a	2.65a	31.45a
40d	T1	382.85bc	107.65ab	28.05ab	518.50ab
	T2	327.70c	88.10b	26.50b	442.30b
	T3	415.15ab	116.35ab	22.85b	554.35ab
	T4	464.75a	133.05a	37.50a	635.30a
60d	T1	648.53c	351.04b	113.60b	1 113.17c
	T2	785.66b	360.21b	165.95a	1 311.82b
	T3	979.27a	518.49a	155.41b	1 653.56a
	T4	805.44b	374.17b	163.28a	1 362.52b
80d	T1	683.08ab	390.345ab	161.15ab	1 234.57ab
	T2	590.68b	332.41b	116.27b	1 039.36b
	T3	730.08ab	401.05ab	227.23a	1 358.36a
	T4	748.12a	437.30a	212.32ab	1 397.73a

2. 对植株干物质积累量的影响

从表 6-20 可见：（1）移栽 20d 时，叶重由高到低表现为 T3＞T4＞T2＞T1，茎重由高到低表现为 T3＞T4＞T2＞T1，根重由高到低表现为 T4＞T2＞T3＞T1，总重由高到低表现为 T3＞T4＞T2＞T1，其中，T3 的叶重、茎重、总重显著高于 T1、T2，T3、T4 的总重显著高于 T1、T2。（2）移栽 40d 时，叶重和总重由高到低表现为 T4＞T1＞T3＞T2；茎重由高到低表现为 T4＞T3＞T1＞T2；根重由高到低表现为 T4＞T1＞T2＞T3。T4 的叶重、茎重、根重、总重均显著高于其他处理，表明，烤烟生长前期的干物质积累

量随着施肥量的增加而增加。（3）移栽 60d 时，叶重由高到低表现为 T3＞
T2＞T4＞T1，茎重由高到低表现为 T3＞T1＞T4＞T2，根重由高到低表现为
T3＞T4＞T1＞T2，总重由高到低表现为 T3＞T4＞T2＞T1。T3 各部位的干
物质积累量都与 T1 和 T2 呈现出显著差异。（4）移栽 80d 时，叶重由高到低
表现为 T3＞T4＞T1＞T2，茎重由高到低表现为 T3＞T4＞T1＞T2，根重由
高到低表现为 T4＞T3＞T1＞T2，总重由高到低表现为 T3＞T4＞T2＞T1，
T3 的叶重、茎重、根重显著高于其他处理，T3 和 T4 的总重显著高于 T1
与 T2。上述结果表明，在烟株生长后期，秸秆-腐熟有机肥 200kg 施加量可
有效提升烟株各部位干物质积累量，T4 在生育期后期干物质积累幅度低
于 T3。

表 6-20　腐熟有机肥不同用量对植株干物质积累量的影响

移栽后时间	处理	叶/g	茎/g	根/g	总重/g
20d	T1	0.90b	0.16c	0.20c	1.26b
	T2	1.31ab	0.23c	0.36ab	1.90ab
	T3	1.88a	0.44a	0.29c	2.61a
	T4	1.73a	0.36ab	0.52a	2.60a
40d	T1	33.20a	7.40a	4.86ab	45.45ab
	T2	26.15b	5.55a	3.26ab	34.96c
	T3	30.70ab	8.10a	2.24b	41.04bc
	T4	35.25a	8.20a	6.14a	49.59a
60d	T1	98.50b	65.56a	43.02a	206.86b
	T2	126.59ab	51.98a	41.29a	219.86ab
	T3	159.19a	82.58a	43.49a	284.78a
	T4	122.53ab	54.92a	43.27a	220.35ab
80d	T1	115.73b	70.69ab	84.30b	270.71b
	T2	85.64c	58.45b	51.58c	195.67c
	T3	136.34a	89.91ab	93.96ab	320.21a
	T4	120.63ab	78.1ab	106.65a	305.37a

（三）对烤烟质量构成的影响

1. 对烤烟物理性状的影响

从表 6-21 可见：（1）烤后 B2F 等级烟叶，叶长由高到低表现为 T4＞
T3＞T1＞T2，T4 显著高于其他处理；叶宽方面，T4 显著小于其他处理；单

叶重由高到低表现为 T4＞T3＞T2＞T1，叶片含梗率由高到低表现为 T2＞T3＞T4＞T1；叶片厚度由高到低表现为 T4＞T1＞T3＞T2。（2）C3F 等级烟叶中，叶长由高到低表现为 T4＞T3＞T1＞T2，叶宽由高到低表现为 T1＞T4＞T2＞T3，单叶重由高到低表现为 T4＞T3＞T2＞T1，叶片含梗率由高到低表现为 T1＞T2＞T3＞T4，叶片厚度由高到低表现为 T4＞T3＞T1＞T2，T4 农艺性状显著高于其他三个处理。（3）X2F 等级烟叶，单叶重由高到低表现为 T4＞T1＞T2＞T3，烟叶含梗率由高到低表现为 T3＞T1＞T2＞T4，T4 与其他处理的叶长、叶宽呈现显著差异。上述结果表明，随着施肥量的增加，单叶重和叶片厚度随之增加，而含梗率则呈下降趋势。

表 6-21　腐熟有机肥不同用量对烤烟物理性状的影响

等级	处理	叶长/cm	叶宽/cm	单叶重/g	含梗率/%	叶片厚度/mm
B2F	T1	56.73b	21.13a	10.52	32.15	0.194
	T2	56.07b	20.60a	10.88	36.65	0.184
	T3	57.20ab	21.53a	11.52	34.56	0.190
	T4	58.47a	19.60b	13.21	33.25	0.212
C3F	T1	57.93b	25.00a	9.19	33.00	0.154
	T2	55.53c	23.87ab	9.89	32.15	0.152
	T3	61.60a	23.27b	12.28	31.58	0.179
	T4	62.53a	24.87a	12.88	28.56	0.184
X2F	T1	53.47ab	22.13b	8.58	36.55	0.122
	T2	52.87b	22.20b	8.78	35.14	0.126
	T3	50.60c	23.20ab	9.54	38.24	0.126
	T4	54.53a	24.13a	10.64	33.05	0.141

2. 对烤烟化学成分的影响

如表 6-22 可见，T4 处理烟叶中总糖、还原糖的含量与其他处理均呈现显著性差异（$p < 0.05$），且在 B2F 等级中高于对照 T1 处理 24.68％、31.97％，在 C3F 中高于对照 T1 处理 14.38％、3.92％，且随着有机肥施用量的增加，总糖、还原糖的含量随之增加；总氮、烟碱含量规律与还原糖基本一致；钾含量在 B2F 等级中差异不显著，在 C3F 等级中，T4 处理钾含量显著高于 T1 处理，且高于 T1 处理 8.36％，有一定的增加；从氮碱比、糖碱比在 B2F 等级中的含量来看，施用有机肥较高的 T4 处理与对照差异显著，且更接近适宜范围。在烤烟可用性指数的对比中，有机肥处理得分均与对照差异显著，且 T4 处理得分最高。综合来看，施用有机肥最高的 T4 处理，更有利于

烤烟化学成分趋近于最优品质范围。

表 6-22 腐熟有机肥不同用量对烤烟化学成分的影响

等级	处理	总糖/%	还原糖/%	总氮/%	烟碱/%	钾含量/%	氯离子/%	钾氯比	氮碱比	糖碱比	淀粉/%	可用性指数/%
B2F	T1	21.56b	18.05b	1.68b	2.64c	2.76a	0.65b	4.25b	0.64a	6.84b	4.34a	67.48c
	T2	21.86b	18.15b	1.73b	2.92b	2.81a	0.57c	3.65c	0.59b	6.22c	4.37a	74.93b
	T3	22.14b	18.42b	1.77b	2.99b	2.74a	0.77a	4.81a	0.59b	6.16c	4.51a	75.83b
	T4	26.88a	23.82a	1.91a	3.28a	2.79a	0.66b	4.23b	0.58b	7.26a	4.48a	79.61a
C3F	T1	26.70c	22.96c	2.12c	2.38c	2.87b	0.80a	3.59c	0.89c	9.65c	3.57a	75.90c
	T2	27.16c	22.27b	2.21bc	2.70a	2.91b	0.66c	4.41a	0.82c	8.25d	3.50a	80.26c
	T3	29.80b	22.74b	2.38ab	2.19c	3.21a	0.85a	3.78b	1.09b	10.38b	3.52a	81.89b
	T4	30.54a	23.86a	2.48a	1.95d	3.11a	0.72b	4.32a	1.27a	12.24a	3.51a	86.23a

3. 对烤烟外观质量的影响

表 6-23 是对烤烟 C3F 等级烟叶的外观质量评价。颜色指标上各处理的表现为 T4＞T3＞T1＞T2，成熟度指标上各处理的表现为 T4＞T3＞T1＞T2，叶片结构上各处理的表现为 T4＞T3＞T1＞T2，身份指标上各处理的表现为 T4＞T3＞T1＞T2，油分指标上各处理的表现为 T4＞T3＞T1＞T2，色度指标上各处理的表现为 T4＞T3＞T1＞T2，外观质量总分上各处理的表现为 T4＞T3＞T1＞T2，前三者较 T2 分别增长了 3.66%、3.03% 和 2.17%，且 T4 和 T3 显著高于 T2 处理。

表 6-23 腐熟有机肥不同用量对烤后烟叶外观质量的影响

等级	处理	颜色	成熟度	叶片结构	身份	油分	色度	外观质量总分
C3F	T1	8.66	8.55	8.45	8.86	8.13	8.03	84.91
	T2	8.46	8.45	8.22	8.46	8.06	7.86	83.11
	T3	8.75	8.62	8.53	8.9	8.22	8.08	85.63
	T4	8.82	8.65	8.62	8.94	8.26	8.13	86.15

4. 对烤烟感官评吸质量的影响

由表 6-24 可知，T4 的评吸总分较 T1、T2、T3 处理分别提高 3.82%、3.56%、0.82%，这种差异主要体现在 T4 的香气质、香气量、杂气、刺激性、柔细度、余味和浓度等评吸指标要优于 T1、T2、T3。可见，垂直深耕结合施用腐熟有机肥可提高烟叶评吸质量，以 T4 的评吸总分最高。

表 6 - 24 腐熟有机肥不同用量对烤后烟叶评吸质量的影响

等级	处理	香气质	香气量	杂气	刺激性	透发性	柔细度	甜度	余味	浓度	劲头	总分
	T1	6.1	6.0	6.0	6.1	5.8	5.8	5.7	5.8	5.7	5.4	58.90
	T2	6.2	6.1	6.1	6.2	5.8	5.8	5.7	5.6	5.6	5.2	59.05
C3F	T3	6.3	6.2	6.2	6.3	5.8	5.9	6	5.9	5.8	5.6	60.65
	T4	6.3	6.2	6.3	6.3	6.0	6.0	6.1	6	6.1	5.7	61.15

5. 对烤烟产量及其构成的影响

从表 6 - 25 可见：（1）产量由高到低表现为 T3＞T2＞T4＞T1，T3 产量最高，高于 T1 42.51 个百分点。（2）T3 产值最高，达 3 616.02 元，比产值最低的 T1 高 36.38%，高于其他处理。（3）均价由高到低表现为 T3＞T2＞T4＞T1。（4）上等烟比例由高到低表现为 T3＞T1＞T4＞T2。T3 均价和上等烟比例最高，原因可能是其基础产量低。从产量、均价、产值综合考虑，T3 在烤后烟样的经济性状中更有优势，能有效地提高烤后烟样的经济性状。

表 6 - 25 腐熟有机肥不同用量对烤烟产量及其构成的影响

处理	产量/（kg/亩）	产值/（元/亩）	均价/（元/kg）	上等烟比例/%
T1	106.57	2 651.46	20.88	40.44
T2	151.42	3 461.46	22.86	29.02
T3	151.87	3 616.02	23.81	43.24
T4	149.58	3 393.97	22.69	39.90

（四）对植烟土壤养分的影响

1. 对土壤 pH 的影响

从表 6 - 26 可见，土壤 pH 随着时间的推移有不同程度的增加，在移栽 20d 时，T1 与 T2 显著高于 T3 与 T4；在移栽 40d 时，T2 显著高于其他处理；在移栽 60d 时，pH 由高到低表现出 T2＞T1＝T3＞T4，T2 显著高于其他处理；在移栽 80d 时，pH 由高到低表现为 T2＞T3＞T4＞T1，T2 显著高于其他处理。上述结果表明，在移栽 60～80d 期间，T2 处理 pH 都显著高于其他处理。

表 6 - 26 腐熟有机肥不同用量对土壤 pH 的影响

处理	20d	40d	60d	80d
T1	6.80a	7.22a	7.24b	7.03d
T2	6.78a	7.30b	7.41a	7.36a

（续）

处理	20d	40d	60d	80d
T3	6.67b	7.02c	7.24b	7.19b
T4	6.62c	6.76d	6.97c	7.12c

2. 对土壤有机质含量的影响

从表 6-27 可见：（1）移栽 20d 时，有机质含量由高到低表现为 T3＞T2＞T4＞T1，T1 显著低于其他处理。（2）移栽 40d 时，有机质含量由高到低表现为 T3＞T4＞T2＞T1，T3 与 T4 显著高于 T1 和 T2。（3）移栽 60d 时，有机质含量由高到低表现为 T3＞T4＞T2＞T1，但各处理间无显著差异。（4）移栽 80d 时，有机质含量由高到低表现为 T4＞T3＞T2＞T1，其中，T4 显著高于其他处理。上述结果表明，不同施肥处理土壤中有机质的含量随着时间的推移而增加；随着施肥量的增加，土壤中有机质的含量也随之增加。

表 6-27　腐熟有机肥不同用量对土壤有机质含量的影响

单位：g/kg

处理	20d	40d	60d	80d
T1	21.63b	29.93b	38.76a	38.69c
T2	25.97a	33.21ab	42.5a	47.63b
T3	26.57a	38.08a	44.8a	48.54b
T4	25.44a	35.52a	44.35a	54.05a

3. 对土壤全 N 含量的影响

从表 6-28 可见，随着移栽时间的推进，土壤全 N 含量随之增加。在移栽 20d 时，土壤全 N 含量由高到低表现为 T4＞T2＞T1＞T3，T3 显著低于其他处理；移栽 40d 时，土壤全 N 含量由高到低表现为 T2＞T1＞T3＞T4，T2 显著高于其他处理；移栽 60d 时，土壤全 N 含量由高到低表现为 T3＞T4＞T1＞T2，T3 与 T4 显著高于 T1 和 T2；移栽 80d 时，土壤全 N 由高到低表现为 T3＞T4＞T2＞T1，T3 显著高于其他处理。

表 6-28　腐熟有机肥不同用量对土壤全 N 含量的影响

单位：g/kg

处理	20d	40d	60d	80d
T1	3.62a	3.21b	3.70ab	3.69d
T2	3.68a	3.55a	3.13b	3.94c
T3	3.26b	3.10b	4.03a	4.44a
T4	3.75a	2.73c	3.88a	4.25b

4. 对土壤全 P 含量的影响

从表 6-29 可见，随着移栽时间的推进，土壤全 P 含量随之减少。在移栽 20d 时，土壤全 P 含量由高到低呈现为 T2＞T3＞T4＞T1，T2 显著高于其他处理；在 40d 时，土壤全 P 含量由高到低表现为 T1＞T4＞T2＞T3，T3 显著小于其他处理；在移栽 60d 时，土壤全 P 含量由高到低表现为 T4＞T1＞T2＞T3，四个处理间均呈现显著差异，T4 显著高于其他处理；移栽 80d 时，土壤全 P 含量由高到低呈现出 T1＞T2＞T3＞T4，T1 与 T2 中显著高于 T3 与 T4。

表 6-29　腐熟有机肥不同用量对土壤全 P 含量的影响

单位：g/kg

处理	20d	40d	60d	80d
T1	2.30b	2.28a	2.11ab	2.12a
T2	2.99a	2.22a	2.08b	2.09a
T3	2.48b	2.04b	1.95c	1.91b
T4	2.34b	2.23a	2.20a	1.78c

5. 对土壤全 K 含量的影响

从表 6-30 可见，在移栽 20d 时，土壤全 K 含量由高到低表现为 T3＞T1＞T2＞T4；在移栽 40d 时，土壤全 K 含量由高到低表现为 T3＞T2＞T4＞T1，但各处理土壤全 K 含量无显著差异；移栽 60d 时，土壤全 K 含量由高到低表现为 T4＞T3＞T2＞T1，T3 与 T4 显著高于 T1 与 T2；移栽 80d 时，土壤全 K 含量由高到低呈现出 T4＞T1＞T2＞T3，但各处理间无显著差异。

表 6-30　腐熟有机肥不同用量对土壤全 K 含量的影响

单位：g/kg

处理	20d	40d	60d	80d
T1	29.64a	21.77a	29.40b	29.05a
T2	28.92a	30.40a	31.85ab	28.93a
T3	29.93a	30.48a	33.27a	27.52a
T4	25.56a	29.20a	33.66a	29.35a

6. 对土壤碱解氮含量的影响

从表 6-31 可见：（1）移栽 20d 时，碱解氮含量由高到低表现为 T3＞T2＞T4＞T1，但各处理间无显著差异。（2）移栽 40d 时，碱解氮含量由高到低表现为 T1＞T2＞T4＞T3，但各处理间无显著差异。（3）移栽 60d 时，T3

碱解氮含量显著高于其他处理。（4）移栽 80d 时，碱解氮含量由高到低表现为 T3＞T4＞T1＞T2，但各处理间无显著性差异。

表 6-31　腐熟有机肥不同用量对土壤碱解氮含量的影响

单位：mg/kg

处理	20d	40d	60d	80d
T1	102.9a	99.4a	71.87b	70.26a
T2	131.6a	84.93a	88.9ab	64.87a
T3	140a	62.3a	119a	81.90a
T4	127.83a	77.23a	102.2ab	80.03a

7. 对土壤有效磷含量的影响

从表 6-32 可见：（1）移栽 20d 时，土壤有效磷含量由高到低表现为 T1＞T4＞T3＞T2，但各处理间无显著差异。（2）移栽 40d 时，有效磷含量由高到低表现为 T1＞T4＞T3＞T2，其中，T1 显著高于其他处理。（3）移栽 60d 时，T4 有效磷含量显著高于其他处理。（4）移栽 80d 时，T1 有效磷含量显著高于其他处理。

表 6-32　腐熟有机肥不同用量对土壤有效磷含量的影响

单位：mg/kg

处理	20d	40d	60d	80d
T1	128.33a	115.58a	49.26ab	67.28a
T2	107.03a	59.97c	45.41b	51.07bc
T3	119.76a	64.86c	46.46b	53.1b
T4	121.3a	77.83b	53.65a	49.04c

（五）对植株 N、P、K 元素含量的影响

从表 6-33 可见：（1）烟叶中 K 元素在移栽 60～80d 两个时期内均无显著性差异，T1、T2 的烟叶中 K 元素含量在移栽 60～80d 时增加，而 T3、T4 在移栽 60～80d 时减少；（2）根系中 K 元素在移栽 60～80d 时，由高到低表现为 T3＞T2＞T1＞T4，T4 显著低于其他处理；（3）茎中 K 元素含量在移栽 60d 时由高到低表现为 T4＞T2＞T3＞T1，在移栽 80d 时由高到低表现为 T4＞T3＞T1＞T2，且 T4 均显著性大于其他处理。

表 6-33　腐熟有机肥不同用量对植株 K 元素含量的影响

单位：g/kg

处理	叶		根		茎	
	60d	80d	60d	80d	60d	80d
T1	44.84a	55.43a	29.27a	27.35a	34.22b	29.27c
T2	48.73a	51.57a	31.31a	29.32a	35.81b	27.85d
T3	68.47a	44.33a	31.41a	29.52a	35.45b	31.7b
T4	55.02a	46.24a	24.43b	22.75b	40.35a	32.88a

从表 6-34 可见：（1）移栽 60d 时，茎中磷元素含量由高到低表现为 T4＞T3＞T2＞T1，T1 显著低于其他处理；移栽 80d 时，茎中磷元素含量由高到低表现为 T4＞T3＞T2＞T1，但各处理间均无显著差异。（2）移栽 60～80d 时，根系中 P 元素含量由高到低均表现为 T4＞T3＞T2＞T1，T4 显著高于其他处理；（3）在移栽 60d，烟叶中 P 元素含量由高到低表现为 T3＞T4＞T2＞T1，各处理间无显著差异，但在移栽 80d 时，烟叶中 P 元素含量由高到低表现为 T4＞T3＞T2＞T1，T3 与 T4 显著高于 T1 与 T2。

表 6-34　腐熟有机肥不同用量对植株 P 元素含量的影响

单位：g/kg

处理	茎		根		叶	
	60d	80d	60d	80d	60d	80d
T1	4.41b	3.99a	3.43b	3.33d	5.18a	4.50b
T2	5.20a	4.69a	3.91ab	3.78c	5.24a	4.68b
T3	5.24a	4.80a	4.59ab	4.34b	5.64a	5.49a
T4	5.27a	5.05a	5.04a	5.03a	5.52a	6.26a

从表 6-35 可见：（1）移栽 60d 时，茎中 N 元素含量由高到低表现为 T4＞T2＞T3＞T1，但各处理间无显著差异；移栽 80d 时，茎中 N 元素含量由高到低表现为 T4＞T3＞T1＞T2，T4 显著高于其他处理；（2）移栽 60d 时，根系中 N 元素含量由高到低表现为 T3＞T4＞T2＞T1，移栽 80d 时，N 元素含量由高到低表现为 T3＞T4＞T1＞T2，在移栽 60～80d 时，T3 与其他处理均表现出显著差异；（3）叶中 N 元素含量在移栽 60d 时各处理均无显著性差异，在移栽 80d 时，叶中 N 元素含量由高到低表现为 T4＞T2＞T3＞T1，T4 显著或极显著高于其他处理。

表 6 - 35　腐熟有机肥不同用量对植株 N 元素含量的影响

单位：g/kg

处理	茎		根		叶	
	60d	80d	60d	80d	60d	80d
T1	39.18a	33.29b	34.32c	32.50b	53.65a	37.08c
T2	42.1a	32.73b	35.05c	32.33b	52.04a	51.86ab
T3	40.91a	35.31ab	43.9a	39.51a	55.81a	46.07bc
T4	43a	38.77a	38.14b	34.06b	64.03a	59.92a

三、小结

（1）腐熟有机肥不同用量处理中，各处理间植株的生长发育并无显著差异，植株无冒长现象，无贪青晚熟现象。

（2）在烤烟生长发育前期，施肥量较少处理的烟株农艺性状要优于施肥量较高的处理。

（3）施用适宜用量秸秆腐熟有机肥有利于提高植株的干物质积累量，但过高则会导致干物质积累量的下降，最适宜的用量介于 200～300kg。

（4）各处理间碱解氮、有机质含量随着施肥量的增加而增加，综合来看，施用腐熟有机肥 200～300kg 时，土壤中养分能够得到最大的释放。

（5）从烟叶品质来看，施用有机肥 200kg 处理烤后烟叶单叶重增加，含梗率下降，烟叶化学可用性指数显著提高，外观质量和评吸质量评分最高。

（6）从经济性状来看，施用有机肥 200kg 处理均价、产量、产值和上等烟比例最高，综合比较来看，T3 处理烤后烟样的经济性状更有优势。

第四节　垂直深耕结合绿肥翻压对湖南浓香型烤烟产量和质量的影响

垂直深耕是在传统耕作的基础上，进一步深松耕层土壤，增强储水和保水能力，创造更适合作物生长发育的土壤和水分环境。在垂直深耕后，作物根系发达，植株健壮高大，光合效率提高，进而作物的产出率增加。紫云英是我国主要的豆科绿肥作物，不仅能向作物提供多种营养成分，还能增加土壤有机胶体含量，扩大土壤吸附表面积，并使土粒形成稳定性的团粒结构，从而增强保水、保肥和通透能力，提高土壤肥力。本节研究烟稻轮作区垂直深耕结合绿肥深翻压改善土壤耕作层，形成烟稻复种区垂直深耕及烟草-水稻-绿肥复种技术模式，为稻烟轮作区绿色土壤保育技术体系构建提供技术支撑。

一、材料与方法

（一）试验设计

在衡阳耒阳市选择水稻-烟草轮作模式的田块，选取耕作层厚度中等（12～15cm）的植烟田块（约4亩），土壤类型为壤质砂土，基础性状见表6-36，试验烤烟品种为G80，开展垂直深耕和绿肥种植田间小区试验。

试验设置6个处理：（1）CZ：垂直深耕；（2）CZL：垂直深耕＋紫云英；（3）CGL：旋耕＋紫云英；（4）CG：单独旋耕；（5）CK1：旋耕＋不施肥；（6）CK2：垂直深耕＋不施肥。各处理3次重复，共18小区，每小区面积约148m²。水稻收获后在烟田土壤水分适宜时完成机械垂直深耕和常规旋耕，紫云英施用量5kg/亩，与油菜混播，次年3月上旬完成移栽，移栽后10d左右进行中耕绿肥翻压，各处理其他田间管理均按当地生产技术方案执行。

表6-36 供试土壤基本理化性质

土层深度/cm	pH	有机质/(g/kg)	全氮/(g/kg)	全磷/(g/kg)	全钾/(g/kg)	碱解氮/(mg/kg)	有效磷/(mg/kg)	速效钾/(mg/kg)
10	6.9	55.51	2.39	1.00	16.33	197.12	31.75	113
20	6.8	52.37	2.30	0.90	15.58	193.29	25.24	67
30	7.3	50.79	2.22	0.69	14.48	172.24	10.13	57

（二）样品采集

土壤样品：分别在绿肥翻压前、烟苗移栽后20d、40d、60d、80d，采用土钻挖取每个小区0～40cm的耕层土壤（5点混合），共采集土样：绿肥翻压前18个＋4（时期）×6（处理数，每处理4～5点混合样）×3（重复数）＝90个土壤样品。

植株样品：在植株圆顶期（生物量积累峰值期）之前完成所有植株样品采集。在移栽后20d、40d、60d、80d的4个时期采集完整根系植株（每小区各取2株具代表性植株），各植株根、茎、叶分类杀青、烘干、称重、待测。共取植株样品：4（时期）×6（处理）×3（小区重复）×2（每处理取2株具代表性烟株）＝144株。

烤后烟叶样品：各小区烟叶单独挂牌烘烤，分级后各小区取中部叶（C3F）与上部叶（B2F）各0.5kg，共取烟样18kg，用于烟叶质量检测分析及评价。

（三）测定项目及方法

农艺性状调查：每个处理取 10 株以上烟株平均值，测定现蕾期、圆顶期（打顶后 10d 左右）株高、有效叶数、茎围、节距、最大叶长、最大叶宽、叶面积指数。以上指标调查参考《烟草农艺性状调查测量方法》（YC/T 142—2010）行业标准。

土壤理化指标：pH 测定采用 pH 法，有机质测定采用重铬酸钾法比色法，全磷测定采用钼锑抗比色法，详见鲍士旦主编的《土壤农化分析》（第三版）（中国农业出版社，2000）。

烟叶经济性状统计：各小区分别选定 30 株烟株挂牌烘烤，单独计产，按选定烟株所占面积折算亩产量、产值、中等烟比例、上等烟比例等。

物理特性指标包括叶长、叶宽、单叶重、含梗率。

烟叶感官评吸质量：采用前人研究的感官评吸指标，由湖南中烟工业有限责任公司技术中心组织 5 名感官评吸专家进行赋分。采用加权法计算感官评吸总分，分别将香气质、香气量、杂气、刺激性、透发性、柔细度、甜度、余味、浓度、劲头指标赋予 15%、15%、10%、10%、10%、10%、10%、10%、5%、5%的权重。

（四）数据分析

采用 IBM SPSS Statistics 24.0 分析数据和检验显著性，采用 Microsoft Office Excel 2017 处理数据和制图。

二、结果与分析

（一）烤烟生长状态差异

由表 6-37 可知，生育前期（移栽后 20～40d），垂直深耕种植绿肥处理烟株农艺性状与常规耕作处理均不存在显著差异；但移栽后 60d，垂直深耕种植绿肥处理烟株农艺性状优于常规耕作处理。

表 6-37　垂直深耕后绿肥翻压对烤烟农艺性状的影响

移栽后时间	处理	株高/cm	茎围/cm	最大叶长/cm	最大叶宽/cm	最大叶面积/cm²	单株叶片数/片
20d	CZ	14.34a	3.56b	29.73b	11.91a	354.08c	7.2b
	CZL	16.64a	3.57b	32.34ab	13.17a	425.92a	7.1b

（续）

移栽后时间	处理	株高/cm	茎围/cm	最大叶长/cm	最大叶宽/cm	最大叶面积/cm²	单株叶数/片
20d	CGL	14.49a	4.00a	32.94a	13.16a	433.49a	8.4a
	CG	14.40a	3.97ab	31.06ab	13.24a	411.23ab	7.6ab
	CK1	4.83b	2.59c	12.94c	4.89b	63.28d	5.4c
	CK2	3.89b	1.75d	10.85c	3.72b	40.36d	5.0c
40d	CZ	86.12ab	8.30ab	65.50a	31.77a	2 080.94a	17.7a
	CZL	80.59b	8.31ab	66.57a	33.61a	2 237.42a	17.6a
	CGL	82.44b	7.96a	65.62a	32.42a	2 127.40a	17.3a
	CG	91.44a	8.63a	68.24a	32.53a	2 219.85a	18.4a
	CK1	36.56c	6.93c	50.64b	26.23b	1 328.29b	12.3b
	CK2	34.41c	6.71c	49.81b	24.73b	1 231.95b	12.9b
60d	CZ	97.52b	9.80a	72.54a	34.42a	2 496.83a	17.3a
	CZL	99.19ab	9.78a	72.42a	34.77a	2 517.80a	17.0ab
	CGL	101.50ab	9.09a	71.66a	32.71ab	2 344.00a	17.8a
	CG	88.34b	9.19a	72.51a	33.90a	2 458.09a	17.1ab
	CK1	75.79c	7.84c	58.89b	30.90c	1 819.70b	16.6b
	CK2	58.39c	7.73c	57.01b	26.57d	1 514.76c	15.8b

由图 6-12 可知，垂直深耕后绿肥种植有利于烟株后期干物质的积累。移栽后 60～80d，垂直深耕＋紫云英处理烟株干物质积累速率最高，叶和植株总干重分别为 2.32g/d 和 6.07g/d，均高于其他处理。

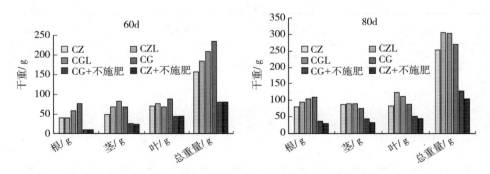

图 6-12　垂直深耕后绿肥翻压对烤烟干物质量积累的影响

由表 6-38 可知，移栽后 60d 烟株各部位 N 元素含量为叶＞茎＞根，移栽后 80d 各部位 N 元素含量为根＞叶＞茎；绿肥种植生育后期效应明显：移栽后 80d，垂直深耕＋紫云英处理烟株总吸 N 量、单株干物质积累量以及氮肥偏生产力均表现最好，但绿肥效应小于耕作方式效应。

表 6-38　垂直深耕后绿肥翻压对烤烟各部位氮元素吸收及释放的影响

移栽后时间	处理	根/g	茎/g	叶/g	单株吸 N 元素量/（g/株）	单株干重/g	氮肥偏生产力/（g/kg）
60d	CZ	1.12	1.01	2.26	2.49	156.11	15.61
	CZL	0.90	2.42	2.93	4.25	185.09	18.51
	CGL	0.99	2.20	2.55	4.12	208.37	20.84
	CG	2.17	2.71	3.23	6.39	233.82	23.38
	CK1	0.31	0.54	1.35	0.76	78.81	—
	CK2	0.32	0.65	1.50	0.84	79.69	—
80d	CZ	1.57	2.53	1.64	4.87	252.62	25.26
	CZL	2.42	1.75	2.32	6.71	306.53	30.65
	CGL	2.65	2.28	2.06	7.09	304.19	30.42
	CG	1.77	2.38	1.58	5.09	271.14	27.11
	CK1	0.86	1.22	0.71	1.20	130.72	—
	CK2	0.69	0.63	1.19	0.92	105.39	—

由表 6-39 可知，移栽 60d 与 80d 后，垂直深耕＋紫云英处理根系下扎深度最大；种植紫云英处理（垂直深耕＋紫云英和旋耕＋紫云英）烟株根系下扎深度较不种植紫云英处理（垂直深耕和单独旋耕）平均高 5.27％。

表 6-39　垂直深耕后绿肥翻压对烤烟根系下扎深度的影响

单位：cm

处理	移栽后 40d	移栽后 60d	移栽后 80d
CZ	13.0	25.0	26.5
CZL	15.0	28.0	28.9
CGL	17.0	26.0	27.0
CG	16.0	25.0	26.6
CK1	10.0	22.0	23.0
CK2	10.0	18.0	19.0

（二）植烟土壤化学成分差异

从表 6-40 来看，移栽 20d 和 40d 垂直深耕处理土壤有机质含量显著低于

CGL 和 CG，CZL 与 CGL、CG 无显著差异；移栽 40～60d，CZ 增长了 23.00g/kg，增长幅度最大，CZL 在移栽 80d 时与 CGL、CG 无显著差异。湖南省烤烟种植土壤最适合 pH 为 5.6～7.0，各处理 pH 均处在这个范围之中。根据湖南省植烟土壤养分分级标准，有效磷最适宜范围为 10～20mg/kg，各处理有效磷含量均高于这个标准，处于高、极高水平。

表 6-40　垂直深耕后绿肥翻压对土壤理化性质的影响

指标	处理	20d	40d	60d	80d
有机质/（g/kg）	CZ	26.42c	27.62a	50.63a	42.19c
	CZL	33.86a	32.68a	48.08ab	46.61ab
	CGL	38.65a	31.93a	42.93cd	46.10ab
	CG	32.54ab	30.04a	38.57d	52.21a
	CK1	32.61ab	28.83a	43.72bc	48.87ab
	CK2	34.01a	30.23a	42.59cd	48.70ab
pH	CZ	6.03	5.96	6.02	6.03
	CZL	6.07	6.27	6.30	6.12
	CGL	6.07	5.79	6.32	6.29
	CG	5.92	5.27	6.38	6.20
	CK1	6.48	6.15	6.19	6.44
	CK2	6.12	6.10	6.32	6.26
有效磷/（mg/kg）	CZ	27.17f	46.16ab	43.03a	62.48a
	CZL	44.81b	34.78c	36.76c	50.94c
	CGL	67.72a	52.42ab	37.59c	34.29d
	CG	41.18c	59.02a	40.88b	57.20b
	CK1	30.46e	38.58bc	24.89d	26.38e
	CK2	38.05d	30.17c	22.42e	26.87e

（三）烤烟产量和质量差异

由表 6-41 可知，各处理的叶长无显著差异，但其他指标均呈显著差异。垂直深耕和常规耕作处理的叶宽显著高于其他处理；单叶重以垂直深耕结合紫云英处理最高，显著高于垂直深耕和常规耕作，分别高出 19.61% 和 25.66%；垂直深耕结合紫云英处理的含梗率低于其他处理，比常规耕作、旋耕＋紫云英和垂直深耕分别低了 12.9 个、10 个和 6.89 个百分点。表明垂直深耕结合紫云英处理有利于降低烟叶含梗率和提高烟叶单叶重。

表 6－41　垂直深耕后绿肥翻压对烤烟物理性状的影响

处理	叶长/cm	叶宽/cm	单叶重/g	含梗率/%
CZ	65.17a	24.83a	10.81b	29ab
CZL	64.67a	21.00b	12.93a	27b
CGL	65.83a	21.33b	11.48ab	30a
CG	64.83a	23.17a	10.29b	31a

表 6－42 是对烤烟 C3F 等级烟叶的外观质量评价。颜色指标上各处理的表现为 CGL＞CZL＞CZ＞CG，成熟度指标上各处理的表现为 CGL＞CZL＞CZ＞CG，叶片结构上各处理的表现为 CGL＞CZL＞CZ＞CG，身份指标上各处理的表现为 CGL＞CZL＞CZ＞CG，油分指标上各处理的表现为 CGL＞CZL＞CZ＞CG，色度指标上各处理的表现为 CGL＞CZL＞CZ＞CG，外观质量总分上各处理的表现为 CGL＞CZL＞CZ＞CG，前三者较 CG 分别增加了 3.34%、2.53%和1.24%，CGL 和 CZL 显著高于 CG 处理。

表 6－42　垂直深耕后绿肥翻压对烤后烟叶外观质量的影响

等级	处理	颜色	成熟度	叶片结构	身份	油分	色度	外观质量总分
C3F	CZ	8.68	8.54	8.29	8.51	8.06	7.96	84.09
	CZL	8.72	8.61	8.53	8.64	8.18	8.06	85.16
	CGL	8.83	8.68	8.54	8.68	8.25	8.15	85.83
	CG	8.52	8.42	8.25	8.41	8.01	7.86	83.06

由表 6－43 可知，CGL 的评吸总分较 CZ、CZL、CG 处理分别提高 0.41%、0.66%、1.93%，这种差异主要体现在 CGL 处理的香气质、香气量、杂气、柔细度、透发性、甜度和浓度等评吸指标要优于 CZ、CZL、CG 处理。可见，CGL 处理可提高烟叶评吸质量，并获最高评吸总分。

表 6－43　垂直深耕后绿肥翻压对烤后烟叶评吸质量的影响

等级	处理	香气质	香气量	杂气	刺激性	透发性	柔细度	甜度	余味	浓度	劲头	总分
C3F	CZ	6.3	6.1	5.8	6.1	6.1	5.8	6.2	6.4	5.4	5.7	60.55
	CZL	6.4	5.9	5.9	6.0	6.1	6.1	6.2	6.2	5.4	5.5	60.40
	CGL	6.4	6.1	5.9	5.9	6.2	6.1	6.1	6.3	5.6	5.7	60.80
	CG	6.2	6.0	5.8	6.0	6.0	5.9	6.1	6.2	5.3	5.4	59.65

由表 6－44 可知，绿肥翻压处理（垂直深耕＋紫云英和旋耕＋紫云英）烟

叶产量较垂直深耕和单独旋耕处理高；垂直深耕＋紫云英处理烟叶均价和中上等烟比例均为最高，分别为 22.85 元/kg 和 93.5％。

表 6-44　垂直深耕后绿肥翻压对烤烟经济性状的影响

垂直深耕	产量/ （kg/667m²）	产值/ （元/667m²）	均价/ （元/kg）	中上等烟比例/ ％
CZ	147.6	3 259.01	22.08	91.8
CZL	152.7	3 489.20	22.85	93.5
CGL	150.0	3 324.00	22.16	92.4
CG	143.5	3 165.61	22.06	91.7

三、小结

（1）垂直深耕与绿肥翻压可显著促进烟株后期的生长发育，有利于促进烟株生育后期生物量与干物质积累，但绿肥效应小于耕作方式效应，而两者结合效果更为显著。

（2）垂直深耕有利于降低烟叶含梗率，绿肥翻压有利于提高烤后中部烟叶单叶重；垂直深耕结合绿肥翻压可显著提高烤后烟叶外观质量和评吸质量。

（3）绿肥翻压处理（垂直深耕＋紫云英和旋耕＋紫云英）烟叶产量较垂直深耕和单独旋耕处理高。

第五节　垂直深耕结合稻草深埋对湖南
浓香型烤烟产量和质量的影响

秸秆还田已成为农业生产上的一项强制性措施。秸秆作为一种高性价比的农业废弃物，对改善土壤结构、提高土壤肥力具有重要作用，同时也有研究表明，秸秆还田在减少水土流失和养分流失方面也具有重要作用。本节拟通过垂直深耕结合秸秆还田，探讨其对浓香型烤烟生长发育的影响，以期为秸秆还田与垂直深耕进一步合理结合提供一定的理论依据。

一、材料与方法

（一）试验地点

试验地点为郴州市桂阳县仁义乡梧桐村，供试品种为湘烟 5 号，试验土壤为鸭屎泥，质地为壤土，前作为水稻，其基本理化性状为：pH 7.60，全 N 含量 2.02g/kg，全 P 含量 1.14g/kg，全 K 含量 22.08g/kg，有机质含量 43.25g/kg，碱解氮含量 164.59mg/kg，有效磷含量 52.79mg/kg，速效钾含量 405.00mg/kg。

（二）试验设计

试验设置 4 个处理：

T1：秸秆还田＋垂直深耕；

T2：秸秆还田＋垂直深耕＋不施肥；

T3：秸秆还田＋常规耕作＋不施肥；

T4：秸秆还田＋常规耕作。

秸秆还田量为 $30t/hm^2$；施肥方法：试验未施基肥，整个烤烟生长进程追肥 7 次，每个处理共追施 K_2SO_4 15kg/亩，试验用苗均为漂浮育苗，于 3 月 18 日统一移栽，7 月 8 日完成采收，株行距为 50cm×120cm，田间管理参照当地优质烟生产技术手册执行。

（三）样品采集

参照本章第四节。

（四）数据分析

采用 Microsoft Excel 2017 进行图表绘制，运用 IBM Statistics SPSS 24.0 进行统计分析，多重比较方法采用新复极差（SSR）法。

二、结果分析

（一）烟株表型差异

由图 6-13 可知，T1 的烟株长势明显较好于其他处理，表现为叶片饱满、根系发达；T2 和 T3 因为不施肥，导致养分供给不足，从而使烟株长势矮小，根系不发达，但 T2 略优于 T3。综合分析表明，各处理长势的优劣表现为 T1＞T4＞T2＞T3，说明垂直深耕结合秸秆还田最有利于烤烟生育前期的生长。

图 6-13　垂直深耕结合秸秆还田对烟株表型的影响

（二）烟株农艺性状差异

由表 6 - 45 可知，在同样秸秆还田且正常施肥的情况下，在移栽后 40d 时，T1 的叶片数和最大叶长显著大于 T4；在移栽 60d 时，T1 的最大叶长和最大叶面积显著大于 T4；而在同样秸秆还田都不施肥的情况下，移栽 40d 时，T2 的株高、最大叶长、最大叶宽和最大叶面积都显著大于 T3；移栽 60d 时，T2 的最大叶长、最大叶宽和最大叶面积都显著大于 T3。表明在同样秸秆还田的情况下，垂直深耕能显著提高正常施肥处理的最大叶长和最大叶面积，而在同样秸秆还田但不施肥的情况下，垂直深耕处理的多项指标都显著优于常规处理。

表 6 - 45 垂直深耕结合秸秆还田对烤烟农艺性状的影响

移栽后时间	处理	株高/cm	叶片数/片	最大叶长/cm	最大叶宽/cm	最大叶面积/cm²
40d	T1	35.70a	12.0a	56.93a	32.11a	1 136.00a
	T2	21.97b	9.9b	42.24c	23.60b	615.66b
	T3	8.52c	9.9b	26.19d	9.70c	140.06c
	T4	35.10a	10.0b	52.60b	31.44a	1 072.36a
60d	T1	81.67a	15.0a	65.20a	31.27a	1 293.98a
	T2	29.67b	13.0b	48.03c	23.20b	705.84c
	T3	21.33b	12.3b	36.37d	13.80c	320.18d
	T4	79.00a	15.0a	58.83b	30.73a	1 147.22b

（三）烤烟根系生长差异

由表 6 - 46 可知，T1 在移栽 20d、40d 和 60d 时根系下扎深度显著大于 T4，T2 在移栽 20d、40d 和 60d 时根系下扎深度显著大于 T3，表明在秸秆还田情况下，垂直深耕处理更有利于烤烟前期根系的生长。

表 6 - 46 垂直深耕结合秸秆还田对烤烟根系下扎深度的影响

移栽后时间	处理	深度/cm	移栽后时间	处理	深度/cm	移栽后时间	处理	深度/cm
20d	T1	12.07a	40d	T1	31.23a	60d	T1	37.57a
	T2	10.20b		T2	22.80b		T2	32.43b
	T3	5.57c		T3	18.87c		T3	27.57c
	T4	4.37c		T4	23.53b		T4	31.60b

（四）烤烟干物质积累量差异

由表 6-47 可知，在移栽 40d 和 60d 时，T1 干物质总量显著大于 T4，T2 的干物质总量显著大于 T3，说明在秸秆还田的情况下，垂直深耕处理在移栽后 40d 和 60d 时烟株能积累的干物质总量更高。

表 6-47　垂直深耕结合秸秆还田对烤烟干物质积累的影响

移栽后时间	处理	干重/g	移栽后时间	处理	干重/g
40d	T1	60.45a	60d	T1	188.40a
	T2	19.13c		T2	51.39c
	T3	10.18d		T3	22.48d
	T4	47.72b		T4	151.88b

（五）不同处理对烤烟经济性状的影响

由表 6-48 可知，T1 的产量、产值和上等烟比例分别比 T4 显著高出 5.85%、9.41% 和 6.67%。

表 6-48　垂直深耕结合秸秆还田对烤烟经济性状的影响

处理	产量/（kg/亩）	产值/（元/亩）	上等烟比例/%
T1	137.61±3.50a	3 662.91±125.4a	48.13±2.60a
T4	130.02±4.61b	3 347.82±151.8b	45.12±2.32b

三、小结

（1）秸秆还田＋垂直深耕的烟叶长势最佳，其次为秸秆还田＋常规耕作，再次为秸秆还田＋垂直深耕＋不施肥，最差的为秸秆还田＋常规耕作＋不施肥。

（2）在同样秸秆还田的情况下，垂直深耕能显著提高正常施肥处理的最大叶长和最大叶面积；在同样秸秆还田但不施肥的情况下，垂直深耕处理的多项指标都显著优于常规处理。

（3）在秸秆还田情况下，无论施肥与否，垂直深耕处理均有利于烤烟前期根系的生长和干物质积累。

（4）垂直深耕结合秸秆还田的产量、产值和上等烟比例均比秸秆还田＋常规耕作的要高。

第七章

湖南浓香型烟区全耕层土壤
立体保育技术示范推广

第一节　土壤养分调控技术规程

集成以"有机质分布特征＋有机质适宜区间"为基础的植烟土壤养分调控技术，并结合湘南和湘西各自生态特征，形成了两套烟叶增香提质技术规程，即湖南山地烟区"绿肥还田＋饼肥配施"为基础的烟叶增香提质技术规程，湖南烟稻复种区"稻草还田＋饼肥配施"为基础的烟叶增香提质技术规程。

一、湖南烟稻复种区外源有机物料增香提质技术规程

(一) 范围

本规程规定了烟田稻草还田、增施饼肥的技术要求。

本规程适用于湖南省永州市烟田土壤保育与烤烟生产。

(二) 目标要求

通过采取稻草还田、增施饼肥等措施，用地与养地相结合，协调植烟土壤pH、有机质含量，改良土壤理化性状，改善烤烟营养环境，达到促进永州烟叶增香提质和可持续生产目的。

(三) 稻草还田方法

1. 稻草直接翻压入田

晚稻收割后，将干稻草均匀抛撒田面，为促进秸秆快速腐解，可以在稻草面上均匀撒施秸秆腐熟剂，每 0.067hm² 烟田撒施腐熟剂 2.5～3kg，而后灌水浸泡 10～15d。待浸泡的稻草软化后，用旋耕机将稻草打烂，再待溶田的水自然蒸发干后，用翻耕机具将稻草连同根茬一起翻耕入土，翻耕深度 15～20cm。

稻草直接还田用量：高有机质烟田（＞45g/kg），40%本田稻草还田量，

氮肥减施 10%；中等有机质烟田（30～45g/kg），70%本田稻草还田量，氮肥不减施。

2. 稻草覆盖还田

稻草预处理：晚稻收割后，将稻草直接堆放在田头空地上。及早做好冬前翻耕和开春整地起垄工作，于烟田起垄后，将用于覆盖的稻草预先均匀地放在垄沟内，使稻草在覆盖前接受充分的雨水浸泡，有利于提高覆盖效果。稻草放垄沟的时间宜选在烟苗移栽前 20d 以上。

稻草覆盖方法：在烟苗移栽施肥后或在开穴施肥后移栽前，将稻草散乱地平铺在烟垄上，厚薄要均匀，稻草压实，烟苗根系周围要适当盖严，同时露出烟苗地上部分。稻草覆盖用量和直接翻压还田用量相同。

（四）发酵饼肥施用方法

发酵优质饼肥质量要求：菜籽饼比例为 100%，产品均匀疏松，无结块现象，无臭味，杂质率≤0.1%；氮磷钾（$N+P_2O_5+K_2O$）总养分（以干基计）含量≥8%；有效活菌数≥0.2 亿/g；有机质（以干基计）含量 70%～95%；脂肪酸含量≥2%；水分（H_2O）含量≤30%；酸碱度（pH）4.0～7.0；电导率≤9 000μS/cm，铵态氮含量≤1%，酰胺态氮、硝态氮检测不到；重金属限量符合《烟用肥料　重金属限量》（YQ 23—2013）规定。

饼肥施用方法：烟田起垄打穴后、移栽前，将全部饼肥（一般为菜籽饼肥）和做穴肥的基肥充分拌匀，施入种植穴内，等待移栽。

饼肥用量：中等有机质烟田（30～45g/kg），在稻草还田的基础上，配施饼肥 375kg/hm²。高有机质烟田（＞45g/kg）无需施用饼肥。

（五）主要配套措施

1. 冬前土壤深翻晒垡

每年的 12 月底之前将规划种烟的田块进行深翻，尽可能使用大型翻耕机深翻，深度应达到 20cm 以上，通过冬前深翻冻垡和晒垡，以达到逐步疏松土壤、加厚耕层的目的。翻耕后不要马上起垄，使土壤有充分的冻垡和晒垡时间，移栽前进行起垄。

2. 烟田施肥

（1）肥料种类。烤烟专用配方基肥；烤烟专用追肥；烤烟全营养基追一体肥；提苗肥；硫酸钾；过磷酸钙（偏碱土壤用）或钙镁磷肥（偏酸土壤用）。

（2）肥料用量及基追肥比例。烟田总氮用量为 9.0～10.0kg/亩，肥料配方为 N：P_2O_5：K_2O=1：0.8～1.2：2.5～3.0。稻草覆盖基追肥比例应做相应调整，基肥中氮、钾肥比例分别为其使用总量的 50%、40%为宜，磷肥全部做基肥。

（3）基肥使用方法。采用"101"施肥法或双层施肥法。

（4）追肥方式及时期。追肥使用方法视天气情况而定，在雨季或土壤水分充足的情况下，追肥要以开穴干施为主，穴深 0.15m 左右，在土壤缺水的情况下应以浇施为主，并且应先将稻草拨开后再浇施肥水，而后将稻草恢复原位，杜绝在稻草上直接浇施肥料，以免造成肥料大量流失及烧苗现象。

3. 大田管理

（1）培土。烟株进入团棵期，需摘掉最下面 2～3 片底脚叶，及时培土，稻草覆盖烟田培土时稻草不必拿开，可直接将土培在稻草上。烟株茎基部周围要封严、高培土，以产生更多不定根，并提高烟株抗倒伏能力。同时及时清除田间杂草。

（2）排灌。稻草覆盖烟田，由于风吹雨淋，稻草易散落垄沟，因此雨季应及时清沟排水，做到雨停沟干；旱时要注意浇灌，并根据烤烟生长不同时期需水规律进行灌溉；还苗期水分要充足，保持土壤相对含水量 80%；伸根期应适当控水，保持土壤相对含水量 60%～65%；旺长期则应充足供水，达到土壤相对含水量 80% 左右；成熟期干旱常导致上部叶开片不充分，烟叶可用性差，需注意灌水，保持土壤相对含水量 70%～75% 为宜。

二、湘西植烟区绿肥还田及其配套技术规程

（一）适用范围

本技术规程规定了湘西植烟区适宜品种、播种、施肥和管理的绿肥还田及其配套技术应用，适用于湘西土家族苗族自治州土壤有机质含量小于 25g/kg 的植烟田块，用于提升烟区烤烟品质并改良土壤质量。

（二）整地

烟叶采收完毕后及时灭茬，根据土壤墒情及气候变化适时深耕，以犁破底层（25cm 以上）为宜，以增加耕层深度，蓄水保墒，消灭虫卵及杂草种子。

（三）绿肥品种

适宜湘西植烟区播种的绿肥作物为箭筈豌豆、黑麦草。

（四）种子处理

为提高绿肥播后齐苗、壮苗，在播种前先选择晴天晒种 1～2d，提高种子活力；其次准备好拌种肥土，即每亩钙镁磷肥 15kg 加适量细干土混合堆沤

4～5d，然后与绿肥种子拌匀播种。

（五）播种时间及播种量

播种适期在 10 月上、中旬，播种方式为撒播，播种量每亩 3～4kg。

（六）合理施肥

立春节气后每亩施尿素 5kg，促进春发。

（七）翻压时间及方式

及时翻耕还田，亩产量达 1 500～2 000kg。一般在 3 月下旬翻压，要与烟苗移栽保证 30d 的时间间隔以利腐解，防治绿肥产生有毒物质影响烟苗生长。采用先耙后翻的方式，先用圆盘耙将绿肥打碎，然后用旋耕犁翻压。

（八）翻压深度

绿肥翻压深度一般为 15～20cm。

（九）移栽前施肥起垄

移栽前 5～10d 起垄，垄距 120cm，垄高 30cm 左右，垄顶呈尖形。
施肥种类及施肥量：每亩氮用量 7.6kg，P_2O_5 11kg，K_2O 19kg，发酵饼肥 15kg。

（十）移栽

于 5 月 5—10 日移栽，栽后实行垄上地膜覆盖。

（十一）其他管理措施

其他管理措施同普通烟田。

第二节　土壤耕层调控技术规程

集成以"垂直深耕"为基础的植烟土壤耕层调控技术，并结合湖南烟稻复种区种植特点，形成了基于垂直深耕的耕层重构技术体系，即垂直深耕结合减氮施肥技术规程，垂直深耕结合绿肥深翻压、秸秆深埋技术规程和土壤全耕层快速培肥技术体系，集成了湖南植烟土壤合理耕层构建与土壤培肥关键技术体系。

一、湖南烟稻复种区垂直深耕技术规程

（一）范围

本标准规定了垂直深耕时间、方法等技术要求。

本规程适用于郴州市烟草专卖局（公司）烟叶生产经营部、烟叶生产技术中心、市（县）级分公司、烟草站。

（二）目标要求

垂直深耕的目的在于深松耕层，改良土壤理化特性，改善土壤通透性和保肥蓄墒能力，调节土壤的水、肥、气、热，改善土壤环境以促进作物的生长发育，构建资源节约型、环境友好型、清洁环保型优质烟叶生产模式，对绿色生态优质烟叶创新发展是一个重要的探索和实践，对促进湖南烟叶生产可持续发展具有重大意义。

（三）烟田的选择

烟田宜选择地势相对平缓、面积较大、排灌方便，远离工业等污染区，前茬非茄科、十字花科、葫芦科等农作物的地块。

（四）垂直深耕的方法

1. 耕作时间

耕作时间一般在 12 月至次年 1 月最适宜，稻烟轮作区于晚稻成熟后期及时沥水，收获后晒田即可及时进行垂直深耕，提高地温、疏松土壤。

2. 耕作深度

垂直深耕的深度旱地不低于 40cm、水田不低于 30cm。

3. 垂直深耕的原则

（1）耕作宜早，要均匀；

（2）结合秸秆深埋与"碳短板"补齐培肥技术；

（3）注意处理田间杂草、病残植物体。

（五）起垄

1. 起垄时间

一般情况下，在烟苗移栽前 15～20d 起垄为宜。

2. 起垄高度和行距

起垄高度不低于 30cm；围沟或十字沟应比垄沟深 5～10cm，便于排水。

行距：稻田为 1.2m，旱地为 1.1m。

3. 垒体行向

烟垒的走向要按照地形合理安排，一般其走向要顺着当地经常出现的风向、水流进行起垒，以利加快烟田内空气流通和排灌。

（六）其他要求

（1）垒直沟平土细，深浅一致，排灌顺畅；

（2）垒体高大饱满，呈龟背形。

（七）检查与考核

序号	指标名称	指标值	计算方法	统计周期	数据来源	统计部门	责任岗位
1	耕层深度	不低于30cm	现场用卷尺测量	年度	烟叶生产检查通报	烟叶生产经营部	技术员

（八）支持文件

垂直深耕技术所用垂直深耕机由广西五丰机械有限公司提供，并与合作单位申请小型化垂直深耕机发明专利 1 项。

二、湖南烟稻复种区垂直深耕减氮施肥技术规程

（一）范围

本规程规定了垂直深耕后具体肥料施用的技术要求。

本规程适用于郴州市烟草专卖局（公司）烟叶生产经营部、烟叶生产技术中心、市（县）级分公司、烟草站。

（二）目标要求

通过垂直深耕，改良土壤物理环境，激发土壤潜在养分，为烟株根系生长创造良好条件，以促进根系对土壤养分的吸收和利用，从而达到化学肥料的减量施用，减少生产成本的目的。

（三）烟田的选择

烟田宜选择地势相对平缓、面积较大、排灌方便、远离工业等污染区，前茬非茄科、十字花科、葫芦科等农作物，适宜垂直深耕的田块。

（四）减氮施用的原则

在烤烟种植阶段，高肥力田块（有机质含量≥35g/kg）减施纯氮 1.5～2.0kg/亩，中肥力田块（有机质含量 15～35g/kg）减施纯氮 1.0～1.5kg/亩，低肥力田块（有机质含量 10～15g/kg）减施纯氮 0.5～1.0kg/亩。

（五）肥料种类和施用量

1. 肥料种类
专用基肥、专用追肥、饼肥、提苗肥、硫酸钾、过磷酸钙。

2. 肥料用量
根据不同产区的建议施肥量，结合大田实际肥力情况，在高肥力田块施用的基追肥相应减少 20%～30%，中肥力田块施用的基追肥相应减少 10%～20%，低肥力田块施用的基追肥相应减少 5%～10%。

（六）其他要求

（1）垄直、沟平、土细，深浅一致，排灌顺畅；

（2）垄体高大饱满，呈龟背形。

（七）检查与考核

序号	指标名称	指标值	计算方法	统计周期	数据来源	统计部门	责任岗位
1	氮肥利用率	提高 8% 以上	烟株氮素利用率	年度	烟叶生产检查通报	烟叶生产经营部	技术员
2	烟叶产量	不显著降低烟叶产量	现场统计	年度	烟叶生产检查通报	烟叶生产经营部	技术员

（八）附录（资料性附录）

无。

三、湖南烟稻复种区基于机械深松的秸秆深埋技术规程

（一）适用范围

本标准规定了秸秆深埋时间、方法等技术要求，适用于烟稻轮作区。

本规程适用于郴州市烟草专卖局（公司）烟叶生产经营部、烟叶生产技术中心、市（县）级分公司、烟草站。

（二）目标要求

晚稻收获后，通过秸秆留茬，利用机械深松深耕的方式，将水稻秸秆深埋进入土壤中，除保障作物生长发育所需养分之外，还可改良土壤理化特性，改善土壤内部微生物环境，增加土壤内部微生物群落，缓解由于施用无机肥所带来的土壤压力，调节土壤的水、肥、气、热，保障作物的良好发育环境，从而构建绿色型，资源节约型，环境友好型优质烟叶生产模式，对绿色生态优质烟叶创新发展是一个重要的探索和实践。

（三）烟田的选择

烟田宜选择地势相对平缓、面积较大、排灌方便，远离工业等污染区，前茬为水稻作物的田块，水稻收获时需保留稻茬高度在 30～40cm。

（四）秸秆深埋的方法

1. 深埋时间

深埋时间一般在当年 12 月至次年 1 月最适宜，稻烟轮作区于晚稻成熟后期及时沥水，收获后晒田即可及时进行垂直深耕，提高地温、疏松土壤。

2. 深埋深度

深埋深度在旱地不低于 40cm、水田不低于 30cm。

3. 深埋原则

（1）耕作宜早，要均匀；

（2）与垂直深耕技术相结合；

（3）注意处理田间杂草、病残植物体。

（五）起垄

1. 起垄时间

一般情况下，在烟苗移栽前 15～20d 起垄为宜。

2. 起垄高度和行距

起垄高度不低于 30cm；围沟或十字沟应比垄沟深 5～10cm，便于排水。

行距：稻田为 1.2m，旱地为 1.1m。

3. 垄体行向

烟垄的走向要按照地形合理安排，一般要顺着当地经常出现的风向、水流进行起垄，以利加快烟田内空气流通和排灌。

（六）其他要求

（1）垄直沟平土细，深浅一致，排灌顺畅；

（2）垄体高大饱满，呈龟背形。

（七）检查与考核

序号	指标名称	指标值	计算方法	统计周期	数据来源	统计部门	责任岗位
1	烟叶产量	提高 5%	现场统计	年度	烟叶生产检查通报	烟叶生产经营部	技术员
2	烟叶产值	提高 10%	烟叶分级后计算统计	年度	烟叶生产检查通报	烟叶生产经营部	技术员

（八）附录（资料性附录）

无。

四、湖南烟稻复种区基于机械深松的绿肥深翻压技术规程

（一）适用范围

本技术规程规定了湖南稻作烟区适宜品种、播种、施肥和管理的绿肥还田及其配套技术应用，适用于湖南烟区的土壤保育与烤烟生产。

本规程适用于郴州市烟草专卖局（公司）烟叶生产经营部、烟叶生产技术中心、市（县）级分公司、烟草站。

（二）整地

烟叶采收完毕后及时灭茬，根据土壤墒情及气候变化适时深耕，以犁破底层（20～30cm 以上）为宜，以增加耕层深度，蓄水保墒，消灭虫卵及杂草种子。

（三）绿肥品种

适宜湖南烟稻复种区播种的绿肥为紫云英。

（四）种子处理

为提高绿肥播后齐苗、壮苗，在播种前先选择晴天晒种 1～2d，提高种子活力；其次准备好拌种肥土，即每亩钙镁磷肥 15kg 加适量细干土混合堆沤 4～5d，然后与绿肥种子拌匀播种。

（五）播种时间及播种量

播种适期在 11 月上中旬，播种方式为撒播，播种量每亩 5kg。

（六）合理施肥

立春节气后每亩施尿素 5kg，促进春发。

（七）翻压时间及方式

一般在 2 月下旬翻压，需与烟苗移栽保证 30d 的时间间隔以利腐解，防治绿肥产生有毒物质影响烟苗生长。采用先耙后翻的方式，先用圆盘耙将绿肥打碎，然后用垂直深耕深松机进行深翻压。

（八）翻压深度

翻压深度为 30～40cm。

（九）起垄

1. 起垄时间

一般情况下，在烟苗移栽前 15～20d 起垄为宜。

2. 起垄高度和行距

起垄高度不低于 30cm；围沟或十字沟应比垄沟深 5～10cm，便于排水。

行距：稻田为 1.2m，旱地为 1.1m。

3. 垄体行向

烟垄的走向要按照地形合理安排，一般要顺着当地经常出现的风向、水流进行起垄，以利加快烟田内空气流通和排灌。

（十）其他要求

（1）垄直沟平土细，深浅一致，排灌顺畅；

（2）垄体高大饱满，呈龟背形；

（3）与垂直深耕技术相结合。

（十一）检查与考核

序号	指标名称	指标值	计算方法	统计周期	数据来源	统计部门	责任岗位
1	土壤有机质	提高 2%	取土壤测定指标后比较	年度	烟叶生产检查通报	烟叶生产经营部	技术员
2	土壤有效磷	提高 5%	取土壤测定指标后比较	年度	烟叶生产检查通报	烟叶生产经营部	技术员

（十二）附录（资料性附录）

无。

五、湖南烟稻复种区碳材料补充技术规程

（一）范围

本规程规定了烟稻复种区碳材料补充的技术要求，适用于郴州市主要稻作烟田土壤保育与烤烟生产。

本规程适用于郴州市烟草专卖局（公司）烟叶生产经营部、烟叶生产技术中心、市（县）级分公司、烟草站。

（二）目标要求

为协调垂直深耕过后土壤的碳氮比，通过施入外源有机碳，利用碳材料补充技术配合垂直深耕技术，达到改善土壤碳氮比、提高土壤肥力的目的，进而保证烟稻复种区烤烟高效益的可持续发展。

（三）烟田的选择

烟田宜选择地势相对平缓、面积较大、排灌方便、远离工业等污染区，前茬为非茄科、十字花科、葫芦科等农作物的田块。

（四）碳材料补充的方法

1. 碳材料种类

矿源腐殖酸粉（有机质含量 40%，腐殖酸含量 15%，水分含量 15%，细度为 0.3～0.44mm）、腐熟稻壳和腐熟有机肥。

2. 碳材料用量

垂直深耕过后，每亩稻作烟田腐殖酸用量约需 1 000kg，腐熟稻壳 1 000～2 000kg，腐熟有机肥 100～200kg。

3. 碳材料补充的原则

（1）与基肥在起垄前一起条施入土壤；

（2）结合垂直深耕技术；

（3）注意处理田间杂草、病残植物体。

（五）起垄

1. 起垄时间

一般情况下，在烟苗移栽前 15～20d 起垄为宜。

2. 起垄高度和行距

起垄高度不低于 30cm；围沟或十字沟应比垄沟深 5～10cm，便于排水。

行距：稻田为 1.2m，旱地为 1.1m。

3. 垄体行向

烟垄的走向要按照地形合理安排，一般要顺着当地经常出现的风向、水流进行起垄，以利加快烟田内空气流通和排灌。

（六）其他要求

（1）垄直沟平土细，深浅一致，排灌顺畅；

（2）垄体高大饱满，呈龟背形。

（七）检查与考核

序号	指标名称	指标值	计算方法	统计周期	数据来源	统计部门	责任岗位
1	烤烟根系根长	25～35cm	取样后测定	年度	烟叶生产检查通报	烟叶生产经营部	技术员
2	烤烟根系体积	提高 20%	取样后测定比较	年度	烟叶生产检查通报	烟叶生产经营部	技术员

第三节　示范推广

一、湖南烟稻复种区示范推广

（一）示范点基本情况

示范点在江华瑶族自治县白芒营镇新社湾片区，该烟区属于烟稻轮作区，交通便利，能起到示范带动作用。该区土壤肥力中等，烟田排灌条件方便，是能代表当地土壤状况和生产条件的烤烟生产适宜区。项目示范面积 1 000 亩，种植品种为云烟 87。

（二）技术集成示范内容

示范区采用稻草还田和施用饼肥的外源有机物料组合模式。

稻草还田方法：晚稻收割后，将每亩350kg干稻草处理为长15cm左右的碎段，均匀抛撒田面，在稻草面上每亩均匀撒施秸秆腐熟剂2.5～3kg，而后灌水浸泡10～15d。待浸泡的稻草软化后，用旋耕机下田将稻草打烂。待溶田的水自然蒸发干后，用翻耕机具将稻草连同根茬一起翻耕入土，翻耕深度15～20cm。

饼肥施用方法：烟田整地起垄后、移栽前，将每亩20kg的饼肥和做穴肥的基肥拌匀施入种植穴内，等待移栽。

施肥量及其他：对照区每亩施用烟草纯化肥基肥70kg、专用追肥30kg、提苗肥6kg、硫酸钾20kg。示范区亩施稻草350kg、饼肥20kg，每亩减少基肥用量13.46kg（氮含量0.5%计算，当季利用率30%，则要减少0.525kg/亩的纯氮量，饼肥含氮量2.76%，则要减少0.552kg/亩的纯氮量，因此示范区每亩共减少纯氮1.077kg，即每亩减少基肥用量13.46kg），其他肥料用量及农事操作方法同对照区。

（三）考察田设置

在示范区内，选择一块面积1.5亩左右、近三年没有进行过肥料试验的烟田，设置2个大区，分别为对照考察田和示范考察田，四周设保护行。每大区500株烟株。

对照考察田：常规方法，不进行稻草还田和增施饼肥。

示范考察田：按照上述示范方法进行项目技术集成应用。

（四）调查指标

（1）考察田土壤样品采集。考察田确定后，在施底肥前，按照对角线或之字形取样法确定10～20个取土点，在每个点耕作层（深15cm左右）取一份混合土样，烘烤结束后，每处理取多点混合土样一份（方法同上），每次取土后在通风背阳的地方将土样风干，然后对土样及时进行养分测定。

（2）烤烟各处理生育期调查。在各处理中间行选取有代表性的20株烟株作为定点株，观察记载以下各时期：移栽期，团棵期，现蕾期，打顶期，下、中、上烟叶成熟期，大田全生育期。

（3）烤烟各处理农艺性状调查。在小区中间行选取有代表性的10株烟株作为定点株，移栽后40d、55d、75d分别调查记载以下农艺性状：株高、叶数、茎围、田间整齐度、下部最大叶面积、中部最大叶面积、上部最大叶面积

（叶面积＝长×宽×0.634 5）、烟叶分层落黄情况。

（4）烤烟病害发生情况调查。在烟草花叶病、黑胫病、赤星病等主要病害的高发期，调查各小区病害的发病率和病情指数。发病率％＝（发病株数/调查总株数）×100％。

病情指数＝$\sum$（各级病株或叶数×该病级数）×100/（调查总株数或叶数×最高病级数）。病级一般分 0～4 级，病株各病害病情级数的确定参照有关的病情分级标准。

（5）经济性状调查及取样。烟叶成熟采收时各小区分开挂牌编杆，统一条件下烘烤，考察烤后烟叶各小区产量，产值，均价，上、中等烟比例，单叶重。取 C3F、B2F 各 5kg 作为样品烟叶进行主要化学成分和其他内在品质指标检测。

（五）结果与分析

1. 土壤理化性状得到了一定程度的改善

表 7-1 是考察田土壤样品化验结果，表明通过项目技术示范，土壤理化性状得到一定程度改善，表现在：土壤容重有所下降，总孔隙度升高，土壤有效态养分含量有普遍升高趋势，以速效钾变化较为明显，提高幅度 5.5％，这可能是腐解的稻草向土壤中释放了较多钾素的缘故。土壤 pH 和全氮、全磷、全钾含量没有明显变化。

表 7-1 土壤理化性状调查结果

处理	土壤容重/（g/cm²）	总孔隙度/%	有机质/（g/kg）	pH	全量/（g/kg）			有效态/（mg/kg）				
					氮	磷	钾	铵态氮	有效磷	速效钾	有效锌	有效铜
对照	1.31	55.1	35.6	6.5	1.31	0.85	18.3	127.5	35.5	120.2	3.12	3.91
示范	1.25	57.9	35.6	6.5	1.33	0.83	18.5	133.8	36.8	126.8	3.21	3.84
增幅/%	−4.6	5.1	0.6	0.0	1.5	−2.4	1.1	4.9	3.7	5.5	2.9	−1.8

2. 有效延长烤烟生育期

从表 7-2 可知，对照和示范团棵期一致，从现蕾期开始，示范区各生育期有延长趋势，分别比对照区延长 3～6d，大田全生育期比对照延长6d。示范区大田生育期的有效延长，说明烤烟营养均衡性和耐熟性得到了提高。

表7-2　大田生育期调查

单位：月/日、d

| 处理 | 移栽期 | 团棵期 | 现蕾期 | 打顶期 | 各部位烟叶成熟期 | | | 大田生育期 |
					下	中	上	
对照	3/8	4/15	5/9	5/16	6/1	6/15	7/7	119
示范	3/8	4/15	5/12	5/19	6/4	6/19	7/13	125

3. 促进烤烟各部位叶片生长发育

从表7-3调查结果可知，各时期示范区烤烟农艺性状表现均优于对照区，随生育期的推进，示范区在农艺性状上表现出的优势逐渐明显，特别是烤烟进入旺长期以后，示范区烤烟叶面积比对照区有明显提高。示范区烤烟下、中、上各部位最大叶面积在圆顶期比对照区分别提高了9%、5.2%和6%。这表明示范处理在一定程度上有利于烤烟农艺性状的改善和提高。

表7-3　农艺性状调查结果

| 调查日期 | 处理 | 株高/cm | 叶数/片 | 茎围/cm | 田间整齐度 | 最大叶面积/cm² | | |
						下部	中部	上部
移栽后40d	对照	44.8	9.8	5.8	较整齐	598.7	—	—
	示范	45.6	10.2	5.9	较整齐	612.3	—	—
增幅/%		1.8	4.1	1.7	—	2.3		
移栽后55d	对照	81.3	16.1	7.9	较整齐	981.6	—	—
	示范	83.8	16.7	8.1	较整齐	1 071.5	—	—
增幅/%		3.1	3.7	2.5	—	9.2		
移栽后75d	对照	99.2	18.3	9.5	较整齐	1 638.7	1 839.9	1 579.5
	示范	102.4	19.6	9.7	较整齐	1 785.4	1 934.8	1 673.8
增幅/%		3.2	7.1	2.1	—	9.0	5.2	6.0

4. 烤烟病虫害发生情况比较

从表7-4可知：示范区花叶病和黑胫病的发病率和病情指数均有稍低于对照的趋势，但两者发病情况均非常轻，差别不明显。

表7-4　主要病害发生情况调查结果

| 处理 | 花叶病 | | 黑胫病 | |
	发病率/%	病情指数	发病率/%	病情指数
示范区	0.72	0.18	3.75	2.19
对照区	0.93	0.23	3.91	2.45

5. 示范区烤烟产量和质量有所提高

从表 7-5 烤烟经济性状调查结果来看，示范区烟叶产量、产值、上等烟比例等经济性状普遍好于对照，产量、产值和上等烟比例提高幅度分别为 5.6%、8.7% 和 4.6%，平均每亩增收 352.41 元。这表明通过项目示范，通过改善烟株营养状况、促进烤烟生长和耐熟性的提高，从而改善和提高了烤烟品质和经济效益。示范区增加了稻草和饼肥的生产资料投入 118 元，扣除减少的基肥投入 36.88 元，示范区净增生产投入共计 81.12 元，产值扣除增加的投入，每亩净增产值 271.19 元。

表 7-5　示范区和对照区经济性状调查表

处理	亩产量/ kg/亩	均价/ （元/kg）	亩产值/ 元	上等烟比例/ %	中等烟比例/ %	增加投入 成本/元
对照	143.6	28.15	4 042.34	62.4	96.5	—
示范	151.7	28.97	4 394.75	65.3	98.4	81.12
增幅/%	5.6	2.9	8.7	4.6	2.0	

6. 烤烟化学成分协调性有明显提高

从表 7-6 烟叶内在品质分析结果来看，示范区中部叶主要化学成分比对照略好，但差异不明显。示范区上部叶还原糖、烟碱、糖碱比的适宜性和协调性均明显优于对照区，表现出较好的内在品质。

表 7-6　示范区和对照区烟叶内在品质分析结果

处理	等级	还原糖/ %	增减/ %	烟碱/ %	增减/ %	钾/ %	增减/ %	总氮/ %	氯离子/ %	糖碱比	增减/ %	氮碱比
对照	C3F	21.4	0.0	2.24	0.0	2.14	0.0	1.63	0.22	9.6	0.0	0.73
示范		22.5	5.14	2.33	4.02	2.22	3.74	1.52	0.22	9.7	1.08	0.65
对照	B2F	17.75	0.0	3.57	0.0	2.51	0.0	2.15	0.26	5.0	0.0	0.69
示范		20.38	14.79	3.22	−9.68	2.58	2.79	2.21	0.26	6.3	27.09	0.79

（六）小结

1. 示范区代表性好

选择的江华瑶族自治县白芒营示范片，片区内烤烟生产历史悠久，烟农标准化生产水平较高，生态因素和生产条件具有较强的代表性，能够作为本项目所要求的湘南烟稻轮作区的典型代表。

2. 示范效果明显

示范区烤烟营养均衡性和耐熟性得到有效提高，烤烟农艺性状得到改善和提高，圆顶期下、中、上部位最大叶面积比对照区分别提高 9％、5.2％ 和 6％。示范区烟叶产量、产值和上等烟比例提高幅度分别为 5.6％、8.7％ 和 4.6％，扣除增加的生产投入成本，每亩净增产值 271.19 元。示范区烟叶主要化学成分的适宜性和协调性均明显优于对照区，表现出较好的内在品质。

3. 起到了技术集成验证和宣传推介作用

通过项目示范，使集成应用技术在生产中得到进一步验证，使承担项目的技术人员和从事生产的培植员和烟农等一线人员从中积累了丰富的示范经验；在项目技术培训和宣传发动过程中，使较大范围内的一线人员了解、掌握并接受这项技术，起到了很好的宣传推介作用，为项目下一步的推广应用奠定了扎实基础。

二、湘西烟区示范推广

（一）示范推广原则

采取因地制宜、集中连片示范推广的种植原则，在提高上部烟叶可用性配套技术示范点和烟叶精益标准化生产综合示范区重点推广。

（二）示范品种、面积、地点

根据有机质项目研究成果，2018 年度示范推广绿肥与生物发酵饼肥，绿肥品种为箭筈豌豆。湘西土家族苗族自治州共示范推广"绿肥＋生物发酵饼肥"3 000 亩，生物发酵饼肥 1 000 亩，具体情况见表 7-7：

表 7-7　2018 年度有机肥示范推广面积明细表

县名	有机肥品种	示范面积/亩	饼肥用量/（kg/亩）	联系人	联系电话
龙山县	生物发酵饼肥	500	24	胡长春	15907430366
永顺县	生物发酵饼肥	500	24	杨光武	13574354891
花垣县	箭筈豌豆＋生物发酵饼肥	3 000	15	石宗庆	13467991393

（三）绿肥种子与生物发酵饼肥供应

绿肥由自治州烟草局（公司）统一组织采购，免费供应种子。花垣县要安排烟草站技术员或辅导员具体负责种子验收发放工作，开好种子验收单并经生产经营分部盖章后送烟叶生产技术中心。货到后现场随机抽取样品 1kg 送自治州烟草局烟叶生产技术中心用于种子发芽率检测；烟农领取种子时在《2018年度绿肥示范推广烟农领种花名册》签字，并将此表复印件于 10 月 17 日前上报自治州烟草局烟叶生产技术中心。生物发酵饼肥由各县烟草局（公司）按湘西自治州烟草公司生产经营部方案采购，龙山县与永顺县每亩饼肥的增加用量由项目经费进行补贴。

（四）示范推广方法

1. 示范推广区域

全州共安排 3 个示范点，其中花垣示范点安排在道二科技园，永顺与龙山示范点要求安排在烟叶精益标准化生产示范点与提高上部烟叶可用性配套技术示范点，采取整村整户集中示范推广。

2. 观察记载与取样

（1）观察记载项目。

①示范推广区与对照区农事操作时间与方法：包括绿肥播种与烤烟播种、翻耕、施肥（包括基肥及生物发酵饼肥、提苗肥、追肥及绿肥掩埋量）、起垄、移栽、中耕培土、灌溉、打顶、培育烟权、留叶、病虫防治、成熟采收等情况。

②示范推广区与对照区大田生育期：包括移栽、团棵、现蕾、打顶、始采、终采期。

③示范推广区与对照区农艺性状：示范推广区选择 5 户代表性农户进行，调查株高，叶数，茎围，节距，上、中、下部烟叶长、宽。

④示范推广区与对照区烟叶经济性状：包括产量、产值、上中等烟叶比例、均价。

⑤示范推广区与对照区烟叶物理特性（含梗率、单叶重、叶片厚度、开片率）；外观质量（成熟度、叶片结构、油分、身份、光泽）。

（2）取样。

①各示范点示范区与对照区取土样 3～5 个。

②烟叶分级结束后，各示范点分别取示范区与对照区 X2F、C3F、B2F 等级下、中、上部烟叶各 3kg，送自治州烟草公司烟叶生产技术中心进行化验评吸。

3. 工作措施

（1）加强示范推广工作组织领导。各县烟草局（分公司）要高度重视有机质项目示范推广工作，加强对项目的组织领导，把有机质项目示范推广作为今后烟叶生产技术推广的一项重点工作来抓，由县烟草局（分公司）分管烟叶领导任项目负责人，明确烟叶生产经营分部一名副主任具体负责此项工作，并确定 1 名技术员专抓。要把任务分解落实到站（乡镇）、村、农户，建立由烟农签字的到户种植花名册，在 1 月 17 日前上报自治州烟草局烟叶生产技术中心。

（2）精心选择示范推广点。要求各县采取集中连片示范推广种植，把项目安排在烟叶主产乡镇，要与现代烟草农业试点与特色优质烟叶开发区紧密结合，杜绝分散零星种植，突出核心示范效果。

（3）认真抓好技术培训与指导。根据项目要求，积极组织对烟农进行技术培训或召开现场会，让烟农辅导员和示范烟农及时了解和掌握有机质项目示范推广技术，在播种施肥过程中技术员要及时指导烟农，确保示范推广取得成功。

（4）严格按照技术方案要求实施。严格按照绿肥箭筈豌豆种植技术要点进行播种、管理和翻压等操作，确保示范效果。按照附件3的要求做好绿肥播种日期、播种量、相关培管措施、绿肥翻压时间、绿肥生物量、翻压量等相关记载，并做好有机质项目示范户2018年烟叶产量、产值统计和烟叶取样工作，在几个重要过程拍摄好有关照片，在示范区要树立项目标识牌。

（5）加大对示范推广工作的检查考核力度。县烟草局（分公司）在绿肥示范推广过程中，项目负责人要组织检查考核，督促面积的落实和技术的到位。年终各项目承担单位认真做好项目总结工作。自治州烟草局（公司）将定期和不定期对示范推广情况进行检查、验收，并将结果列为对县烟草局月度绩效考核内容。

三、郴州、长沙、衡阳示范推广

（一）示范点基本情况

根据项目要求在郴州桂阳、长沙浏阳和衡阳耒阳烟区开展"湖南烟稻复种区合理耕层构建与土壤培肥关键技术研究与应用"项目烤烟垂直深耕技术示范推广，示范烟区属于烟稻轮作区，交通便利，土壤肥力中等，烟田排灌条件方便，能代表当地土壤状况和生产条件，并起到示范带动作用。

（二）示范方案

在桂阳、浏阳和耒阳3地分别选取烟稻轮作田块，进行垂直深耕和常规耕作技术的对比示范。设G1和G2两个示范处理，采用筑垄的方式将选取的田块一分为二，钾肥、氮肥、磷肥用量均保持不变，其余栽培管理措施同原有生产技术方案。要求如下：

代码	示范处理	示范面积
G1	水稻收获后，待土壤墒情良好时，进行垂直深耕，然后立即起垄。来年正常移栽	>2亩
G2	水稻收获后，待土壤墒情良好时，进行常规耕作，然后立即起垄。来年正常移栽	>2亩

（三）田间操作指南

（1）示范田块由产区技术人员选择，选择区域内有代表性的病害较轻或无病害的平整田块进行示范。

（2）除垂直深耕外，田间示范操作按优质生产技术方案执行，其余生产技术方案不作改变，烤烟生育期内烟叶生产状况调查由湖南农业大学负责。

（3）核心区、辐射区在烤烟收获后分别进行烟叶产量与经济效益统计调查。

（四）调查指标

（1）土壤养分调查。考察田确定后，在施底肥前，按照对角线或之字形取样法确定10～20个取土点，各点在0～30cm土层取一份混合土样，取土后在通风背阳的地方将土样风干，然后及时进行养分测定。

（2）烤烟农艺性状调查。在小区中间行选取有代表性的10株烟株作为定点株，移栽后45、60和75d分别调查记载以下农艺性状：株高、茎围、叶长、叶宽、最大叶面积（叶面积＝长×宽×0.634 5）。

（3）烤烟化学成分调查。选取具有代表性的B2F、C3F等级烟叶各2kg带回实验室用于相关成分的检测，采用流动分析仪测定烟叶中总糖、还原糖、烟碱、总氮、氯含量；用火焰光度计法测定钾含量，随后计算糖碱比、氮碱比、钾氯比的值。

（4）烤烟经济性状调查及取样。烟叶成熟采收时各小区分开挂牌编杆，统一条件下烘烤，考察烤后各小区烟叶产量、产值、均价及上、中等烟比例。

（五）结果与分析

1. 土壤理化性状

表7-8是考察田土壤样品化验结果，表明通过项目技术示范，土壤理化性状得到一定程度改善，表现在：土壤耕层深度明显增加，土壤容重有所下降，总孔隙度升高，土壤紧实度下降明显，碱解氮、有效磷含量有一定程度的下降，速效钾含量增加。土壤pH和全氮、全磷、全钾含量没有明显变化。

表7-8　土壤理化性状

处理	耕层深度/cm	土壤容重/(g/cm²)	总孔隙度/%	紧实度/kPa	有机质/(g/kg)	pH	全量/(g/kg) 氮	磷	钾	有效态/(mg/kg) 氮	磷	钾
对照	14.5	1.4	43.5	750	25.6	7.5	1.7	0.8	24.5	123.5	40.5	136.2
示范	26.5	1.2	48.0	580	25.8	7.4	1.5	0.8	25.6	121.0	43.8	145.8
增幅	12.0	−0.2	4.5	−170	0.2	−0.1	−0.2	0	1.1	−2.5	−3.3	9.6

2. 烟株农艺性状

从表7-9可知，各时期示范区烤烟农艺性状表现均优于对照区，随生育期的推进，示范区在农艺性状上表现出的优势逐渐明显，特别是烤烟进入旺长期以后，叶长、叶面积和株高增幅明显。

表7-9　烟株农艺性状

移栽后时间	处理	最大叶长/cm	最大叶宽/cm	最大叶面积/cm²	株高/cm	茎围/cm
45d	对照	55.1	27.5	958.4	53.8	8.2
	示范	60.8	33.2	1 276.0	67.2	8.5
	增幅	5.7	5.7	317.6	13.4	0.3
60d	对照	61.3	27.8	1 081.4	94.3	8.2
	示范	73.3	34.2	1 589.3	114.5	9.3
	增幅	12.0	6.4	507.9	20.2	1.1
75d	对照	68.8	27.8	1 280.5	106.2	8.8
	示范	76.0	35.8	1 727.8	119.1	10.3
	增幅	7.2	8.0	447.3	12.9	1.5

3. 烤烟化学成分

从表7-10烟叶内在品质分析结果来看，示范区中部叶主要化学成分比对照略好，中部叶和上部叶的烟碱含量略有降低。示范区上部叶还原糖、烟碱、糖碱比的适宜性和协调性均明显优于对照区，并且中部叶和上部叶的烤烟化学成分可用性指数分别增加9.03%和4.51%，表现出较好的内在品质。

表7-10　烤烟化学成分

部位	处理	总糖/%	还原糖/%	总氮/%	烟碱/%	钾含量/%	氯离子/%	氮碱比	糖碱比	可用性指数/%
B2F	对照	30.66	24.30	1.91	3.47	2.74	0.42	0.55	7.00	70.14
	示范	33.68	26.44	1.96	2.88	2.88	0.49	0.68	9.18	74.65
	增幅	3.02	2.14	0.05	−0.59	0.14	0.07	0.13	2.18	4.51
C3F	对照	28.04	22.54	2.35	3.22	3.23	0.46	0.73	6.99	72.22
	示范	32.15	26.66	2.46	3.01	3.47	0.45	0.82	8.87	81.25
	增幅	4.11	4.12	0.11	−0.21	0.24	−0.01	0.09	1.88	9.03

4. 烤烟经济性状

从表7-11烤烟经济性状调查结果来看，示范区烟叶产量、产值、上等烟比例等经济性状普遍好于对照，产量、产值、上等烟比例和经济效果指数提高幅度分别为 13.94％、16.67％、29.12％和 5.06％，平均每亩增收 626.99 元。这表明通过项目示范，通过改善土壤物理结构和土壤养分，促进了烤烟生长，从而改善和提高了烤烟品质和经济效益。

表 7-11　经济性状

处理	产量/ （kg/hm²）	产值/ （元/hm²）	均价/ （元/kg）	上等烟比例/ ％	经济效果 指数（ECI）
对照	2 331.52	56 422.78	24.20	40.38	76.35
示范	2 656.48	65 827.57	24.78	52.14	80.21
增幅	324.96	9 404.79	0.58	11.76	3.86

（六）小结

1. 示范区代表性好

选择的湖南郴州桂阳、长沙浏阳和衡阳耒阳烟区是湘南典型的烟稻复种区，生态因素和耕作模式具有较强的代表性，能够作为本项目所要求的湖南烟稻复种区的典型代表。

2. 示范效果明显

示范区土壤耕层结构和理化性状得到明显改善，烤烟农艺性状得到提高，烤烟化学成分更加协调，示范区烟叶产量、产值和上等烟比例提高幅度分别为 13.94％、16.67％和 29.12％，经济效益得到明显提高。

3. 起到了技术集成验证和宣传推介作用

通过项目示范，使集成应用技术在生产中得到进一步验证，使承担项目的技术人员和从事生产的培植员和烟农等一线人员从中积累了丰富的示范经验；在项目技术培训和宣传发动的过程中，使较大范围内的一线人员了解、掌握并接受了这项技术，起到了很好的宣传推介作用，为项目下一步的推广应用奠定了扎实基础。

（七）推广概况

1. 推广原则

采取因地制宜、集中连片示范推广的种植原则，在提高土壤合理耕层构建技术示范点和土壤培肥关键技术综合示范区重点推广。

2. 推广要求

根据合理耕层构建项目研究成果和现有实用先进技术的基础上，集成基于耕作技术改进和碳短板补齐的合理耕层构建与全耕层土壤培肥技术体系。进一步将合理耕层构建、合理轮作有机整合，构建植烟土壤用养结合的技术方案，并制定相关标准和规程，分别在郴州桂阳、长沙浏阳和衡阳耒阳烟区建立烟稻复种区植烟土壤合理耕层构建与土壤培肥关键技术生产示范区，总面积达 70 万亩以上。

3. 推广设备

垂直深耕技术所用粉垄机（图 7-1）由广西五丰机械有限公司提供，并与合作单位申请小型化粉垄机发明专利 1 项。改进后的 SGL-160 自走式垂直深耕深松机的主要技术参数如下：

长宽高（cm）：4 150×1 700×2 870

整机质量（kg）：5 000

发动机型号：东康 6LTAA8.9-C325

发动机功率：239kW（325HP）

工作挡位：2 档

耕作效率：4～6 亩/时

图 7-1　垂直深耕深松机

4. 推广方法

推广区域在郴州、长沙、衡阳、永州和广东南雄等地进行垂直深耕示范，其中郴州桂阳主要安排垂直深耕和绿肥翻压、秸秆深埋配套技术示范点，长沙浏阳主要安排垂直深耕和碳材料补充配套技术示范点，衡阳耒阳主要安排垂直深耕和减氮配套技术示范点。

（1）观察记载。

①示范推广区与对照区农事操作时间与方法：包括绿肥播种、秸秆深埋和碳材料补充与烤烟播种、翻耕、施肥、起垄、移栽、中耕培土、灌溉、打顶、培育烟杈、留叶、病虫防治、成熟采收等情况。

②示范推广区与对照区大田生育期：包括移栽、团棵、现蕾、打顶、始采、终采期。

③示范推广区与对照区农艺性状：示范推广区选择 5 户代表性农户进行，

调查株高，叶数，茎围，节距，上、中、下部烟叶长、宽。

④示范推广区与对照区烟叶经济性状：包括产量、产值、上中等烟叶比例、均价。

⑤示范推广区与对照区烟叶物理特性（含梗率、单叶重、叶片厚度、开片率），外观质量（成熟度、叶片结构、油分、身份、光泽）。

（2）取样。

①各示范点示范区与对照区取土样4～5个。

②烟叶分级结束后，各示范点分别取示范区与对照区X2F、C3F、B2F等级下、中、上部烟叶各3kg，送相应市级烟草公司烟叶生产技术中心供化验评吸。

（3）工作措施。

①加强示范推广工作组织领导。各县烟草局（分公司）要高度重视有机质项目示范推广工作，加强对项目的组织领导，把有机质项目示范推广作为今后烟叶生产技术推广的一项重点工作来抓，由县烟草局（分公司）分管烟叶领导任项目负责人，明确烟叶生产经营分部一名副主任具体负责此项工作，并确定1名技术员专抓。要把任务分解落实到站（乡镇）、村、农户，建立由烟农签字的到户种植花名册。

②精心选择示范推广点。各县采取集中连片示范推广种植，把项目安排在烟叶主产乡镇，要与现代烟草农业试点与特色优质烟叶开发区紧密结合，杜绝分散零星种植，突出核心示范效果。

③认真抓好技术培训与指导。根据项目要求，积极组织对烟农进行技术培训或召开现场会，让烟农辅导员和示范烟农及时了解和掌握有机质项目示范推广技术，在播种施肥过程中技术员要及时指导烟农，确保示范推广取得成功。

④严格按照技术方案要求实施。严格按照垂直深耕技术要点进行耕作、管理和施肥等操作，确保示范效果。要求按照推广技术规程严格执行，并做好耕层项目示范户的烟叶产量、产值统计和烟叶取样工作，在几个重要过程拍摄好有关照片，在示范区要树立项目标识牌。

⑤加大对示范推广工作的检查考核力度。县烟草局（分公司）在耕层项目示范推广过程中，项目负责人要组织检查考核，督促面积的落实和技术的到位。年终各项目承担单位认真做好项目总结工作。湖南省烟草科学研究所（中南站）将定期和不定期对示范推广情况进行检查、验收。

5. 推广效果及社会、生态和经济效益

（1）烟草。于2017年12月在郴州、长沙和衡阳等地区开始应用垂直深耕技术，技术覆盖率达到了50%～60%。3年累计推广75.93万亩，新增产值26 749.98万元，政府新增税收5 884.99万元，公司新增利润8 024.99万元，烟农新增纯收入 20 638.20 万元（表 7 - 12）。

项目实施以来，从田间调查和烟农反映的情况，主要有以下方面的应用效果：一是土壤耕层深度增加、土壤板结程度显著降低、疏松性得到改善；二是烟株营养均衡性得到改善；三是烤烟外观质量明显提高，烟农每亩平均增加产值 350 元左右；四是烟叶化学成分的协调性和感官评吸质量得到改善和提高。项目产生了良好的社会和经济效益，有较大的推广价值和推广潜力。

表 7 - 12　湖南烟稻复种区垂直深耕后烤烟经济效益分析

地区	郴州	长沙	衡阳	永州	南雄	合计
推广面积/万亩	42.50	11.71	8.77	12.74	0.21	75.93
新增产值/万元	14 890.60	4 071.18	3 104.02	4 617.25	66.93	26 749.98
新增利润/万元	4 467.18	1 221.35	931.21	1 385.18	20.08	8 024.99
新增税收/万元	3 275.93	895.66	682.88	1 015.80	14.72	5 884.99
增加投入/万元	3 439.73	942.19	698.76	1 009.70	21.40	6 111.77
烟农新增纯收入/万元	11 450.87	3 128.99	2 405.26	3 607.56	45.53	20 638.20

注：表中各地区的经济指标统计的是 2018—2020 年度的数据总和。

（2）水稻。2018—2019 年在醴陵县、湘阴县、长沙县和浏阳市及广西南宁市等双季稻地区开始应用项目的垂直深耕技术，2 年累计推广 2 300 亩，新增产值 44.16 万元，新增投入 28 万元，农民新增收入 16.16 万元（表 7 - 13）。

项目实施以来，从田间调查和烟农反映的情况，主要有以下方面的应用效果：一是土壤耕层深度增加、土壤板结程度显著降低、疏松性得到改善；二是稻穗营养均衡性得到改善；三是稻田（早稻＋晚稻）每亩平均新增收入 70 元左右。

表 7 - 13　垂直深耕后水稻经济效益分析

地区	推广面积/亩	总产值/万元	新增产值/万元	总投入/万元	新增投入/万元	总产量/t	新增收入/万元	纯收入/万元
南宁市	1 100	264.44	21.90	157.57	16	1 073.70	5.90	106.87
醴陵县	200	49.20	3.69	29.46	2	234.35	1.69	19.74
湘阴县	300	73.22	5.48	44.19	3	349.32	2.48	29.03
长沙县	400	101.86	7.64	58.92	4	485.69	3.64	42.94
浏阳市	300	72.56	5.44	44.19	3	345.44	2.44	28.37
合计	2 300	561.27	44.16	334.33	28	248.85	16.16	226.94

参 考 文 献

陈鸿飞，赵芳草，王一昊，等，2023. 氮添加对盐渍化草地根际土壤理化性质的影响 [J].
　　应用生态学报，34（1）：67-74.

陈若星，杨虹琦，赵松义，等，2012. 土壤类型对烤烟生长及品质特征的影响 [J]. 中国
　　烟草科学，33（6）：33-38.

陈颐，杨虹琦，肖春生，等，2012. 补充光照及微量元素对烟苗生长的影响 [J]. 中国烟
　　草学报，18（6）：48-52.

陈颐，杨红武，杨虹琦，等，2014. 不同光温培养烟苗对浓香型初烤烟叶香气物质的影响
　　[J]. 中国农学通报，30（13）：201-206.

邓井青，袁芳，邓小华，等，2013. 湘南稻作烟区上部烟叶密集烘烤关键温度点稳温时间
　　研究 [J]. 作物研究，27（6）：650-652.

邓小华，邓井青，宾波，等，2014. 邵阳植烟土壤有机质含量时空特征及与其他土壤养分
　　的关系 [J]. 烟草科技（6）：82-86.

邓小华，邓井青，肖春生，等，2014. 湖南产区浓香型烟叶香韵分布 [J]. 中国烟草学报，
　　20（2）：39-46.

邓小华，邓井青，周清明，等，2014. 湖南浓香型产区烟叶口感特性感官评价 [J]. 北京
　　农学院学报，29（2）：1-4.

邓小华，杨丽丽，周清明，等，2013. 湖南浓香型产区烟叶烟气特性感官评价 [J]. 作物
　　研究，27（6）：535-539.

邓小华，曾中，谢鹏飞，等，2013. 密集烘烤关键温度点不同湿度控制烤烟主要化学成分
　　的动态变化 [J]. 中国农学通报，29（6）：213-216.

邓子正，黄明镜，张吴平，等，2023. 旱作条件下保护性耕作对土壤结构和容重影响试验
　　研究 [J]. 土壤通报，54（1）：46-55.

段淑辉，李帆，朱开林，等，2012. 南方烟田土壤氮素淋失规律的研究进展 [J]. 安徽农
　　业科学，40（33）：16174-16175，16178.

冯连军，朱列书，杨亚，等，2011. 烤烟新品种主要数量性状与产量产值的灰色关联分析
　　[J]. 作物研究，25（1）：47-50.

冯连军，朱列书，朱静娴，2012. 湖南烤烟烟叶主要物理特性与主要化学指标间的灰色关
　　联度分析 [J]. 安徽农业大学学报，39（1）：140-143.

甘豪，魏宗强，卢志红，等，2022. 江西不同种植制度下耕地土壤 pH 和养分现状分析
　　[J]. 江西农业大学学报，44（5）：1305-1316.

龚嘉，郑重谊，刘勇军，等，2022. 垂直深耕结合开沟排水对土壤养分和烤烟生长发育的
　　影响 [J]. 西北农林科技大学学报（自然科学版），50（2）：75-81，89.

苟久兰，顾小凤，张萌，等，2022. 不同烤烟种植模式对贵州土壤养分、酶活性及细菌群落结构的影响 [J]. 核农学报，36 (7)：1475-1484.

顾勇，谢云波，张永辉，等，2018. 不同种植模式下烤烟干物质积累与养分吸收动态变化分析 [J]. 中国农业科技导报，20 (4)：115-122.

郭文，焦鹏宇，唐楚珺，等，2022. 不同林龄杉木根际和非根际土壤矿质养分含量及根际效应 [J]. 福建农林大学学报（自然科学版），51 (4)：533-539.

胡日生，赵松义，杨全柳，等，2012. 烤烟新品种湘烟 3 号的选育及其特征特性 [J]. 中国烟草科学，33 (1)：7-11.

胡瑞文，刘勇军，荆永锋，等，2018. 深耕条件下生物炭对烤烟根系活力、叶片 SPAD 值及土壤微生物数量的动态影响 [J]. 江西农业大学学报，40 (6)：1223-1230.

胡瑞文，刘勇军，唐春闺，等，2020. 烟稻复种区土壤硼钼养分垂直分布及与有机质的关系 [J]. 中国烟草科学，41 (3)：9-15.

黄松青，危跃，屠乃美，等，2015. 控释肥对烤烟光合特性和产质量与氮钾利用率的影响 [J]. 中国烟草科学，36 (1)：54-60.

靳志丽，梁文旭，李玉辉，等，2014. 烟稻复种连作对烤烟经济性状和品质的影响 [J]. 中国烟草科学，35 (4)：22-27.

李洪斌，张杨珠，胡日生，等，2013. 湘中南地区烟稻轮作条件下烟草作物的施肥效应与肥料效应函数研究 [J]. 中国农学通报，29 (24)：74-84.

李辉，孙焕良，李德芳，2013. 不同生态区同一基因型烤烟表观遗传的 MSAP 分析 [J]. 华北农学报，28 (1)：32-36.

李辉，孙焕良，李德芳，2014. 不同生态区同一基因型烤烟叶绿体差异蛋白质组分析 [J]. 农业生物技术学报，22 (4)：457-463.

李平，周清明，杨虹琦，等，2013. 湘南烟区气象因子与烤烟理化指标分析 [J]. 烟草科技 (11)：61-66.

李伟，周清明，杨铁钊，等，2011. 有机无机肥配施对烤烟叶面分泌物数量及烟叶产质的影响 [J]. 安徽农业科学，39 (36)：22271-22273.

李宇，赵松义，聂明建，等，2013. 不同浓度烯效唑及其施用方法对烟草漂浮苗生长的影响 [J]. 烟草科技 (5)：68-71.

刘卉，周清明，邓小华，等，2013. 预先晾制烤烟的装烟密度研究 [J]. 湖南农业科学 (9)：85-87.

刘卉，周清明，邵岩，等，2014. 延长变黄时间对烤烟品质的影响 [J]. 作物研究，28 (4)：395-397，415.

刘佳琪，彭光爵，郑重谊，等，2022. 粉垄及秸秆腐熟有机肥对湖南烟稻复种区土壤养分和烤烟产质量的影响 [J]. 西南农业学报，35 (2)：397-404.

刘智炫，刘勇军，彭曙光，等，2020. 基于长期浅耕模式的烟稻轮作区土壤速效养分垂直分布特征 [J]. 中国烟草科学，41 (3)：28-35.

刘智炫，周清明，穰中文，等，2019. 深耕对植烟土壤温湿度及烤烟根系发育和经济性状的影响 [J]. 烟草科技，52 (12)：23-30.

龙大彬，郭亮，李帆，等，2012. 不同种植密度对烤烟 K326 上部叶产质量的影响 [J]. 湖南农业科学 (15)：34-35，38.

潘艳华，王攀磊，郭玉蓉，等，2018. 水旱轮作模式下作物配置和肥水优化对作物产量及土壤养分的影响 [J]. 西南农业学报，31 (2)：276-283.

彭光爵，王志勇，胡桐，等，2021. 粉垄深耕对长沙稻作烟区土壤物理特性及烤烟根系发育的影响 [J]. 华北农学报，36 (1)：134-142.

田丽君，胡瑞文，肖艳松，等，2021. 湖南烟稻复种区土壤有效氯的垂直分布及影响因素分析 [J]. 西北农林科技大学学报（自然科学版），49 (9)：110-117.

田祥坤，郑重谊，刘勇军，等，2021. 烟稻复种区土壤电导率和阳离子交换量的垂直分布特征与养分有效性的关系 [J]. 西南农业学报，34 (12)：2700-2706.

王建波，黎娟，周清明，等，2013. 湖南浓香型烤烟区淀粉含量变化及聚类分析 [J]. 作物研究，27 (6)：558-560，567.

王建波，黎娟，周清明，等，2014. 湖南浓香型烤烟烟碱含量与物理性状的回归分析 [J]. 核农学报，28 (7)：1267-1272.

王建波，黎娟，周清明，等，2014. 湖南浓香型烤烟总糖含量与物理性状的关系分析 [J]. 中国农学通报，30 (19)：237-241.

王建波，周清明，邓小华，等，2013. 湖南浓香型烤烟产区主要化学成分比较 [J]. 湖南农业科学 (9)：31-34，38.

肖春生，陈颐，钟越峰，等，2013. 不同比例红蓝光对烟苗生长及碳氮代谢的影响 [J]. 中国农学通报，29 (22)：160-166.

肖琳，肖桐贵，夏裕国，等，2012. 湘南浓香型烟区烤烟品种农艺与经济性状差异性研究 [J]. 作物研究，26 (4)：389-391.

熊梓沁，荆永锋，贺非，等，2021. 粉垄深度对烟稻复种区土壤理化特性及作物周年产量的影响 [J]. 中国烟草学报，27 (3)：46-55.

阳显斌，李廷轩，张锡洲，等，2015. 烟蒜轮作与套作对土壤农化性状及烤烟产量的影响 [J]. 核农学报，29 (5)：980-985.

杨佳宜，陈焘，肖艳松，等，2020. 外源有机碳输入结合垂直耕作对土壤养分和烤烟生长发育的影响 [J]. 西南农业学报，33 (8)：1665-1670.

杨丽丽，邓小华，邓井青，等，2014. 湘南稻田浓香型烤烟适宜采收成熟度研究 [J]. 湖南农业大学学报（自然科学版），40 (3)：236-240.

余金龙，陈若星，王玉帅，等，2011. 施氯量对烤烟生长及品质的影响 [J]. 中国烟草科学，32 (6)：60-62，66.

张顺涛，任涛，周橡棋，等，2022. 油/麦-稻轮作和施肥对土壤养分及团聚体碳氮分布的影响 [J]. 土壤学报，59 (1)：194-205.

赵会纳，雷波，王茂盛，等，2013. 不同轮作模式对烤烟产质量的影响 [J]. 贵州农业科学，41 (7)：63-66.

周清明，邓小华，赵松义，等，2013. 湖南浓香型产区烟叶的香气特性 [J]. 作物研究，27 (6)：529-534.

周清明，邓小华，赵松义，等，2013. 湖南浓香型烟叶的质量风格特色及区域定位［J］. 湖南农业大学学报（自然科学版），39（6）：570－580.

朱英华，周可金，肖汉乾，等，2013. 湖南植烟土壤有效硫及烟叶硫研究初报［J］. 中国烟草科学，34（4）：5－8.

庄云，武小净，李德成，等，2014. 湘南和湘西烟田土壤系统分类及其与烤烟香型之间的关系［J］. 土壤，46（1）：151－157.

邹宜东，2021. 粉垄深耕减施氮肥对土壤理化性质及烤烟产质量的影响［D］. 长沙：湖南农业大学.

CHEN J，ZHENG M－J，PANG D－W，et al.，2017. Straw return and appropriate tillage method improve grain yield and nitrogen efficiency of winter wheat［J］. Journal of Integrative Agriculture，16（8）：1708－1719.

CHEN J F，CHEN K，LI J Y，2014. Structure and change of costs for Flue－cured tobacco Production：A case study of Liuyang tobacco crowing areas［J］. Asian Agricultural Research，6（4）：38－40，44.

CHEN T，HU R，ZHENG Z，et al.，2021. Soil Bacterial Community in the Multiple Cropping System Increased Grain Yield Within 40 Cultivation Years［J］. Front. Plant Sci. 12：804527.

FREY S D，LEE J，MELILLO J M，et al.，2013. The temperature response of soil microbial efficiency and its feedback to climate［J］. Nature Climate Change，3（4）：395－398.

GONG J，ZHENG Z，ZHENG B，et al.，2022. Deep tillage reduces the dependence of tobacco （Nicotiana tabacum L.）on arbuscular mycorrhizal fungi and promotes the growth of tobacco in dryland farming［J］. Can J Microbiol.，68（3）：203－213.

HAO M，HU H，LIU Z，et al.，2019. Shifts in microbial community and carbon sequestration in farmland soil under long－term conservation tillage and straw returning［J］. Applied Soil Ecology，136：43－54.

HU R，LIU Y，CHEN T，et al.，2021. Responses of soil aggregates，organic carbon，and crop yield to short－term intermittent deep tillage in Southern China［J］. Journal of Cleaner Production，298，126767.

HU R，ZHENG B，LIU Y，et al.，2024. Deep tillage enhances the spatial homogenization of bacterial communities by reducing deep soil compaction［J］. Soil and Tillage Research，239，106062.

HU S，WANG J，LI H，et al.，2015. Simultaneous extraction of nicotine and solanesol from waste tobacco materials by the column chromatographic extraction method and their separation and purification［J］. Separation and Purification Technology，146：1－7.

MA T，YANG K，YANG L，et al.，2024. Different rotation years change the structure and diversity of microorganisms in the nitrogen cycle，affecting crop yield［J］. Applied Soil Ecology，193，105123.

MENDES R，GARBEVA P，RAAIJMAKERS J M，2013. The rhizospHere microbiome：

significance of plant beneficial, plant pathogenic, and human pathogenic microorganisms [J]. Fems Microbiology Reviews, 37 (5): 634 - 663.

QIN T, LIU Y, HU R, et al., 2024. Reduction of soil methane emissions from croplands with 20 - 40 years of cultivation mediated by methane - metabolizing microorganisms [J]. Journal of Cleaner Production, 435: 140489.

RODRIGUEZ P A, ROTHBALLER M, CHOWDHURY S P, et al., 2019. Systems Biology of Plant - Microbiome Interactions [J]. Molecular Plant, 12 (6): 804 - 821.

SUN M, REN A - X, GAO Z - Q, et al., 2018. Long - term evaluation of tillage methods in fallow season for soil water storage, wheat yield and water use efficiency in semiarid southeast of the Loess Plateau [J]. Field Crops Research, 218: 24 - 32.

TANG X, QIU J, XU Y, et al., 2022. Responses of soil aggregate stability to organic C and total N as controlled by land - use type in a region of south China affected by sheet erosion [J]. Catena, 218.

VIGGI C C, ROSSETTI S, FAZI S, et al., 2014. Magnetite Particles Triggering a Faster and More Robust SyntropHic Pathway of Methanogenic Propionate Degradation [J]. Environmental Science & Technology, 48 (13): 7536 - 7543.

WANG X, WU H, DAI K, et al., 2012. Tillage and crop residue effects on rainfed wheat and maize production in northern China [J]. Field Crops Research, 132: 106 - 116.

ZHENG B, JING Y, ZOU Y, et al., 2022. Responses of Tobacco Growth and Development, Nitrogen Use Efficiency, Crop Yield and Economic Benefits to Smash Ridge Tillage and Nitrogen Reduction [J]. Agronomy, 12: 2097.

附录　研发期间制定的地方标准

1. 烟稻轮作田粉垄深耕技术规程
2. 烟稻轮作田粉垄深耕土壤保育技术规程

ICS 65.020
CCS B 30

DB43

湖 南 省 地 方 标 准

DB43/T 2352 — 2022

烟稻轮作田粉垄深耕技术规程

Technical Specification for Powder Ridge Deep
Tillage in Tobacco‑Rice Rotation Field

2022‑05‑06 发布   2022‑08‑06 实施

湖南省市场监督管理局   发 布

前　言

本文件按照 GB/T 1.1—2020《标准化工作导则　第 1 部分：标准化文件的结构和起草规则》的规定起草。

请注意本文件的某些内容可能涉及专利。本文件的发布机构不承担识别专利的责任。

本文件由湖南省烟草专卖局提出并归口。

本文件起草单位：湖南农业大学、中国烟草中南农业试验站、湖南省烟草公司郴州市公司、湖南省烟草公司长沙市公司、湖南省烟草公司衡阳市公司、湖南省烟草公司常德市公司、湖南省烟草公司张家界市公司、湖南中烟工业有限责任公司。

本文件主要起草人：黎娟、刘勇军、彭曙光、曹明锋、肖志鹏、符昌武、唐春闺、肖艳松、翟争光、祝利、唐韵、陈治锋、何斌、母婷婷、胡瑞文、候建林、李生、肖和友、杨佳荫、钟越峰、周乾、谢鹏飞、单雪华、邓勇、李思军、谭志鹏、姚旺、荆永锋、贺非、刘智炫、邹宜东、黎鹏、郑卜凡、田祥珅、周启运、田丽君、刘佳琪、龚嘉、龚嘉蕾。

烟稻轮作田粉垄深耕技术规程

1 范围

本文件规定了烟稻轮作田粉垄深耕的地块要求、设备要求、耕作前准备、技术要点、安全要求等内容。本文件适用于湖南省烟稻轮作田土壤粉垄深耕。

2 规范性引用文件

下列文件中的内容通过文中的规范性引用而构成本文件必不可少的条款。其中，注日期的引用文件，仅该日期对应的版本适用于本文件；不注日期的引用文件，其最新版本（包括所有的修改单）适用于本文件。

GB 15369 农林拖拉机机械安全技术要求

GB/T 23221 烤烟栽培技术规程

3 术语和定义

下列术语和定义适用于本文件。

3.1 粉垄深耕 Smashing Ridge Deep Tillage

利用粉垄深耕深松机原位深松土壤，一次性完成整地的耕作方式。

3.2 烟稻轮作 Paddy－Tobacco rotation

烟稻轮作是一种一年多熟的复种制度，即春季种烤烟，秋季种水稻。

4 地块要求

耕作层浅、犁底层厚，且地势平坦、耕地坡度≤2°的烟稻轮作农田。

5 设备要求

5.1 机械应符合 GB 15369 的要求。

5.2 带有螺旋钻头，耕作效率可达 2 668～40 022m²/h。

5.3 耕作深度可达 20～50cm，土块粒径应≤2.5cm。

5.4 碎土率≥80%，耕深稳定性≥90%，发动机功率≥239kW。

6 耕作前准备

6.1 稻田需在晚稻成熟后期及时沥水。

6.2 前茬水稻收获时，稻茬高度应保持在 30～40cm。

6.3 清洁田园，清除田间杂草、植物病残体等。

6.4 检查机械设备，确保机械设备状态良好。

6.5 机械操作员应为专业技术人员，需在安全条件下操控机械。

7　技术要求

7.1　时间

晚稻收获后，第二年春耕前，耕层土壤含水率在 30％以内，及时进行粉垄深耕。

7.2　深度

25～30cm，各行深度误差不超过 2cm。

7.3　起垄

7.3.1　应符合 GB/T 23221 的要求。

7.3.2　在烟苗移栽前 15～20d 起垄为宜。

7.3.3　垄直沟平土细，垄体高大饱满，呈龟背形，起垄高度不低于 30cm，垄宽不低于 120cm。

7.4　开围沟

烟苗移栽后立即深开沟。深度应达到 45～50cm。

8　安全要求

8.1　农机具操作应符合其安全操作规程。

8.2　耕作时应禁止无关人员靠近机具。

ICS 65.020
CCS B 30

DB43

湖 南 省 地 方 标 准

DB43/T 2353 — 2022

烟稻轮作田粉垄深耕土壤保育技术规程

Technical Specification for Deep Tillage Soil Conservation
in Tobacco - Rice Rotation Field

2022 - 05 - 06 发布 　　　　　　　　　　2022 - 08 - 06 实施

湖南省市场监督管理局　发　布

前　言

本文件按照 GB/T 1.1—2020《标准化工作导则　第 1 部分：标准化文件的结构和起草规则》的规定起草。

请注意本文件的某些内容可能涉及专利。本文件的发布机构不承担识别专利的责任。

本文件由湖南省烟草专卖局提出并归口。

本文件起草单位：中国烟草中南农业试验站、湖南农业大学、湖南省烟草公司郴州市公司、湖南省烟草公司长沙市公司、湖南省烟草公司衡阳市公司、湖南省烟草公司常德市公司、湖南省烟草公司张家界市公司、湖南中烟工业有限责任公司。

本文件主要起草人：彭曙光、黎娟、刘勇军、符昌武、肖志鹏、曹明锋、胡瑞文、唐春闺、肖艳松、翟争光、唐韵、母婷婷、何斌、陈治锋、候建林、祝利、肖和友、杨佳蓢、李生、钟越峰、周乾、谢鹏飞、单雪华、邓勇、王振华、李思军、谭志鹏、姚旺、荆永锋、贺非、刘智炫、邹宜东、郑卜凡、黎鹏、周启运、田丽君、田祥珅、刘佳琪、龚嘉蕾、龚嘉。

烟稻轮作田粉垄深耕土壤保育技术规程

1　范围

本标准规定湖南烟稻轮作区土壤立体保育技术规程的秸秆深埋、绿肥还田、补充碳材料等内容。本标准适用于湖南烟稻轮作区粉垄深耕土壤秸秆深埋、绿肥还田、补充碳材料保育。

2　规范性引用文件

下列文件中的内容通过文中的规范性引用而构成本文件必不可少的条款。其中，注日期的引用文件，仅该日期对应的版本适用于本文件；不注日期的引用文件，其最新版本（包括所有的修改单）适用于本文件。

GB 15369　农林拖拉机机械安全技术要求

GB/T 23221　烤烟栽培技术规程

NY/T 498　水稻联合收割机作业质量

3　术语和定义

3.1　全耕层 Full Tillage Layer

指由长期耕作形成的土壤层，厚度一般为 15～30cm。

3.2　秸秆深埋 Straw Deep Bury

指将不宜直接作饲料的秸秆（麦秸、玉米秸和水稻秸秆等）翻压深埋至土壤中。

3.3　碳材料 Carbon Materia

主要由碳元素组成的无恒定结构及性质的材料。

4　秸秆深埋

4.1　时间

一般在 12 月至次年 1 月最适，与粉垄深耕耕作同步进行。

4.2　留稻茬高度

30～40cm。

4.3　技术要点

4.3.1　晚稻收割时，利用联合收割机将稻草处理为 6～10cm 的碎段，留稻茬高度 30～40cm，碎草合格率≥90%；收割其他要求应符合 NY/T 498 的相关规定。

4.3.2　做好稻田清沟沥水，待稻田表层土壤有轻微开裂时，在稻草碎段上均匀撒施秸秆腐熟剂，用粉垄深耕深松机将稻草碎段连同稻茬一起深翻耕 30cm 还田至土壤中。

5　绿肥还田

5.1　时间

　　2 月下旬。

5.2　技术要点

　　采用先耙后耕的方式，先用圆盘耙将绿肥打碎，然后用粉垄深耕深松机深耕 30cm 还田至土壤中。

6　补充碳材料

6.1　种类

　　矿源腐殖酸粉（有机质含量 40％，腐殖酸含量 15％，水分含量 15％，细度为 0.3～0.44mm）和腐熟稻壳。

6.2　用量

　　腐殖酸用量每亩约需 1 000kg，腐熟稻壳用量每亩需 1 000～2 000kg。

6.3　技术要点

6.3.1　与基肥在起垄前一起条施入土壤。

6.3.2　施肥后用粉垄深耕深松机深耕 30cm，使肥料均匀分布在全耕层。

6.3.3　及时清理田间杂草、病残植物体。